U0274353

航天科技图书出版基金资助出版

液体火箭发动机
质量管理与检测技术

马双民　主编

中国宇航出版社

·北京·

图书在版编目（CIP）数据

液体火箭发动机质量管理与检测技术 / 马双民主编
. --北京:中国宇航出版社,2017.11
　　ISBN 978 - 7 - 5159 - 1238 - 7

　　Ⅰ.①液… Ⅱ.①马… Ⅲ.①液体推进剂火箭发动机
－质量管理 ②液体推进剂火箭发动机－检测 Ⅳ.
①V434

中国版本图书馆 CIP 数据核字（2016）第 290972 号

责任编辑　彭晨光
责任校对　祝延萍　　　　**封面设计**　宇星文化

出　版	**中国宇航出版社**		
发　行			
社　址	北京市阜成路 8 号	**邮　编**	100830
	(010)60286808　　(010)68768548		
网　址	www.caphbook.com		
经　销	新华书店		
发行部	(010)60286888　　(010)68371900		
	(010)60286887　　(010)60286804(传真)		
零售店	读者服务部		
	(010)68371105		
承　印	北京画中画印刷有限公司		

版　次　2017 年 11 月第 1 版
　　　　　2017 年 11 月第 1 次印刷
规　格　787×1092
开　本　1/16
印　张　23　**彩　插**　4 面
字　数　560 千字
书　号　ISBN 978 - 7 - 5159 - 1238 - 7
定　价　228.00 元

本书如有印装质量问题，可与发行部联系调换

谨以此书献给为西安航天发动机厂建厂50年作出贡献的人

航天科技图书出版基金简介

航天科技图书出版基金是由中国航天科技集团公司于 2007 年设立的，旨在鼓励航天科技人员著书立说，不断积累和传承航天科技知识，为航天事业提供知识储备和技术支持，繁荣航天科技图书出版工作，促进航天事业又好又快地发展。基金资助项目由航天科技图书出版基金评审委员会审定，由中国宇航出版社出版。

申请出版基金资助的项目包括航天基础理论著作，航天工程技术著作，航天科技工具书，航天型号管理经验与管理思想集萃，世界航天各学科前沿技术发展译著以及有代表性的科研生产、经营管理译著，向社会公众普及航天知识、宣传航天文化的优秀读物等。出版基金每年评审 1～2 次，资助 20～30 项。

欢迎广大作者积极申请航天科技图书出版基金。可以登录中国宇航出版社网站，点击"出版基金"专栏查询详情并下载基金申请表；也可以通过电话、信函索取申报指南和基金申请表。

网址：http：//www.caphbook.com

电话：(010) 68767205，68768904

《液体火箭发动机质量管理与检测技术》
编 委 会

序

质量是航天的生命线，航天产品的质量从根本上决定着航天工业的生存和发展。液体火箭发动机是运载火箭的核心装置，被喻为运载火箭的"心脏"，在每一次航天发射中起着决定性作用。按照国家"发展航天，动力先行"的发展战略，液体火箭发动机的研制生产经历了从仿制到自行设计、独立自主研制的发展历程，为我国航天工业现有的国际地位奠定了坚实的动力基石。

在液体火箭发动机研制生产的过程中，立足自身发展需求，质量管理工作在对内外部环境进行分析的基础上，通过对宇航需求的识别，建立组织机构，明确各项工作之间的关系，对相应工作实施一系列监督、评价和改进工作，以 PDCA 循环的形式，持续实现质量管理工作的改进，全面、系统地为各型号液体火箭发动机的研制生产搭建保证平台。型号产品质量管理工作注重提高过程控制和现场管理的工作质量，以确保液体火箭发动机产品实物的质量。

与此同时，随着先进管理方法的应用和先进技术的引进，检测技术已逐步贯穿液体火箭发动机的设计、制造、试验、产品在役、售后服务等全过程，特别是伴随着计量管理和计量检测、校准技术的提高，对于发动机研制生产过程的判定和处理，更加准确、全面和迅速。其中，材料理化检测管理按照国家标准建立了理化检测实验室认可质量管理体系，理化检测围绕材料理化检测管理的提升、材料的质量把关、为工艺或设计提供可靠的试验分析技术数据，以及理化检测技术和能力的提高等方面开展工作。无损检测技术向无损评价、在线检测、仿真检测和信息化管理等方向发展。

液体火箭发动机的发展需求推动着质量管理和检测技术进行有益的探索和实践，本书对液体火箭发动机研制生产的质量管理和检测技术工作进行了系统的总结和提炼，书中介绍了多种管理方法和技术工具的具体应用，具有较强的系统性、针对性、实用性，对从事液体火箭发动机设计、生产、试验、教学的科研人员和高校师生有重要的参考价值。

张贵田

中国工程院院士

2016 年 10 月

前　言

中国载人航天工程、北斗导航工程、探月工程取得举世瞩目的成就，宇航高密度发射已经成为新常态。这些成就的取得与液体火箭发动机高质量、高可靠性工作是分不开的，液体火箭发动机一旦出现故障就可能导致航天发射失败。"航天发展，动力先行"，高可靠、高质量的液体火箭发动机是航天发射成功的基本保证。

本书总结论述了中国液体火箭发动机生产制造的质量管理与检测技术。全书共分为三个部分，第一部分是液体火箭发动机的质量管理体系，包括第1章概述、第2章质量基础管理、第3章质量检验、第4章型号质量管理；第二部分是计量管理、检测、校准和材料理化检测与分析，包括第5章计量管理与计量检测、校准技术，第6章材料理化检测管理与分析技术；第三部分为第7章的无损检测技术。

质量是航天永恒的主题。在多年液体火箭发动机生产制造的质量管理中，形成了一些具有特色的管理方法，如技术状态管理、工艺技术风险分析、特殊过程的质量控制、关重件及关键工序的质量控制、多余物控制、数据包管理和数字化质量管理等，本书的第一部分对这些特色的质量管理方法进行了详细的论述和解读。液体火箭发动机的结构复杂精密，工作环境十分恶劣，精确的检验、检测分析手段是确保发动机高质量的关键所在，本书的第二部分和第三部分总结了发动机生产过程中较为特殊的检验检测方法和分析手段，如小孔精密测量的计量检测技术、产品失效分析的理化检测分析技术及声发射检测、残余应力测定等无损检测技术。

在本书的编写过程中，参阅了国内外同行编写的相关资料，得到了航天质量管理方面专家及有关单位的大力支持和帮助，在此深表感谢！

由于本书涉及的内容广泛，编者水平有限，加之航天质量管理发展迅速，书中难免有疏漏和不妥之处，恳请读者批评指正。

2016 年 8 月

目　录

第1章 概 述

1.1 液体火箭发动机的分类

液体火箭发动机是使用液体推进剂的化学火箭发动机。其主要功能是为运载火箭和各种飞行器提供动力，广泛应用于运载火箭、航天飞机、航天器。我国开展液体火箭发动机技术的研究起步于 20 世纪 50 年代，经过 60 多年自主创新的发展，先后成功研制了多个系列的液体火箭发动机，从常温推进剂到低温推进剂，从地面主级到空间变推，实现了从发射卫星到发射载人飞船和月球探测器的跨越式发展。

液体火箭发动机按照不同的方法分类情况如图 1-1 所示。

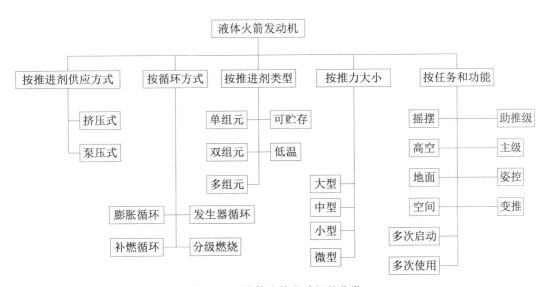

图 1-1 液体火箭发动机的分类

1.2 液体火箭发动机质量的重要性

1.2.1 液体火箭发动机是高风险性的产品

液体火箭发动机结构复杂，零部组件多，技术涉及学科多；实际工作时，工况恶劣，温度、压力梯度大，工作压力高，热流密度大；结构动力学特征复杂，频域宽，多数零部组件都处于结构和材料强度的极限，这些产品特性都说明液体火箭发动机是具有高风险的产品，研制生产过程必须确保发动机高质量和高可靠性。据国外统计，发动机故障占航天器总故障数的 20%。

1.2.2　液体火箭发动机质量关系航天发射成败

液体火箭发动机属于运载火箭的动力系统，被喻为火箭的心脏，一旦出现故障就可能导致航天发射的失败。航天发射过程中，液体火箭发动机出现的质量问题，轻者造成发射延误；重者不能将所发射的航天器送入预定轨道，甚至星箭俱毁。

1.2.3　液体火箭发动机质量是航天发展的基础

发展航天，动力先行。人类探索太空的能力，取决于航天发动机强劲、精准、可靠的动力。在我国航天事业的发展历程中，液体火箭发动机为我国航天事业现有的国际地位奠定了坚实的动力基石。动力技术的创新发展将继续以高质量、高可靠为前提，推动我国航天事业的发展，在我国航天事业未来发展中继续发挥支撑作用。

1.3　液体火箭发动机质量工作要求

1.3.1　系统策划

液体火箭发动机作为现代装备和宇航运输工具的重要组成部分，显著的特征是由多层次的相互关联的多个系统组成，往往涉及多个协作单位，同时，产品功能和结构复杂，研制周期长，从方案论证开始到设计、工艺定型，重点型号往往要 8～10 年，甚至更长。因此必须用系统管理的思想组织研制生产，实行全过程的管理。必须把影响产品质量的设计、采购/外包、生产、试验、验收、防护、交付、交付后活动等所有的环节和因素，采取系统的科学方法控制起来。

1.3.2　落实责任

在液体火箭发动机研制生产过程中，必须建立健全质量责任制和技术责任制，明确各级、各类人员的质量职责、权限和工作接口，落实质量责任考核。建立型号管理团队组织系统，落实完善发动机质量信息系统和发动机问题信息通报制度，建立健全质量分析、质量问题双归零、共性质量问题治理、质量问题专题举一反三等机制，不断完善发动机故障模式库和质量问题数据库。

1.3.3　预防为主

国外的工程研制表明，质量缺陷带来的经济损失随研制阶段的后移以数量级的变化而增大，越早发现缺陷，付出的代价越小，如在草图阶段一个缺陷被发现，其损失不过是 1

美元，而在生产过程暴露出来，损失则要大 10 倍；在试验过程暴露出来，其损失较草图阶段增大 100 倍；包括产品投入使用后暴露出来的缺陷，其损失将超过 1 000 倍。因此液体火箭发动机研制生产中，包括产品开发、论证、设计等环节在内的全过程质量管理，贯彻预防为主的方针。加强预先研究、技术基础研究对发动机研制的技术支持，实施产品与工艺的并行设计，提高产品设计的工艺性，对采用的新技术、新器材、新工艺更要进行深入、系统的风险分析。

1.3.4 严格控制

液体火箭发动机功能和结构复杂，综合性强，其中研制生产中任何一个过程出现问题，都可能反映到发动机实物产品上来，导致发生质量问题。在航天产品研制过程中，由于一根导线折断或虚焊，造成整个试验失败；由于一个部件失灵、一个多余物而功亏一篑；由于某个细节考虑不周，使整个试验毫无结果的事故屡见不鲜。同时，液体火箭发动机研制生产具有多品种、小批量的特点，这就要求树立"一次成功"的指导思想，对工作中不合格现象零容忍，严格落实"五单"（"五单"指设计技术通知单、设计更改单、工艺通知单、工艺文件更改单、质疑单）要求；严格实施验收表格化管理；严格开展规范化生产准备状态检查；严格按合格外包供方目录选择外包供方，根据其提供产品的质量对名录实施动态管理；严格实行生产过程控制，应用统计技术控制质量；严格实行不合格品控制，严格拒收拒付制度。

1.3.5 有效监督

健全质量监督和评价工作系统，充分发挥对液体火箭发动机研制生产工作全方位、全过程的质量监督作用。通过按标准、有计划地实行质量检查确认，加强过程监视与测量、质量审核、工艺纪律检查、标准实施情况检查等工作。加强与用户监督代表的沟通、配合，接受用户监督代表的监督。注重对质量问题的综合分析和举一反三，发挥专家在归零工作中的审查和把关作用。

1.4 液体火箭发动机质量管理的发展与展望

1.4.1 液体火箭发动机质量管理发展历程

经过 60 多年的发展，液体火箭发动机的研制生产走出了具有自身特色的质量管理之路，总体上划分为 3 个阶段：

20 世纪 50 年代末—1978 年为检验阶段。质量要求主要依靠领导、技术人员和操作工人三结合的组织形式进行落实，产品质量主要依赖事后检验把关保证。1965 年开始研究型号研制过程的可靠性保证和质量控制问题。20 世纪 70 年代初—70 年代中，结合当时的重点工程采取了一系列技术和管理措施，创造了型号研制过程开展质量保证的新经验。

1972年，组建了最早的质量机构，将检验人员由车间二级管理统一收归质量机构实行一级管理。

1978—1995年为全面质量管理阶段。1978年开始推行全面质量管理，开展全员培训、质量月活动、QC小组活动，引入统计质量管理的工具和方法。20世纪80年代初建立了质量管理组织，负责全面质量管理的策划和推进工作。20世纪80年代中—90年代初，质量工作是以贯彻《军工产品质量管理条例》，实行质保体系考核为主线展开的。在此期间，在行业内率先实施了质量跟踪卡制度，并制定了行业标准QJ1717—89《生产过程质量跟踪卡的编制要求》。于1991年开始编制了5项高于设计要求的内控标准，并始终严格执行。

1995年至今为贯彻GJB9001和精细化管理阶段。1997年，按照GJB/Z9002－96标准要求建立液体火箭发动机研制生产质量管理体系。同时，在技术基础方面重点开展了三大规范的编制工作，在计量方面建立了计量法规体系，在无损检测方面完成了氦质谱检漏技术应用研究。2001年开始，质量工作关注过程控制精细化，相继开展了表格化管理、自查自纠、岗位状态检查确认、技术风险分析、产品多媒体记录等特色质量管理活动，以及针对载人航天工程的特殊要求，制定了液体火箭发动机加严质量控制措施。2004年开始推行"规范现场管理，提高工作效率，提高人员素养"的6S管理，2007年开始推行"关注生产过程，运用数据分析，科学制定措施"的精益6σ管理。2008年后，按照上级精细化质量管理要求，开展细化工艺规程、螺纹联接量化控制和特种工艺量化控制等工作，强化了液体火箭发动机研制生产过程控制能力。

1.4.2　液体火箭发动机质量管理展望

大规模工业化生产以来，随着人们对质量管理认识的进步，质量管理的要求越来越系统化和精细化，当前质量管理已经发展到可以对产品实现过程中各因素中的子过程进行控制的程度。随着计算机及网络技术的应用，世界各国均提出了基于信息与通信技术工业应用的产品实现模式，包括德国工业4.0、美国工业互联网、中国制造2025等，其核心思想是信息技术和制造技术的深度融合，这必将对今后质量管理产生影响。

第一，质量管理会体现出更多的数字化特性，如各类文件、记录的电子化，生产流程模块化等，这就必然带来质量管理模式及方法的变化和创新。

第二，质量管理中数理统计技术的应用更加普遍和深化，对发动机研制生产过程实现大数据分析成为可能，如新产品设计过程中的仿真验证，关键生产环节的过程能力分析等。

第三，由于产品、组织结构等的不同所带来的管理上的差异，随着信息技术和产品实现过程的结合越来越明显，从而质量管理会进一步向差异化和专业化发展。如在发动机生产过程中，特别强调产品过程数据的实时记录及可追溯性，通过记录能完整地反映产品生产过程，信息技术相结合的管理方法肯定有别于其他行业。

1.5　液体火箭发动机检测技术的发展与展望

1.5.1　计量检测、校准的发展与展望

1.5.1.1　计量管理的发展与展望

按照 GB/T19022《测量管理体系测量设备和测量过程要求》，建立一个适宜有效的计量管理体系，并将国家、国防计量法律法规要求贯彻到企业经营、生产活动中，全面贯彻能源、安全、健康、环保、质量等方面标准对计量工作的要求，在全面满足顾客要求的前提下为企业的经营管理、产品质量、科技发展提供经济有效的计量保障，这将是企业计量管理未来发展的基本方向。

企业应加强专用测量设备的管理。在专测的研发、设计阶段，应充分考虑计量校准工作的需要，提出计量要求、合理设置校准接口、确定校准方法等，并形成计量要求文件。做好专测的前期策划是实现正确校准、确保量值正确可靠的前提，必须加以重视。

企业应积极推行测量不确定度的应用。正确地追求计量数据的准确性，了解测量结果的质量，是提高测量设备配置的科学性，提高产品质量的可靠性，提高产品研发水平，积极推动工艺进步的基础。

企业应积极采用网络信息化技术，实现计量管理数据的计算机网络化管理，建立统一、动态的测量设备管理台账，实现对测量设备周检执行情况的监视、对测量设备质量水平的评估等，从而提高测量设备的管控能力。

1.5.1.2　计量检测、校准技术的发展与展望

随着我国制造技术的快速进步，工业生产的数字化、智能化程度的不断提高，新原理、新技术、新装置不断出现，采用精密光栅细分、温度补偿、特殊材料、涂层、集成化等技术，来提高设备检测精度、范围。目前空间尺寸检测精度可达到 $0.3~\mu m$，非接触测量精度达到 $0.5~\mu m$，表面粗糙度检测精度已达到纳米级，空间尺寸高精度测量范围达到 $160~m$。检测技术呈现出准确度更高、测量范围更广，向着动态测量、智能测量、信息集成化方向发展的趋势。

校准技术应积极适应检测技术的发展和高质量、高效率数字化生产的需要，研究和应用在线（在位）校准技术、设备回路系统校准技术；发展自动化、信息化校准技术，实现校准数据的自动采集、传递、处理、判定，提高校准检定工作效率和可靠性；不断提高校准装置的稳定性，以提高校准工作的可靠性；有针对性地提高校准设备的准确度和测量范围，保证企业自行校准能力。

目前，液体火箭发动机精密检测技术发展迅速，所使用测试仪器向高精度、宽范围、多功能、自动化、在线检测方向发展。可归纳为以下几个方面：

1）多传感器融合技术：采用多传感器集成技术，可在一台仪器上实现多种参数的测量。如复合式三坐标，集成接触式、CCD、光纤等传感器，同时实现常规几何尺寸、形位

公差及喷注器微小孔的测量。

2）便携式测量技术：采用便携式三维测量系统、便携式表面粗糙度轮廓测量仪等，解决现场几何量精密检测。

3）多仪器组合式联机测量技术：通过计算机软件控制技术，把不同类型、多台仪器组合成测量系统，基于共享同一测量坐标系、共享测量数据，经软件系统集中数据处理，实现组合联机测量，大大拓展仪器的测量覆盖范围。比如组建的激光跟踪仪、电子经纬仪、关节测量臂组合测量系统，实现发动机整机对外接口、推力线的测量。

4）多任务并行自动化检测技术：采用多传感器获取被测对象的相关信息，利用计算机多任务并行处理技术，实现同规格被测对象的批量检测，大大提高检测效率。比如全自动压力仪表检定仪、群炉热电偶检定系统，同时实现多达 6 件测量设备的并行检测。

5）极限参数测量技术：基于激光跟踪、视觉摄影、iGPS、激光雷达等测量技术，测量范围可以达到几百米，精度达到零点几毫米，实现发动机机械零位、对外接口参数、大型机架焊接型架的大尺寸精密检测。基于光学干涉原理的非接触白光干涉仪，实现纳米级微观形貌的测量。

6）原位校准技术：研究在线（在位）校准技术，建立热工、压力等参数原位校准技术规范，开展特殊部位测量设备的原位校准。

液体火箭发动机检测技术的发展方向有：基于三坐标测量机、光学测量中心等数字化仪器，深化复杂、批量产品的自动化检测技术的应用；基于非接触激光扫描测量技术，提升逆向工程数据源获取能力，加速新型号产品研制进度；基于 MBD 数模技术，实现新型号发动机产品的三维数模自动化检测；基于大尺寸检测技术，研究发动机空间推力线、大型组件装配的快速测量方法；基于微焦点测量 CT 断层扫描技术，实现复杂内腔轮廓型面检测等。

1.5.2　材料理化检测的发展与展望

液体火箭发动机材料质量控制是型号产品研制生产质量保证的基础工作，其发展主要围绕材料理化检测管理的提升、材料的质量把关、为工艺或设计提供可靠的试验分析技术数据及理化检测技术和能力的提高等方面开展。可归纳为以下几个方面：

1）实验室依据 DILAC/AC01《检测实验室和校准实验室能力认可准则》、CNAS-CL01（idt ISO/IEC17025）《检测和校准实验室能力认可准则》及相关应用说明，已建立和完善理化检测实验室认可质量管理体系，保证检测结果的可靠性和公信度，达到不断提高实验室的质量管理、检测能力及服务水平的目地。

2）按照型号产品设计图纸要求、材料技术标准及相关质量管理要求，对产品原材料进行严格的理化检测入厂复验，并对生产中出现的材料问题，通过材料的成分、性能、组织结构的测试及其相互影响关系分析，提出有效的解决途经。

3）在铸造、锻造、热处理、焊接及钣金冲压等制造工艺中，材料的理化检测结果已作为调整或优化工艺的重要技术数据，进一步提高产品的合格率或加工质量。产品构件失效分析，依靠对构件材料的成分、性能、组织、缺陷或断口微观形貌等综合分析结果研究，分析失效发生的原因，从而寻求解决、改进的途径和预防措施。航天产品质量归零工作，往往需要相关的理化试验与分析结果提供技术资料。

4）针对胶黏剂、石墨制品、复合材料、润滑脂等非金属材料性能的不均匀性和不稳定性的特点，在液体火箭发动机生产中已实现对非金属材料的理化性能检测严格按照技术标准、检测方法以及相关工艺文件所规定的检测项目和要求进行复验和周期检测，以保证非金属材料的使用质量。

随着型号产品可靠性增长及技术创新，液体火箭发动机材料理化检测技术的发展方向有：开展新材料、新工艺、新条件下的工程化应用基础研究；应用计算机辅助图像处理技术、显微组织计算机仿真与虚拟金相技术、更全面准确的成分、结构与综合性能信息表征技术、模拟使用环境腐蚀数据电化学测试技术等进行深入研究，为工程化应用提供技术支持；开展关键构件使用寿命的半定量计算和预测研究；应用计算机数字模拟技术，建立理化试验数学模型，通过模拟不同条件疲劳试验，建立全面的测试数据库进行综合分析。应用电化学测试技术，计算分析多组数据，准确评价构件材料耐蚀性及材料覆涂层防护的有效性，实现对在役零构件寿命预测；失效分析涉及产品材料特征力学、化学腐蚀、热力学、电学性能、磁性能、化学组成等多专业交叉，因此建设标准化、系列化、制度化、专业化的失效分析技术流程，形成具备紧密结合型号产品试车飞行试验特色的失效分析规范；加强现场在线理化检测，原位分析等技术，发展快速、定位准确的理化检测模式；应用红外光谱、核磁共振波谱、激光拉曼、质谱及热分析等分析技术，进行非金属材料老化机理研究，提高非金属材料的使用可靠性。另外建立综合性强、结构合理的高能力、高水平、高素质的专业化理化检测实验室和人员技术队伍也是未来理化检测的发展方向。

1.5.3　无损检测技术的发展与展望

无损检测是一门综合性交叉应用学科，关系到产品的性能、寿命、可靠性和运行成本，因此，国、内外一直致力于将最新的检测技术、检测设备引入无损检测应用领域，无损检测技术已逐步贯穿产品的设计、加工、工艺改进、试验、产品在役、售后服务等全寿命过程，无损评价、在线检测、仿真检测和信息化管理将是未来无损检测技术的方向发展。

1.5.3.1　无损评价

随着对材料、构件等质量要求的不断提高，及检测技术的进步，对无损检测的要求日趋提高，无损检测的发展已经历无损探伤（NDI，Nondestructive inspection）——无损检测（NDT，Nondestructive Testing）——无损评价（NDE，Nondestructive evaluation）三个阶段，即不仅要对产品内的缺陷属性、位置、大小等进行检测，还要进一步评估分析缺陷对产品强度、稳定性、寿命等综合性能指标的影响程度。随着液体火箭发动机向大推力、可重复使用的方向发展，无损评价技术也将在发动机产品上有越来越多的应用。

1.5.3.2　在线检测

无损检测是产品生产、制造的环节之一，随着现代工业生产节奏的不断加快，如何持续不断地缩短检测周期，是无损检测面临的主要问题，在线无损检测就是减少检测周期的有效途径之一。以液体火箭发动机为例，随着计算机技术、自动控制技术、探测器技术等相关技术的发展，在完成发动机产品加工、制造的同时，在加工现场快速地完成产品的无损检测已成为可能，如发动机总装导管焊缝的在线自动检测、发动机整机在线快速泄漏检测等，未来将逐步应用于发动机研制生产过程中。

1.5.3.3　仿真检测

无损检测技术是通过在产品中激发不同的物理场并通过检测其在产品内部的变化，从而达到检测的目地。因此，无损检测过程的准确性往往不能直观判断，特别是对复杂结构、异形曲面结构产品的检测，检测结果的可靠性无法完全保证，导致检测过的产品中仍可能存在质量隐患。采用相应的无损检测仿真技术，进行产品的仿真模拟检测，可以对检测过程进行直观的观察，并根据检测结果修正检测工艺，从而提高无损检测结果的准确性和可靠性。还可利用仿真技术，对无法检测和检测覆盖不全的零、部件进行模拟检测，研究制定有针对性的检测工艺方法。以超声波检测仿真技术应用为例，可以仿真模拟超声波在发动机产品中的传播、不同界面的反射、折射及波形转换等过程，通过观察超声波在产品上的覆盖区及检测盲区，进一步调整、优化产品的超声波检测工艺，以达到最佳的检测效果。

另外，在产品的设计阶段，可通过采用仿真检测技术进行模拟检测，使产品的设计结构和检测要求更加科学、合理。

1.5.3.4　信息化管理

随着信息技术的快速发展，数字化、自动化、智能化无损检测设备的逐步应用，无损检测的信息化管理已日显重要。伴随液体火箭发动机产品的三维工艺施工、产品 MES 制造执行系统的应用，实现液体火箭发动机无损检测的动态管理已不再遥远。同时，借助检测信息化管理和网络技术的发展，无损检测资源共享、远程检测诊断等也都将逐步在发动机产品上得到应用。

第 2 章　液体火箭发动机质量基础管理

2.1　液体火箭发动机质量管理体系

2.1.1　质量管理体系的概念

质量管理体系是指在质量方面指挥和控制组织的管理体系。为了建立质量方针并实现质量目标，经过质量策划，将管理职责、资源管理、产品实现、测量、分析和改进等几个相互关联或相互作用的一组过程组成一个有机的整体，构成质量管理体系。液体火箭发动机质量管理工作通过质量管理体系的运作来实现，而实现质量管理体系的有效性又是质量管理的主要任务。质量管理体系的主要特征有以下几点。

（1）质量管理体系是由过程构成的

质量管理体系是由若干相互关联、相互作用的过程构成的。每个过程既是相互独立的，又是和其他过程相互联系的。质量管理体系就是依据各过程的作用、职能和接口顺序的不同组合成一个有机的整体。

（2）质量管理体系是以文件为基础的

按 GJB 9001B《质量管理体系 要求》建立质量管理体系，并将其文件化，对内为了让员工理解与执行，对外为了向顾客和相关方展示与沟通，发动机研制生产的质量管理体系文件应在总体上满足 GJB 9001B《质量管理体系 要求》，在具体内容上应反映发动机产品、技术、设备、人员等特点，要有利于企业所有员工的理解与贯彻。用有效的质量管理体系文件来规范各项质量活动，使每个员工都清楚自己的岗位要求和质量职责，促使每个员工把保证和提高质量看成自己的职责。

（3）质量管理体系是不断改进的

随着客观条件的改变和组织发展的需要，质量管理体系也应进行相应的变更，以适应变化了的市场需要，持续满足顾客要求。

2.1.2　质量管理体系的建立与运行

2.1.2.1　质量管理体系的建立

（1）调查分析管理现状

可以将已有的发动机质量管理工作与 GJB9001B《质量管理体系 要求》中各项要求进行对比分析，识别影响发动机质量的过程都有哪些，这些过程之间的相互顺序、相互作用和相互联系是否确定，实施这些过程相应的职责权限是否明确，这些过程是否得到了充分的展开，这些过程是否得到了有效的实施。

调查确定组织已有的质量管理体系哪些已经满足标准要求，哪些还存在着差距，哪些还是管理上的空白，为进行质量管理体系策划提供依据。

调查分析企业的管理现状，还可包括总结组织成功的管理经验和上级部门的管理要求，宜将成功的管理经验和上级部门的管理要求转化为程序或制度，让其产生效益，也确保所建立的质量管理体系具有组织特色。

（2）制定质量方针和质量目标

①制定质量方针

组织的质量方针应确保与组织的宗旨相适应，包括对满足要求和持续改进质量管理体系有效性的承诺。质量方针应针对组织的产品和服务，清晰地表达组织在质量方面的意图和方向，并作为制定质量目标的原则和基准。

②质量目标的制定与展开

质量目标包括中长期质量目标和年度质量目标。质量目标的制定应以质量方针为框架，是质量方针的具体化，规定为实现质量方针在各个主要方面应达到的要求和水平。质量目标的内容应与液体火箭发动机的特点、组织等具体实际情况相适应，应随外部环境和自身条件变化而变化。一般包括体系和产品两个方面的要求，按照 GJB 9001B《质量管理体系 要求》，与体系有关的要求包括：确定组织质量管理体系建立、实施、保持和改进的各项要求，其中最关键的是使顾客满意的目标；与产品特性有关的要求包括：新产品、新技术、新工艺设计和开发，产品质量符合性，实现过程和产品特性在稳定性等方面的目标。

质量目标展开的内容可包括：目标分解、对策展开、目标协调、明确目标责任和授权、编制展开图等五个方面。

（3）质量管理体系的文件化

①质量管理体系文件的数量和模式

因液体火箭发动机属复杂产品，研制生产组织规模较大、过程复杂，质量管理体系文件宜分为 3 个层次，即：质量手册、程序文件和作业文件（三层次文件）。

质量管理文件应遵循过程方法模式，尽可能采用流程图的方法，将过程之间的相互顺序和作用，以及信息流和物质流加以直观描述，便于员工理解与执行。

②质量管理体系文件编制步骤

1）成立体系认证或转换认证工作领导小组和办公室，办公室成员为质量管理体系文件编制组成员；

2）开展认证或转换认证标准的培训；

3）制定体系文件编制的总体安排，确定需编写的程序文件和三层次文件；

4）进行质量管理体系过程的策划；

5）制定体系文件（标准）编制的实施计划；

6）开展文件（标准）编写培训，提供模板，起草体系文件；

7）体系文件的审签、会签和批准发布；

8）体系文件的改进和完善。

③质量管理体系文件编写方法

首先应明确部门的职责权限，然后整理编写程序文件、作业文件，并着手质量手册可编写内容的编写。待程序文件完成后，汇总程序文件的相关内容，完成质量手册全部内容的编写。

质量管理体系文件应选择熟悉质量管理、组织生产经营现状和产品，并具有一定写作水平的人员编写。在编写过程中应征求有关方面的意见，进一步优化、协调，在意见统一后定稿。质量管理体系文件编写完成后，应对文件进行评审，评审中发现的问题应及时修改，最后由组织最高管理层批准发布。

2.1.2.2　质量管理体系的运行

（1）质量管理体系运行前的培训

采用多种形式，分层次地对员工进行质量管理体系文件的宣贯与培训。通过培训使每个员工了解整个质量管理体系运作模式，了解和自身工作相关的体系文件，知道应做什么，何时做，如何做，了解自身在整个质量管理体系运行中的地位和作用。

（2）协调组织机构，落实管理职责

质量管理体系的运行涉及组织许多部门和各个层次的不同活动，对于各项活动应确定目标与要求，明确职责、权限和各自的分工，使各项活动能够有序展开，对出现的矛盾和问题要及时沟通与协调，必要时采取措施，确保质量管理体系的有效运行。

（3）过程方法思想贯穿于体系所有活动的开展

对体系运行的诸多过程，提供适宜的人财物等资源支持，通过资源管理，降低成本和缩短周期，通过对采购、制造、检验、试验等过程的组合和相互作用进行连续的控制，确保研制生产过程受控。

（4）监视和测量覆盖体系全部活动

在质量管理体系运行过程中，通过单位内部、职能部门进行过程监视和测量，实现质量管理体系运行情况的日常监控，全面、系统地收集质量管理体系运行中暴露出的问题（如与标准要求不符合或与本组织要求不符合等），查找根本原因，制定并落实纠正措施，使质量管理体系持续改进。

2.1.3　质量管理体系的评价与改进

2.1.3.1　质量审核

在工业生产过程中，各相关方都对组织的质量管理体系有各自不同的需求，按照审核实施的主体不同，可将质量管理体系审核分为外部审核和内部审核两大类。

外部质量管理体系审核，包括第二方审核和第三方审核。前者是需方（顾客）派出审核员，按照合同规定要求，对供方的质量管理体系进行审核，以确认供方具有提供合格产品的生产和管理能力。后者是由公正的、有权威的第三方（认证机构）对申请认证的企业所进行的质量管理体系审核，以确定质量管理体系是否符合标准的规定要求，并能达到预定的质量方针和目标，以便颁发认证证书。

质量管理体系内部审核，又称第一方审核，是组织对其自身的质量管理体系所进行的审核，以检查各项质量活动是否有效开展，及时发现存在的问题，采取纠正或预防措施，使体系不断完善、改进。以下主要介绍内部审核。

（1）内部审核的作用、原则及类型

质量管理体系内部审核是组织在建立、运行质量管理体系以后必须进行的一项管理活动，是对其质量管理体系进行自我评价的重要手段，也是促进组织质量管理体系自我完善、持续改进的重要机制，目的是评价和确定自身质量管理体系符合要求的程度和体系运行的有效性，为组织提供自我完善和持续改进的机会。其主要作用有：

1）确定质量管理体系各过程是否符合规定的要求，以采取有效的纠正和预防措施；

2）确定质量管理体系实现规定的质量目标的有效性，以不断提高组织整体的实力；

3）为组织提供改进质量体系的机会，确立整改目标；

4）确保组织的产品满足顾客和法律法规的要求。

内部审核是组织对质量管理体系运行的有效性进行评价，是发现并解决体系运行过程中问题的一个重要手段。质量管理体系内部审核要遵循以下4条原则。

1）客观性：审核员要以充分的证据为基础，公正、客观地评价审核对象，不能偏见、主观地给出结论。

2）独立性：审核员要与被审核的领域无直接责任关系，无任何利益关系，在内审中一般来说本部门人员不能审核本部门。

3）系统性：审核员要按规定的程序全面地审核和评价与审核对象有关的各项活动和结果。质量管理体系内部审核是有计划、有步骤、有程序的正规活动。

4）基于证据的方法：审核得出的审核结论应当是可信的、可重现的。

组织在实施质量管理体系内部审核的过程中，根据审核的对象和目的的不同，将审核分为体系审核、过程审核和产品审核三种类型，见表2-1。

表 2-1　审核的三种类型

审核方式	审核对象	审核目的
体系审核	质量管理体系	对基本要求的完整性及有效性进行评价
过程审核	产品策划、实现过程、服务过程等	对产品及其过程的质量保证能力进行评价
产品审核	产品或服务	对产品的质量特性进行评价

（2）内部审核的方法

随着发动机生产质量管理的发展，企业建立了符合 GJB 9001B《质量管理体系　要求》的质量管理体系，建立了发动机质量管理体系。质量管理体系的有效运行保证了发动机产品实现的过程受控，提高了产品质量的保证能力。为了对企业质量管理体系的运行情况进行有效评价，促进企业质量管理体系自我完善、持续改进，企业结合产品实现过程的不同需求，从质量管理过程运行的"点、线、面"3 个方面开展了质量管理体系内部审核。

①"点"的审核——过程质量审核、产品质量审核

过程质量审核：发动机过程质量审核是指针对某项产品的某一个或几个工序过程开展的质量审核。是对型号产品重要生产过程或不易通过检测、试验证明的生产过程进行审核，通过对这些过程中各项输入的控制来实现产品质量符合要求的结果。过程质量审核主要安排对关键工序和特种工艺的生产过程进行审核，目的是对产品及其过程的工序质量保证能力进行评定。对过程的质量审核，一般是在生产现场随工序进展情况进行的，主要审核的内容包括：

1）操作者、检验人员资格的符合性，操作方法的正确性；

2）使用文件的一致性、有效性；

3）加工、检测设备的完好性、有效性；

4）在制产品质量状况及其可追溯性；

5）作业环境的符合性；

6）其他有关规定要求。

产品质量审核：发动机产品质量审核是指对发动机燃烧室、涡轮泵、机架、阀门等主要组合件和整机装配的质量特性及质量保证能力进行评价。产品审核的目的，除了通常认为的对产品的质量特性是否满足顾客的要求进行评定外，还对产品生产全过程的质量能力进行评定。发动机产品质量审核的主要内容一般包括：

1）产品的主要尺寸、精度、强度、密封、电性能等特性值及技术状态是否符合规定要求；

2）产品的外表、标识、保险、铅封等是否完好、正确，可视表面有无损伤、锈蚀等不允许存在的缺陷；

3）多余物控制措施执行情况和记录；

4）产品的包装是否符合技术文件要求，产品及备附件与装箱单是否一致，质量证明文件是否填写完整、正确，包装物上的标志是否清晰、正确等；

5）产品制造、检验依据是否适用有效，图、文、物是否一致。

产品质量审核前，一般应针对具体的审核对象制定产品不合格程度分级表（见表 2-2），按照对产品质量的影响程度，将不合格可分为四级：

A 级——严重不合格；

B 级——重大不合格；

C 级——一般不合格；

D 级——轻微不合格。

表 2-2　产品不合格程度分级表

级别	影响程度	对产品功能的影响	对外观质量的影响	对包装质量的影响
A 级	严重	会造成产品功能丧失，产生严重质量、安全事故，无法完成预定任务	顾客会拒收产品	错漏装产品，运输中会造成产品损坏
B 级	重大	会造成产品部分功能丧失，存在严重的质量、安全隐患，影响预定任务的完成	顾客可能会拒收产品	包装不完善，存在影响产品安全的严重隐患，产品证明书、履历书不完整、有错误，包装标识错误
C 级	一般	对产品功能有轻微影响，但不会影响预期使用要求	顾客会提出意见，但不会拒收产品	包装标识不清，存在不影响产品安全的包装缺陷
D 级	轻微	对产品预期功能无影响	顾客可能会提出意见	顾客一般不会提出意见

②"线"的审核——专项审核

专项质量审核：发动机专项质量审核是指对发动机产品在实现过程中出现的典型质量问题、共性质量问题或产品质量出现较大波动时，对相关部门进行的质量审核。专项质量审核主要是运用过程控制的思想，对企业的某一流程进行跨部门的审核，目的是理清整个流程中各部门的分工和职责，对流程中模糊的环节和过程进行确认，提醒各部门进行改进。针对性较强，对实际管理提升作用较大。专项质量审核任务来源一般有：

1）体系内审中发现各部门普遍存在的管理问题，需要开展专项质量审核进行准确判断的项目；

2）企业决策需进一步强化管理，进行改善提高的项目；

3）在实际工作中各单位部门之间矛盾比较大，需要进行流程优化或职责重新明确的项目。

发动机专项质量审核的内容一般包括：

1）质量管理环节的职责的适宜性；

2）质量控制及管理的要求的合理性及可执行性；

3）质量要求的执行情况与要求的符合性；

4）质量控制及管理流程的有效性。

③"面"的审核——质量管理体系审核

质量管理体系审核：发动机质量管理体系审核是依照 GJB 9001B《质量管理体系 要求》中的条款要求，在企业内部开展的质量管理全过程、全要素的审核，以评价体系运转的基本情况和各条款的执行符合性为目的，主要体现体系运行的整体表现。通过对企业各项质量活动过程与质量管理体系文件的符合性评价，各项质量活动结果的有效性评价，以及质量职责与权限划分的适宜性评价，确定是否采取纠正或预防措施，以确保质量管理体系持续正常、有效地运行。

2.1.3.2　体系评估

宇航产品制造业在维持质量和测量质量方面，相对于其他行业，存在着较大的差异，主要表现为市场份额驱动的质量标准与符合规范驱动的质量标准是不同的。市场驱动的制造业（如汽车、消费类电子业）在应用质量管理时，更关注科学方法的应用，运用统计技术对质量管理进行改善，并容忍一定程度的不合格，以此来获得更大的市场份额和经济效益。在监管体制下运营的组织（如食品药品、航空航天、交通运输业等），在不合格的容忍程度上远低于市场份额驱动型组织，而在对质量标准的遵守程度上远高于市场份额驱动型组织，这是由组织提供的产品特性和用途决定的。

为了使质量管理更好地满足组织的需求，体现出发动机生产企业规范驱动型组织的特点，通常在组织建立体系时，采用以下两种办法：一是对产品通过更高可靠性要求的第三方认证，增加更多的强制性要求（如国家军用标准）；二是在体系通用标准要求的基础上，结合产品实际特点，制定一些远高于标准要求的措施和制度，进一步深化和细化质量管理要求。这在发动机研制生产过程中是通过质量管理体系评估来实现的。

发动机研制生产过程中，企业根据航天型号精细化质量管理要求，编制了质量管理体系评估手册，建立了专家队伍，对相关人员进行培训，根据评估要素具体的要求，在企业各部门业务工作中开展体系评估工作。质量管理体系评估是在 GJB 9001B《质量管理体系要求》的基础上，以深入推进精细化质量管理为目标，企业自行发布和实施的行政命令，它充分地反映出宇航产品制造业的产品特点和管理要求，是对质量管理体系要求有针对性的补充，对液体火箭发动机产品质量保证有着重要的意义。

（1）质量管理体系评估模型

质量管理体系评估按过程评价和结果评价开展。具体评估模型如图 2-1 所示。

评估模型的特点：以型号产品过程质量控制为核心和重点；注重质量基础保障能力建

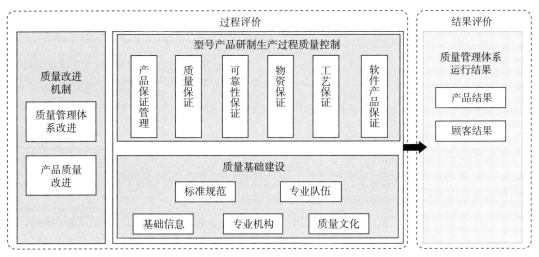

图 2-1　体系评估模型

设；既关注质量管理过程，也关注质量管理的结果。模型结构的表现形式虽然不同于ISO 9000标准的管理体系模型，但是其实质内容反映了 ISO 9000 标准的质量管理体系的主要要素的要求，并体现了航天行业的特殊要求。模型中评估要素基本反映了质量管理体系建设和运行过程及其结果的主要内容。

评估模型的构成：评估模型包括 4 个主模块，15 个子模块，27 个评估要素。其中质量改进机制模块包括质量管理体系改进和产品质量改进两个子模块；型号产品研制生产过程质量控制模块包括产品保证管理、质量保证、可靠性保证、物资保证、工艺保证、软件产品保证 6 个子模块；质量基础建设模块包括标准规范、专业队伍、基础信息、专业机构、质量文化 5 个子模块；质量管理体系运行结果模块包括产品结果和顾客结果两个子模块。

（2）质量管理体系评估方法

按照模型的分类，对过程模块与结果模块下的各要素采用不同的评估方法。对过程评估要素按成熟度等级进行评估，具体成熟度等级和系数确定见表 2-3。

表 2-3　过程评估要素成熟度等级和系数确定指南表

成熟度等级	成熟度系数	成熟度评定要点
不达标	0，0.4	• 针对该要素没有明确的要求； • 要求没有在相应的过程和部门得到落实； • 没有对问题的分析方法，只有就事论事的而且不彻底的处理
达标	0.5，0.6	• 针对该要素的主要方面，有明确的要求和基本有效的方法； • 要求在主要过程和部门得到基本落实； • 有基本的分析和改进活动
良好	0.7，0.8	• 针对该要素的全部方面，有具体的要求和有效的方法； • 要求在所有相应过程和部门都得到落实； • 有系统的分析和评价的方法，对关键过程实施有效的分析和改进
优秀	0.9，1	• 针对该要素的全部方面，有系统、规范、详细的要求和先进、系统、高效的方法； • 要求在所有相应的过程和部门得到全面、彻底、有效的落实； • 基于详细信息的、全面系统的分析、评价和深入、彻底的改进，形成持续改进的机制

在对过程评估要素进行成熟度等级评定时，对于优秀、良好、达标 3 个等级的判定方法是：如果前两个评定要点，即要求和落实中有一个不能满足，成熟度等级则降到下一个等级；如果前两个评定要点，即要求和落实都满足，但第 3 个评定要点，即改进没有满足，成熟度系数则可达到该成熟度等级的下限值，即 0.5、0.7 或 0.9；如果 3 个评定要点，即要求、落实、改进都满足，则成熟度系数可达到该成熟度等级的上限值，即 0.6、0.8、1。对于不达标等级的判定方法是：如果符合评定要点前两项中的其中一项规定，成熟度等级系数就判定为 0，其他情况的成熟度等级系数判定为 0.4。

对结果评估要素按年度工作结果分为 A、B、C、D 级 4 个等级评估，具体等级确定原则见表 2-4。4 个等级的系数范围是：A 级系数为 1，B 级系数为 0.8，C 级系数为 0.6，D 级系数为 0.4。

表 2 - 4　结果评估要素等级确定指南表

评估模块	评估子模块	评估要素	等级	等级确定指南
质量管理体系运行结果	产品结果	任务成功率情况	A	产品交付后无故障的产品率为 100%
			B	产品交付后无故障的产品率为 98%～100%（不含）
			C	产品交付后无故障的产品率为 90%～98%（不含）
			D	产品交付后无故障的产品率在 90% 以下
		质量问题情况	A	全年型号研制生产没有出现人为责任质量问题、重复性质量问题情况
			B	全年型号研制生产出现人为责任质量问题、重复性质量问题占质量问题总数少于 2%
			C	全年型号研制生产出现人为责任质量问题、重复性质量问题占质量问题总数 2%～5%
			D	全年型号研制生产出现人为责任质量问题、重复性质量问题占质量问题总数多于 5%
	顾客结果	顾客满意程度	A	系统开展了满意度调查活动，顾客满意度都在 95% 以上，并根据满意度调查情况及时进行了总结和持续改进
			B	开展了满意度调查活动，顾客满意度都在 90% 以上，并根据满意度调查情况及时进行了总结和持续改进
			C	基本能开展满意度调查活动，顾客满意度都在 85% 以上，并根据满意度调查情况及时进行了总结和改进
			D	基本能开展满意度调查活动，顾客满意度低于 85%，总结和改进力度差

（3）质量管理体系评估要素

评估要素涉及的范围包括：企业和型号的重要质量管理工作；当前质量管理的薄弱环节，需进一步加强的工作及质量管理新要求。质量管理体系评估的要素有 27 个，评估要素及其分值见表 2 - 5。其中每项过程要素还有具体的评估范围，以及该范围内每个成熟度等级的具体要求。

表 2 - 5　评估模块、子模块和评估要素及其分值

评估模块	评估子模块	评估要素	要素编号
质量改进机制（220 分）	质量管理体系改进（150 分）	质量责任制（40 分）	1—1
		质量管理体系文件的管理（30 分）	1—2
		质量监督检查（20 分）	1—3
		质量管理体系评估改进机制（60 分）	1—4
	产品质量改进（70 分）	面向产品的质量分析（40 分）	1—5
		共性质量问题的研究和解决（30 分）	1—6

续表

评估模块	评估子模块	评估要素	要素编号
型号产品研制生产过程质量控制（430分）	产品保证管理（100分）	产品保证策划（30分）	2-1
		技术评审（30分）	2-2
		产品数据包管理（40分）	2-3
	可靠性保证（50分）	可靠性设计、分析和验证（50分）	2-4
	工艺保证（30分）	型号工艺管理（30分）	2-5
	物资保证（40分）	物资的选用和质量控制（40分）	2-6
	软件产品保证（30分）	软件工程化（30分）	2-7
	质量保证（180）	技术状态控制（30分）	2-8
		设计验证试验管理（30分）	2-9
		关键环节控制（30分）	2-10
		外包产品质量管理（40分）	2-11
		产品检验及验收管理（20分）	2-12
		质量问题归零管理（30分）	2-13
质量基础建设（150分）	标准规范（30分）	质量与可靠性标准规范（30分）	3-1
	专业机构（30分）	专业技术支撑机构建设（30分）	3-2
	基础信息（30分）	质量与可靠性基础信息管理（30分）	3-3
	专业队伍（30分）	质量与可靠性专业队伍建设（30分）	3-4
	质量文化（30分）	质量教育培训和群众性质量管理活动（30分）	3-5
质量管理体系运行结果（200分）	产品结果（180分）	任务成功率情况（100分）	4-1
		质量问题情况（80分）	4-2
	顾客结果（20分）	顾客满意程度（20分）	4-3

（4）质量管理体系评估意义和作用

在发动机研制生产过程中，根据企业承担的具体工作内容，选取合适的评估要素，逐项对照成熟度等级要求，即可获得企业体系评估分值，对航天型号精细化质量管理要求执行情况做出量化的评价。在实际执行过程中，强调以评促建，注重发现薄弱环节和总结提炼最佳实践，发现在精细化管理过程中存在的差距和优秀案例，为进一步改进质量管理体系指明方向。

质量管理体系评估与质量管理体系审核不同，体系审核是对企业质量管理进行符合性审查，仅判断各项质量管理要求是否满足标准的要求，通过体系改进来增加顾客满意程度，是质量管理的基础要求。而质量管理体系评估中各成熟度的要求具有引导作用，在具体管理要求方面，更具有针对性，指导航天企业在质量管理方面进行精细化改进。各要素的四级成熟度要求远高于 GJB 9001B《质量管理体系 要求》的内容，要求内容更具体，操作性和指导性更强，不只要求企业质量管理过程符合标准，更要求企业不断改进，追求卓越，因而能够更好地体现航天产品和企业的特点，对液体火箭发动机质量管理具有深刻的意义。

2.2　液体火箭发动机质量管理方法应用

2.2.1　概述

为了使液体火箭发动机质量管理体系有效运行，确保液体火箭发动机实现过程质量和最终产品质量的提升，研制生产过程中应用了多种质量管理方法，这些质量管理方法从不同角度，促使对于产品研制生产过程中的"人、机、料、法、环"等影响因素的提升。常用的质量管理方法有：质量信息分析管理、质量问题闭环管理、质量管理小组活动、现场6S 管理、六西格玛管理、标准化管理等。

2.2.2　质量信息分析管理

质量信息管理是将不同产品、不同研制生产过程的质量信息收集起来，并经系统分析处理后及时传输到各有关部门，为各级领导决策提供依据的活动，此项工作是开展全面质量管理的基础。一般根据质量信息用途和重要程度实施分级、分类管理。

2.2.2.1　管理机构及职责

质量信息管理由质量信息中心归口负责，质量信息中心设在质量部门。企业内部各车间（处室）指定一名领导负责信息工作并设立质量信息员，车间（处室）质量信息员在业务上接受质量信息中心的指导。

（1）质量信息中心的主要职责

1）贯彻执行上级质量与可靠性信息标准、制度；

2）负责建立和运行质量信息快报传递系统；

3）负责质量信息的收集、处理、传递及分析利用工作；

4）向上级单位的质量与可靠性信息中心上报规定的信息；

5）向领导和有关职能处室提供有关产品研制、生产、试验过程中的质量信息；

6）负责指导、监督、检查和考核内部各单位质量信息工作。

（2）各车间（处室）的主要职责

1）负责本单位质量信息的收集、处理、传递及分析利用工作；

2）向质量信息中心报送规定的信息。

2.2.2.2　质量信息内容

生产过程的质量信息内容包括以下几个方面：

1）原材料、外购件、外协件入厂验收、使用中出现的批次性问题及影响生产的质量问题；

2）生产过程中发现的批次报废、超差质量问题〔批次报废、超差是指本批产品有 5

件以上，且有50％以上的产品（含50％）报废、超差]；

3）影响型号研制进度或造成重大经济损失的质量问题；

4）阀门、承压容器类组件典试过程出现的质量问题；

5）发射场服务或交付后产品出现的质量问题（包括随带物品的数量差异等）；

6）整机抽检试车、飞行产品交付的热标试车、工艺验收试车出现的质量问题；

7）技术状态未落实而发生的质量问题；

8）设计或工艺文件错误及工作差错导致的产品配套错误问题；

9）装配过程中出现的错装、漏装、多余物等质量问题；

10）上级部门、型号指挥系统和设计师系统确定的归零质量问题。

2.2.2.3 质量信息报送流程及要求

质量信息发生后，相关单位应按规定及时报送质量信息中心，质量信息的报送流程如图 2-2 所示。

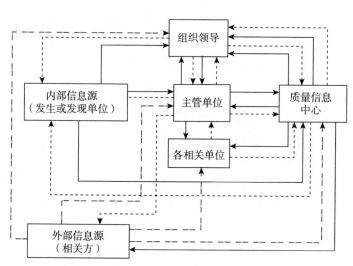

图 2-2 质量信息传递路线

质量信息管理的关键是时效性，所以必须明确质量信息报送的时间要求及主体责任单位，以免发生责任不清、要求不清的情况。一般情况下，对报送时间及报送主体单位要求如下：

1）对于一般质量问题，在质量问题发生后的 2 h 内电话告知质量信息中心，1 个工作日内以质量信息传递输出卡（格式如图 2-3 所示）形式报质量信息中心；

2）对于重大质量事故、重大质量问题，在质量问题发生后的 1.5 h 内电话告知厂质量信息中心，1 个工作日内以质量信息传递输出卡形式报质量信息中心；

3）对内部质量问题，由发生、发现单位负责报送；

4）对外场作业产品出现的质量问题，由作业队负责人负责报送；

5）对发射场服务出现的质量问题，由参加试验队的负责人负责报送；

6）对交付后产品出现的质量问题，由生产部门负责报送；

7）对整机抽检试车、飞行产品交付的热标试车、工艺验收试车出现的质量问题，由参试单位负责报送；

8）对外协中发生的代料、混料和批次性超差、报废质量问题，由外协产品主制车间负责报送。

质量信息传递输出卡

编号：_____SC—_____   表格 4173 - 2006

产品代号	零、部、组件代号	零、部、组件名称	信息产生地点	信息产生时间
填卡单位	发往单位			
信息内容及处理建议				
填卡人：				
单位意见				
单位领导：				

图 2 - 3　质量信息传递输出卡

2.2.2.4　质量信息分析

（1）质量信息分析的分级和分类

对液体火箭发动机生产过程，按照质量信息分析开展的层面及范围，可分为企业级、车间（处室）级、班组级 3 个层次。

按照质量信息分析的性质及形式，可分为定期质量信息分析、专题质量信息分析、现场质量信息分析。

1）定期质量信息分析——针对生产中一段时间内（月度、季度）质量形势的分析，查找潜在问题和质量隐患，提出改进措施。

2）专题质量信息分析——针对生产中发生的典型或影响较大的质量问题、严重违反工艺纪律和质量管理制度的现象，认真分析原因、查清责任，制定整改措施。

3）现场质量信息分析——针对生产现场质量问题发生过程进行剖析，以达到现场警示、教育的目的，防止质量问题再次发生。

（2）质量信息分析内容

1）班组对产品研制、生产过程中发生的质量问题进行收集、汇总，不同专业类型班组结合自身特点选取相应的分析内容。

操作类班组分析内容包括：

a）生产过程中出现的批次性超差、报废的质量问题；

b）虽未出现批次超差、报废，但造成重大经济损失的质量问题；

c）因工作差错造成的混料、混批、漏工序等质量问题；

d）潜在的质量隐患或需预防的质量问题；

e）因多余物、配套错误、漏装、错装等造成的装配过程质量问题；

f）班组新员工生产中遇到的各类问题。

工艺技术类班组分析内容包括：

a）技术状态落实不到位的问题；

b）工艺文件不细、不全造成的质量问题；

c）工艺参数错误造成的质量问题；

d）对新工艺、新材料、新技术认识和研究不够造成的质量问题。

检验检测类班组分析内容包括：

a）首件三检未严格执行造成的质量问题；

b）专检漏检造成的质量问题；

c）无损检测缺陷漏检的质量问题。

2）车间级质量信息分析内容主要包括以下内容：

a）生产过程中出现批次性超差、报废的质量问题；

b）规章制度缺失、有章不循造成的质量问题；

c）外协、外购过程中发现的批次性质量问题；

d）虽未出现批次超差、报废，但造成重大经济损失的质量问题；

e） 因工作差错造成的混料、混批、漏工序等质量问题；

f） 潜在的质量隐患或需预防的质量问题；

g） 上级单位通报过的或作为典型案例剖析的质量问题。

3） 企业级质量信息分析内容主要包括以下内容：

a） 造成已交付发动机返工、返修的质量问题；

b） 造成火箭飞行试验失败的质量问题；

c） 造成整机抽检试车、飞行产品交付的热标试车、工艺验收试车失败的质量问题；

d） 生产过程中出现批次性超差、报废的质量问题；

e） 外协、外购过程中发现的批次性质量问题；

f） 规章制度缺失、有章不循造成的质量问题；

g） 因多余物、配套错误、漏装、错装等造成的装配过程质量问题；

h） 重复发生、低层次的质量问题；

i） 上级单位通报的本单位或其他单位的质量问题。

（3） 质量信息分析方法

1） 对统计出的质量问题，从 5M1E（即人员、设备、材料、方法、环境、测量）各种角度把原因查找出来，按照设计、工艺、操作、管理、器材、设备、环境、其他 8 个方面进行分类，充分运用柏拉图、饼图、直方图等相关工具进行统计分析，制定明确、针对性强的措施。

2） 对较难分析原因或需要共同讨论的问题，可采用头脑风暴法等方式，发动相关人员深入查找问题原因的焦点，制定有效的改进措施。通过一两次分析，仍无法解决的问题，可以成立专项课题或 QC 小组，运用质量管理的理论和方法，进行系统的分析研究，彻底解决问题。

3） 质量信息分析也可以采用主题讨论会、专题质量案例学习、优秀经验交流的形式进行。主题讨论会应在分析会前确定讨论主题，告知每位参会人员，每位人员针对讨论主题深入分析，各抒己见，共同制定相关解决措施。专题质量案例学习是针对生产过程中发生的典型质量问题，组织召开专题质量分析，并邀请工艺员、检验员共同参与分析问题原因，以起到警示教育的作用。优秀经验交流是指将产品生产过程中的优秀管理方法、操作经验和技巧进行总结和交流。

（4） 质量信息分析的要求

① 以质量信息收集为主线，逐级开展分析工作

在质量信息分析中，质量信息的收集是基础，首先应明确各级需要上报的各类信息，杜绝质量问题漏报、瞒报，消除质量信息孤岛现象，全面利用收集、统计的信息开展分析工作，重点关注产品实现过程和管理流程的改进。企业级质量信息分析应基于车间（处室）级质量信息分析的基础开展，车间（处室）级质量信息分析应基于班组级质量信息分析的基础开展。

②建立质量信息分析制度，规范分析报告格式

应建立各级质量信息分析制度，完善各级质量信息分析要求，以"面向产品、面向班组、面向过程"为原则，严格管理，做到主题明确，分析透彻，措施到位，记录完整，确保质量信息分析的结果能够对科研生产活动起到警示和提醒的作用。为规范各级质量信息分析内容，应组织规范质量信息分析报告格式，确保分析工作取得实效。

③各级质量信息分析工作侧重点应有不同

班组级分析应"就事论事"，关注生产过程中存在的隐患，可以将重点放在废品价值、超差品价值较高的产品上，并提出预防纠正措施，解决实际存在的问题。企业级、车间级分析工作应将关注点聚焦到共性、重复性、批次性问题及问题多发、关键和通用产品上，对造成质量问题的深层次原因和产品的薄弱环节"聚焦放大"，制定并落实改进措施，使质量信息分析成为确保型号成功和改进产品质量的一个有效手段，促使产品成熟度和单位管理水平不断提高。

④闭环管理，确保措施落实到位

按照质量管理的基本原则，所有活动均要遵循 PDCA 循环，在各级质量信息分析工作完成后，应形成质量信息分析工作记录，详细记录质量信息分析的内容及工作要求，明确待办事项，对待办事项制定实施计划，明确责任单位和责任人，积极组织落实。对需要固化的措施，应及时纳入管理制度及相关要求中。对需要其他单位协调解决的问题，及时反馈给相关单位。

⑤以点带面，以质量信息分析促改进

应以质量信息分析为基础，开展质量问题归零、共性质量问题治理、质量问题举一反三等相关工作，并将质量信息分析结果与质量管理体系中的质量改进相结合。同时应定期对生产过程中的质量问题进行汇总，编制质量问题警示录，组织车间、班组进行学习，并结合工作实际开展举一反三。

2.2.3　质量问题闭环管理

质量问题归零是指对航天型号产品在科研、生产、试验和使用中出现的质量问题，从技术上、管理上分析其产生的原因、机理，并采取纠正、预防措施，以避免问题重复发生的活动，通常包括技术归零和管理归零两个方面，也称质量问题双归零，简称双归零。

归零概念的提出最早可追溯到 1990 年 7 月，原航空航天工业部在上海召开学习麦道飞机质量管理经验研讨会，提出了归零概念，这时的归零指生产过程闭环的质量控制。1995 年 8 月，原航天工业总公司（以下简称总公司）发布了《质量问题归零的管理办法》，第一次明确提出质量问题归零的概念，从定位、机理、性质、责任、措施等方面明确了质量问题"归零五条"的最初模型。1996 年 10 月，总公司提出要确保所有质量问题真正归零，符合"定位准确、机理清楚、问题复现、措施有效、举一反三、杜绝重复故障发生"的要求，这是第一次系统、明确地提出质量问题技术归零五条要求。1997 年 10 月下发的

《关于认真做好质量问题在管理上归零工作的通知》明确提出：对科研生产和大型飞行任务中出现的质量问题，执行管理上归零的五条标准（过程清楚，责任明确，措施落实，严肃处理，完善规章），即管理归零。至此，航天质量管理系统、全面地提出了技术、管理"双归零、双五条"要求。2002 年，为进一步严格执行技术、管理归零工作要求，同时总结和固化航天型号科研生产开展"双归零"取得的成果和经验，中国航天科技集团公司颁布了 Q/QJA 10－2002《航天产品质量问题归零实施要求》标准，以企业标准的形式对质量问题归零工作进行制度化规定和规范化管理。2015 年 12 月，由中国航天科技集团公司主导制定的国际标准 ISO 18238《Space systems－Closed Loop Problem Solving Management》（质量问题归零管理）由国际标准化组织正式发布。

2.2.3.1　归零组织机构及职责

为确保质量问题归零工作的有效开展，应成立质量问题管理归零组织机构，归零领导小组组长为单位行政正职领导，副组长为主管质量、技术的单位副职领导，其成员包括技术、质量等部门的领导。主管技术的副职领导负责技术归零工作，主管质量的副职领导负责管理归零工作及对整个归零工作实施监督。

质量部门是质量问题归零工作的归口管理单位，负责归零工作管理、监督和检查工作，并负责质量问题管理归零的组织实施、跟踪验证及监督检查，对管理归零工作的及时性、正确性、彻底性进行监督，对归零措施、待办事项、举一反三情况进行检查。

技术部门负责质量问题技术归零的组织实施、跟踪验证及监督检查，对技术归零工作的及时性、正确性、彻底性进行监督，对归零措施、待办事项、举一反三情况进行检查。在产品出厂前、转研制阶段等关键环节，对质量问题归零工作进行全面的检查并组织必要的评审。

各发生、发现及涉及质量问题的车间（处室）行政正职负责组织本车间（处室）的归零工作。

2.2.3.2　技术归零

技术归零是指针对发生的质量问题，从技术上按"定位准确、机理清楚、问题复现、措施有效、举一反三"的五条要求逐项落实，并形成技术归零报告或技术文件的活动。

（1）技术归零问题的范围

发生以下质量问题应进行技术归零：

1）因发动机制造的原因造成导弹、火箭飞行试验失败；

2）因发动机制造的原因造成发动机试车失败；

3）因技术原因造成的零部组件批次性质量问题；

4）在发射场或试验站因产品质量问题造成影响发射和试验推迟进行的；

5）因产品制造质量问题，造成已出厂发动机返厂返工、返修、更换或索赔的；

6）因技术原因，造成重大经济损失的问题。

（2）技术归零的步骤及要求

技术归零五条标准是一个有机整体。"定位清楚"是前提，"机理清楚"是关键，"问题复现"是手段，"措施落实"是核心，此外真正有效的措施不仅仅是解决当前的质量问题，还应做好"举一反三"工作，以从根本上达到防止质量问题重复发生的目的。

①定位准确

定位准确是指确定质量问题发生的准确部位。只有准确定位问题发生在哪个环节、哪个产品、哪个零件，才能快捷有效地获取问题发生的根本原因，因此定位准确是解决和处理质量问题的前提和基础。

②机理清楚

通过分析、试验等手段，对问题发生的机理进行分析，逐步剖析，梳理问题和因果关系，确定问题发生的根本原因，为制定措施提供依据。

③问题复现

通过试验或其他验证方法，确认质量问题发生的现象，验证定位的准确性和机理分析的正确性。对发现的质量问题，原则上都应进行故障复现试验。只有当定位准确、机理清楚，并且在问题复现概率非常小、实现问题复现存在较大难度、问题复现将会导致产品破坏乃至报废等特殊情况下，才可以不进行故障复现试验。

④措施有效

针对发生的质量问题，采取纠正措施，经过验证，确保质量问题得到解决。对产品的改进措施要从根本原理着手，提高产品的可靠性，满足客户的需要，因此对产品故障的补救方案要到位、治本、彻底，保证杜绝类似问题的再次发生。改进措施要经过充分验证，确定原故障彻底消除而且没有新的问题出现，才能证实改进措施的有效性。

⑤举一反三

将发生质量问题的信息反馈给本型号、本单位和其他型号、其他单位，检查有无可能发生类似模式或机理的问题，并采取预防措施。

（3）技术归零报告编写要求

①问题概述

1）所属型号：名称、研制阶段、生产批次、编号、任务性质；

2）发生问题产品：名称、图号（代）号、编号、批次、研制阶段、工作状态；

3）发生问题时的时间、地点、主制单位；

4）问题现象的描述。

②问题定位

1）定位的过程：即如何层层分析、分解到质量问题发生的部位；

2）定位的依据：依据的机理分析记录或试验结果等；

3）定位结果：如某部件、零件、元器件、原材料或软件的某一运行状态，某一特定接口等出了问题；

4）问题原因（管理、操作、工艺、设计、器材、设备、工装原因）和责任单位。

③机理分析

1）分析工作的步骤和方法；

2）分析结果（理论分析结果和试验验证结果），难以确定时应把几种结果都加以说明。

④问题复现

1）为验证定位的准确性和机理分析的正确性，所进行的模拟试验情况；

2）复现结果分析；

3）无法或无须进行模拟试验的，应说明原因，并给出理论分析结果。

⑤采取的措施及验证

1）纠正措施的确认情况；

2）纠正措施计划的制定情况；

3）纠正措施实施的有效情况；

4）纠正措施的跟踪验证情况；

5）纠正措施在产品上的落实情况（纠正措施的技术文件名称、编号，改进措施的审批情况等）。

⑥举一反三情况

1）举一反三工作检查情况；

2）经验教训。

⑦结论

是否归零的结论意见。

（4）技术归零评审内容

技术归零评审内容如下：

1）质量问题的现象描述是否清楚；

2）质量问题的定位是否准确，是否具有唯一性；

3）产生问题的机理是否明确，是否含有不确定因素；

4）问题是否复现，复现试验的条件与发生问题时是否一致；

5）纠正措施是否经过有效验证，是否已落实到产品设计、工艺或试验文件中，具体落实到了哪些文件中；

6）在本单位的本型号范围内的举一反三结果，改进措施和预防措施是否得到落实；

7）归零报告的编写是否体现了技术归零的要求。

2.2.3.3　管理归零

管理归零是指针对发生的问题，从管理上按"过程清楚、责任明确、措施落实、严肃处理、完善规章"的五条要求逐项落实，并形成管理归零报告和相关文件的活动。其是技术归零的延续，有助于在更深层面上找到质量问题重复发生的根源，是提高质量水平的手段。

（1）管理归零问题范围

发生以下质量问题应进行管理归零：

1）重复性质量问题；

2）人为责任质量问题；

　　3）无章可循、规章制度不健全造成的质量问题；

　　4）技术状态管理问题；

　　5）上级单位或领导层确定的需要管理归零的问题。

　　（2）管理归零的步骤及要求

　　管理归零的 5 条要求中过程清楚是基础，责任明确是重点，措施落实是结果，严肃处理是手段，完善规章是目的。

　　①过程清楚

　　要查明质量问题发生和发展的全过程，从中查找管理上的薄弱环节或漏洞。在开展归零工作中，要全面梳理问题产生过程的每个环节，收集每个细节的直接或间接证据。

　　②责任明确

　　根据质量职责分清造成质量问题的责任单位和责任人，并分清责任的主次和大小。只有明确哪个部门、哪个岗位的责任应该得到落实，管理改进工作才能有的放矢。如果没有管理要求，就是制度不健全；虽然有管理要求，但是管理职责不明确，就是执行不到位；虽有要求，但没有按要求去做，就是违章操作。

　　③措施落实

　　针对管理上的薄弱环节或漏洞，制定并落实有效的纠正、预防措施。措施要具体、可操作、可检查，不仅要落实到管理文件中，更要落实到管理者的工作职责上。

　　④严肃处理

　　通过加强质量法规、管理制度的宣贯和总结发生问题的教训，教育职工提高自身的质量意识，提高管理者的责任心，同时对严重违章者必须给予适当的行政和经济处罚，以达到加深教育的作用。

　　⑤完善规章

　　结合质量问题管理归零措施，识别现有规章制度中不完善的地方，将取得的经验教训用规章、制度固化，并加以推广应用，起到预防的效果。

　　（3）管理归零报告编写要求

　　①过程概述

　　1）问题发生的时间、地点；

　　2）问题产品型号、研制阶段、图号、批次号；

　　3）问题现象描述。

　　②原因分析

　　按管理环节和职责，分析管理上的原因，一般应为设计、工艺、管理、操作、设备、环境原因，明确有关人员和部门的责任。

　　③措施及落实情况

　　1）制定切实可行、可操作、可检查的措施；

　　2）采取的纠正措施及措施落实情况。

④处理情况

对责任单位和责任人的处理结果及文字依据。

⑤完善规章情况

涉及本单位的哪些规章制度要进一步完善或建立，是否落实，未落实的应有明确要求。

⑥结论

是否归零的结论意见。

（4）管理归零评审内容

管理归零评审内容如下：

1）质量问题的发生过程是否清楚；

2）发生问题的主要原因和问题性质是否明确；

3）主要责任单位和责任人是否明确，相关单位是否认识到应承担的责任并采取了改进措施；

4）是否结合出现的质量问题对人员进行了教育，采取了什么教育形式，责任单位和责任人是否吸取了教训，对单位和个人的处罚是否妥当，是否有文字记录或通报；

5）属无章可循或规章制度不健全的问题是否已完善规章制度，完善了哪些规章制度；

6）归零报告的编写是否体现了管理归零的要求。

2.2.3.4　技术归零和管理归零之间的关系

在质量问题处理上，技术归零与管理归零的目的相同，但侧重点不同，技术归零侧重于检查造成问题的技术原因，查询技术实现是否成熟、可行；管理归零侧重于检查管理制度、遵章守纪和操作实施等情况，查询管理上存在的漏洞或薄弱环节。

技术归零的作用是针对造成问题的技术原因，制定并落实有效的纠正措施，可以提升本单位的技术水平；管理归零作用是在管理制度上进行改进，是技术归零的后续工作，可以将有效的纠正措施固化到相应的规范、标准和作业指导文件中，从而进一步完善本单位的规章制度，提升本单位的质量管理水平。因此，技术归零与管理归零之间是相辅相成的，在技术归零过程中可能伴随着管理归零，且管理归零往往紧随着技术归零而启动。

2.2.4　质量管理小组活动

质量管理小组又称 QC 小组，是指在生产或工作岗位上从事各种劳动的职工，围绕单位的经营战略、方针、目标和现场存在的问题，以改进质量、降低消耗、提高人的素质和经济效益为目的组织起来，运用质量管理的理论和方法开展活动的小组。QC 小组活动的宗旨：提高职工素质，激发职工的积极性和创造性；改进质量，降低消耗，提高经济效益；建立文明的、心情舒畅的生产、服务和工作现场。

2.2.4.1　QC 小组课题类型及活动程序

QC 小组一般分为现场型、服务型、管理型、攻关型、创新型 5 种类型。前 4 种课题都是针对现状存在的某种问题（或是与现行标准相比有差距，或是与上级下达的指标要求相比有差距），弄清其原因，针对主要原因，拟定改进措施，以改善现状，达到规定的标准或要求，因此，往往被统称为"问题解决型"课题。而创新型课题，则不是针对现状存在的问题开展改善活动，而是想追求一种新的境界，或使工作更加卓越，为此探寻新的思路、创造新的产品、提供新的服务、研究并采用新的方法等，故被称为"创新型"课题。

　　QC 小组活动遵循 PDCA 循环展开，其中，问题解决型 QC 小组按照图 2-4 所示程序开展活动，创新型 QC 小组按照图 2-5 所示程序开展活动。

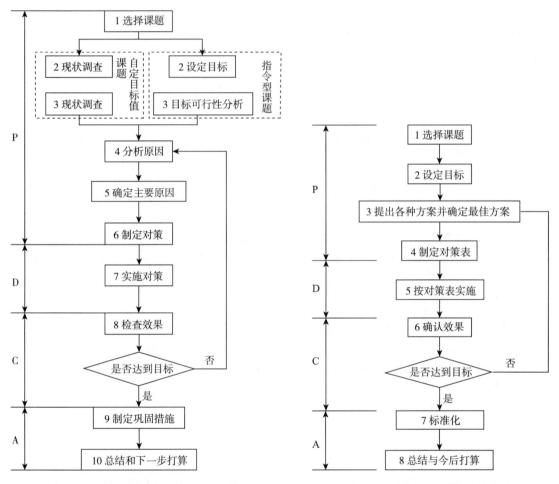

图 2-4　问题解决型课题的活动程序　　　　图 2-5　创新型课题的活动程序

2.2.4.2　QC 常用工具

　　正确运用新老 7 种工具等统计方法，准确地分析问题、寻找根源、解决问题，是有效开展 QC 小组活动、完成活动课题的保障。常用的 QC 工具主要有调查表、分层法、排列图、因果图、树图、关联图、头脑风暴法、亲和图、散布图、流程图、水平对比、简易图表等。

（1）调查表

调查表是用来系统地收集资料和积累数据，确认事实并对数据进行粗略整理和分析的统计图表。

（2）分层法

分层法是按照一定的标志，把搜集到的大量有关某一特定主题的统计数据按照不同的目的、特征加以归类、整理和汇总的一种方法。

（3）排列图

排列图是将相关信息按最重要到最次要顺序排列的一种图表，主要用于识别"关键的少数"。

（4）因果图

因果图是表示质量特性波动与其潜在（隐含）原因的关系，即表达和分析因果关系的一种图表。由日本质量管理专家石川馨博士创造，因此也称石川图，由于其形状像鱼骨刺，也叫鱼刺图、鱼骨图。

（5）树图

树图也叫系统图，用来表示某个问题与其组成要素之间的关系，从而明确问题的重点，寻求达到目的所应采取的最适当的手段和措施的一种树枝状图。

（6）关联图

关联图也叫关系图，是表达关系复杂，原因之间相互关联的单一问题或者多个问题的图形。关联图是根据逻辑关系理清关系复杂的语言文字资料的一种方法。

（7）头脑风暴法

头脑风暴法是引导小组成员进行创造性的思考，产生和澄清大量观点、问题或议题的一门技术。

（8）亲和图

亲和图是指将收集到的大量有关某一特定主题的意见、观点、想法和问题，按照它们的相互亲近程度加以归类、汇总的一种图形。

（9）散布图

散布图是研究成对出现的两组数据代表的两种特性之间相关关系的简单图示技术。散布图可以用来发现、显示和确认两组相关数据之间的相关程度，并确定其预期关系。

（10）流程图

流程图是将一个过程（如工艺过程、检验过程、质量改进过程等）的步骤用图的形式表示出来。通过对一个过程中各个步骤之间关系的研究，发现问题的潜在原因，找到需要进行质量改进的环节。

各种 QC 工具方法的主要功能如下：

调查表——集数据；

分层法——示差异；

排列图——抓重点；

因果图——追原因；

关联图、树图——理顺关系；

散布图——看相关；

头脑风暴法——挖潜能；

亲和图——整理归纳；

流程图——理过程。

2.2.4.3　QC小组活动的管理

（1）完善管理制度，统一规范管理

首先应制定《质量管理小组活动实施细则》，建立从小组注册、活动、评奖到成果推广等一系列的推进流程，明确管理职责、管理要求、管理流程、教育培训、交流和发表、成果评价与奖励等内容，确保QC小组管理工作实现程序化、规范化、标准化。建立健全的机构，设立专人负责QC小组活动，主要负责QC小组活动的注册把关、方法指导、监督检查等工作。

（2）抓好教育培训，加强学习交流

教育培训是开展QC小组活动最为基本和重要的环节，通过培训宣传等方式，让职工了解QC小组活动的重要意义，让职工关心、支持并积极参加活动。强化交流学习和培训的针对性，从工具、方法、选题、程序、总结和发表等方面开展专题培训。教育方式可以灵活多样，既可以请专家讲课，进行案例分析；也可以让QC骨干走出去，参加QC成果发表会，与QC优秀推进单位进行交流，开阔眼界；还可以边活动边请有经验的专家进行指导，对活动过程进行诊断，提高活动的针对性和有效性。

（3）制定QC工作计划，加强项目推进检查、指导

针对QC小组活动，每年应制定年度工作计划，明确QC管理工作的时间节点和责任人，按期推进相关工作。对每个QC小组，制定小组活动计划，针对重要节点制定抽查计划，督促活动的开展。针对重点项目、重点课题安排专人全程跟进QC小组活动，对项目进行全方位指导研讨，提升活动整体效果。

（4）定期组织项目发布，促进共同提高

通过定期开展QC小组项目的发布、评审，进一步促进各QC小组的沟通交流和相互学习。在成果发布过程中，各小组成员通过学别人的经验，找自己与他人的差距，达到相互交流、相互启发、共同探讨、取长补短、集思广益、共同提高的目的。通过现场发布，既展示了QC小组活动成果，又可以提高小组成员总结、表达能力，对推动和引导QC小组活动健康发展具有不可替代的作用。

（5）与合理化建议相结合，不断促进质量改进

在QC小组活动推进过程中，应注重小组活动与合理化建议、班组建设等工作相结合，应善于从职工的合理化建议中选取活动课题，对适合开展攻关的建议，可以成立QC小组开展改进工作，以实现合理化建议的初始目标。同时，将QC小组活动开展情况与班组建设评价结合起来，提高班组成员对QC小组的认识，促进班组不断采用PDCA的方法进行改进，提高班组人员解决问题的能力。

2.2.4.4　QC 小组活动的作用

（1）有利于提高质量，降低消耗，提升经济效益

QC 小组活动的目标之一就是提高质量，降低消耗。通过开展 QC 小组活动，不断提高生产、服务效率，节约物资消耗，提高物资资源的利用率，不仅带来直接降低消耗的效果，而且能增强人们的效率意识与节约意识，提高人们爱惜资源、节能降耗的自觉性，从而提升经济效益。

（2）有利于提高人员的素质，激发人员积极性和创造性

QC 小组是吸引广大职工积极参与质量管理的有效形式，具有广泛的群众性，有利于实现全员参加管理。QC 小组活动可以克服职工由于从事简单重复工作而产生的单调乏味情绪，增加工作的乐趣。小组成员一起进行研究分析，解决问题，从中获得成功的乐趣，体会到自身价值和工作的意义，有利于促进人员工作态度由"要我做"向"我要做"转变。有助于提高职工的科学思维能力、组织协调能力、分析与解决问题的能力，产生更高的工作热情，激发出巨大的积极性和创造性。通过开展小组活动，小组成员在工作中共同探讨，部门之间团结协作，还能在工作中改善人与人之间的关系，有利于提高自身的沟通能力和团队精神。

（3）有利于改善和加强管理工作，提高管理水平

QC 小组活动强调运用质量管理的理论和方法开展活动，使管理工作具有严密的科学性及规范性。小组在活动中遵循 PDCA 循环的原则、方法和既定的活动程序，循环前进，阶梯上升，在活动中如果没有达到目标则重新进行原因分析，步步深入地分析问题，坚持用数据说话，用科学的方法解决问题。通过小组活动不断进行管理工具及管理方法的改进，使管理水平不断得到提高。通过不断改进和提高各环节管理工作质量，有效促进各方面管理工作的改进，从而提升单位整体素质。

（4）有利于开发新产品，创造新工艺、新方法

QC 小组可以选择方向性的技术攻关或创新课题，制定规划和计划，组织技术攻关及创新，运用新的思维方式和创新方法，制定对策及实施，如运用过程决策图法（亦称 PDPC 法）等，对实现理想目的进行多方案设计，并在动态实施过程中及时调整方案确保达到预期结果。同时，及时做好技术创新成果的巩固，形成制度化、标准化，并推广到生产中。

2.2.5　现场 6S 管理

由于液体火箭发动机生产现场控制环节多、随机因素杂，易出现诸如：加工过程中原材料、半成品、成品等摆放不规范，产品标识不清，装配过程中易产生多余物及产品磕、碰伤等质量问题。因此，应用 6S 管理，促进生产现场管理水平提升是液体火箭发动机生产现场管理的内在需求。

6S 管理目的是为员工创造一个干净、整洁、舒适、合理的工作场所，培养员工养成严、慎、细、实的工作作风，最终达到提升员工的素质。其主要内容有：

整理：对所有的场所进行彻底的清理，现场的物品都分为必需品和非必需品，工作场

所只放置必需品，腾出空间，创造一个有序的工作环境。

整顿：将必需品，如工装、夹具、物料、资料等分门别类按规定数量定好位置，摆放整齐并予以标识，以便在需要的时候能够立即找到，提高工作效率。

清洁：消除油污、灰尘等脏污，并防止脏污的再发生，保持令人心情愉快的工作环境，减少脏污对产品质量的影响。

规范：将整理、整顿、清洁所做的工作制度化、规范化、日常化，将工作职责落实到每个岗位、每位员工，并且得到贯彻执行。

安全：落实工作场所的各项安全措施，建立安全管理体系和管理制度。

素养：通过坚持不懈地教育和行动，使员工将良好的做法形成习惯，提升员工素质，实现员工的自我规范。

2.2.5.1　生产现场 6S 管理要求

生产现场应进行布局设计，设计的目的是效率化，即空间利用最优化、物流效率最大化。完成布局设计后，功能区域应明确划分，相应地进行定置管理。对工作现场进行改善，要注重选用合适的工具车、工具柜、货架等储运物品，保证空间的充分利用。生产现场的工、量具应尽可能采用目视化管理。

1）装配现场布局应预先设计，装配区、锉修区、焊接区、工装区、样机展示区、产品放置区、配合人员区等区域力求布局合理。在厂房工艺布局设计时，由主管设计会同 6S 管理人员按照发动机生产的工艺要求，按照空间、时间利用最优化进行布局设计论证。确认后，按照 6S 管理方法中的区域线、定位线及标识的相关要求，明确功能区域并标识。

2）装配现场功能区域内放置的工作台、气密试验台、配套车、工具车、工具柜应摆放整齐，并与标识相符。在现场醒目位置处，设置功能区域及生产设备、设施定置管理图。

3）库房和装配现场之间双向流动所传递的零件、部组件必须有详细的清单、规格、数量，库房所有涉及发动机装配的零部件，均采用形迹化管理的配套模板进行配套和周转。

配套模板上每个零件固定放置位置注明工序号、产品图号（规格）、数量，以实现零件摆放时"对号入座"。

4）装配试验中使用的白绸布、酒精、纸张、手套等消耗物品，使用前、后必须进行清点，核对数量。

5）工具柜、工具车应有标识，内、外表面应干净，柜内物品应分类放置并与标识相符，应尽可能采用形迹化管理。

6）临时使用的测量仪器设备在使用完毕后应及时移出装配现场。

7）生产现场设备应干净，无油污，设备周围不应随意放置刀具、量具、工装等。应尽可能用颜色及其他方法明确日常维护保养的机能部位，标识出计量仪器仪表的正常、异常范围。

8）原材料、元器件、毛坯、零（部、组）件均应有相应的标识。

9）货架、工装架应有标识，表面干净，其上零件、工装等物品应摆放整齐，并与标识相符。

10）生产现场地面应干净、无油污、无积水、无废弃物，保持通道畅通。

11）对库房物品应确定合理数量，尽量只保管必要的最小数量，并标识出最大库存量、安全量和最低库存量。宜用分类标识或用颜色区分库房物品的名称、用途，易于判断物品放置场所和做到"先进先出"。

12）库房应悬挂、张贴定置图，温、湿度应符合要求，并按时记录温、湿度。

13）采用 6S 清洁点检表和管理看板对生产现场进行日常的维护和改进。

2.2.5.2　6S 管理主要工具

（1）红牌作战

红牌作战是在推行过程中，对出现的问题和不符合 6S 要求的问题点，采取发放"红牌"的做法，将问题、责任人、完成时间、要求等内容写在红牌上，按照红牌规定的时间验收，完成整改的收回红牌，对不按时完成的进行处罚，如图 2-6 和图 2-7 所示。

图 2-6　红牌作战现场（见彩插）

图 2-7　对配电箱没有标识，发放"红牌"整改（见彩插）

（2）定点摄影

定点摄影是在现场发现问题后，以某个角度对现状摄影备案，改善完成后，在同样地点，同样角度进行摄影，作为跟进和解决问题的一种方法，如图 2-8 所示。通过对同一地点 6S 前后的对比照片，激发职工开展 6S 活动的积极性。

图 2-8　办公场所整理前、后的对比照片

（3）6S 日常清洁点检

每个区域均设置了日常清洁点检表，明确责任人，按照清洁项目定期进行清扫，并确认清扫效果。

（4）班组班前会制度

班组班前会是指利用上午上班前 5～10 min 的时间，由班组长召集全体职工集合到一起，布置当日工作，并对生产、质量、安全信息进行交流的一种管理方式，如图 2-9 所示。

图 2-9　班组班前会的实况

（5）看板管理

看板管理是把希望管理的项目，通过各类管理板显示出来，使工作状况公开透明。看板一般分为 6S 管理看板、班组园地看板、安全看板、现场管理看板等，如图 2-10 和图 2-11 所示。

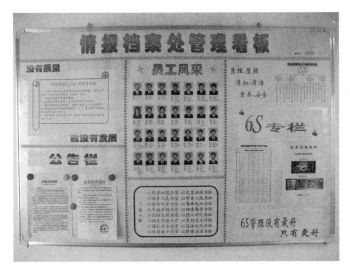

图 2-10　管理看板

图 2-11　安全看板

（6）目视化管理

目视化管理是利用形象直观、色彩适宜的各种视觉感知信息来揭示管理状况和作业方法，从而组织现场生产活动，达到提高劳动生产率目的的一种管理手段，如图 2-12 和图 2-13 所示。它能使员工尽快地熟悉工作，减少异常和问题的发生，并及时针对问题制定相应对策。

图 2-12　资料的目视化管理

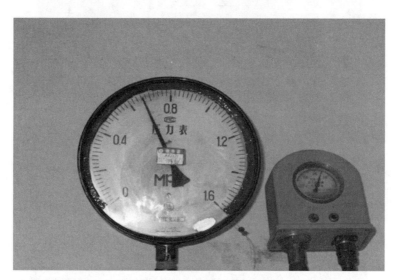

图 2-13　压力表的安全目视化

2.2.5.3　实施 6S 管理的作用

（1）创造液体火箭发动机干净、整洁的生产环境

通过对发动机生产现场进行整理，将需要的物品如工夹具、计量测试器具、物料、半成品等物品的位置固定下来，明确放置方法及进行标识，达到在需要的时候能够立即找到。通过整顿，使发动机生产现场做到所有的生产区域都进行了功能划分，各区域有明显的使用功能的标识。发动机整个生产现场有定置管理平面示意图，有生产进度和管理看板，生产现场的工艺布置做到一目了然。通过日常维护、清洁点检，使发动机生产现场保持干净、整洁，并持之以恒，成为习惯，如图 2-14 和图 2-15 所示

图 2-14　6S 管理实施后的生产现场 1

图 2-15　6S 管理实施后的生产现场 2

（2）对产品质量提供有效保证

利用 6S 管理的目视化管理工具，制作产品形迹化配套模板和形迹化工具车，实现现场管理要求的显性化。每台发动机所配零、部组件按工序和所属分机进行管理，对配套库的配套架按发动机编号进行标识，在配套架上按工序摆放形迹化配套模板，模板上的形迹位置和数量与配套零件相对应，并标识了相应零件的图号和数量。使用配套模板后，在配套库可以按工序顺序将零、部组件摆放在配套模板上，然后整体将配套模板放置于配套架上，若发现哪个位置是空的，就说明有错误，提醒配套员查找原因；在发动机装配后，若发现有剩余零件，可根据工序号、产品图号（规格）、数量，反查领用是否存在问题，起到了提示作用；在装配过程中，装配工将一道工序的零件连同配套模板整体领出配套库，可加快装配速度，并避免拿错零件的问题。发动机总装现场使用的工具规格和种类繁多，所有工具按工具车上已有的形迹进行定置摆放，并在每个形迹位置标识出相应摆放工具的名称和规格，工作前后，操作者和检验员按工具车形迹化对工具进行清点，一目了然，大大缩短了清点工具的时间。形迹化配套模板和工具车的使用，可有效地防止零件、工具的丢失，预防产品的错、漏配以及多余物问题的发生，如图 2-16～图 2-19 所示。

图 2-16　工具车定位放置

图 2-17　发动机现场形迹化工具车

图 2-18　形迹化工具车

图 2 - 19　形迹化配套模板

（3）保证人员及产品安全

通过 6S 管理，所有的设备都进行清洁、检修，能预先发现问题，消除事故隐患；消防设施齐备，灭火器及配电柜等设施前方均设有禁放区，安全通道畅通，人车分流；危险场所、部位均有警示标识，保证人员及产品安全。

（4）有效减少库存

通过 6S 管理，能有效减少库存量，降低过度生产，避免零件、半成品、成品库存过多。避免购置不必要的工作台、工具车、货架及工具。发动机生产样件库房管理如图 2 - 20 所示。

图 2 - 20　发动机生产样件库房管理

（5）提高发动机装配效率

通过 6S 管理，发动机生产现场的工具、量具、零件、半成品等物品均被定置放置，且有明确的标识，作业效率大幅提升，新员工能够快速适应。每个发动机装配工位均配备看板，看板内容为本装配区当日装配工作的信息，以提高发动机装配效率。

（6）提升人员素养

通过 6S 管理，激发了广大员工的创造力和想象力，极大地调动了员工的积极性，养成良好的工作习惯，员工的素养不断得到提升。

（7）提高企业形象

通过 6S 管理，提升了液体火箭发动机企业的形象，提高了企业的知名度，为提高企业的各项管理水平打下了一个坚实的基础。

2.2.6　六西格玛管理

六西格玛管理方法于 20 世纪 80 年代产生，是一种改善企业质量流程管理的技术，其以零缺陷的完美商业模式为追求，带动质量成本的大幅降低，实现提升财务成效与企业竞争力的目的。六西格玛不仅是一种质量改进的方法，更是企业保持持续改进、增强综合能力、不断提高顾客满意度及经营业绩，进而带来巨大利润的一整套管理理念和系统方法。

六西格玛管理通过消除变差来提高流程稳定性，精益生产通过消除浪费来加快流程速度，但是两者都是以增加组织收益为目的，推行方法均由领导层驱动，通过团队实施项目来推进，都以顾客为关注的焦点，关注流程，用数据说话，所以近年来许多组织将精益生产与六西格玛融合在一起进行推进。

统计学中六倍西格玛水平反映的偏离程度可以形象地比喻为：在 100 万件事件中，只有 3.4 件是有缺陷的，这几乎趋近人类能达到的完美境界。因此，六倍西格玛水平是企业追求的目标，它与航天产品零缺陷管理、万无一失的要求相一致。

六西格玛管理方法在不断运用与发展中，形成六西格玛改进模式和六西格玛设计模式。六西格玛改进模式 DMAIC，实施中分为定义、测量、分析、改进、控制阶段，是一套行之有效的解决问题和提高组织绩效的系统方法论。六西格玛设计是准确理解和把握顾客需求，对新产品或流程进行稳健设计，使产品或流程本身具有抵抗各种风险的能力，从而在低成本下实现六西格玛甚至更高的质量水平，六西格玛设计有多种流程模式，典型的模式有 DMADV 模式、IDDOV 模式、DMEDI 模式、DMDOV 模式等。

2.2.6.1　液体火箭发动机六西格玛管理的导入

六西格玛管理作为先进的管理理念和方法，近年来在我国日益得到重视，许多企业都开展了深入的研究和广泛的推行。液体火箭发动机的研制生产具有周期长、产品复杂、批量小、研究试验成本大、工序多、产品质量影响的因素多等特点。为了进一步提高液体火箭发动机的质量与可靠性，提升生产过程的管理水平和质量保证能力，提高经济效益和降低成本，将六西格玛管理方法应用到液体火箭发动机生产、管理过程中是必要的。

通过六西格玛管理理念的导入，用六西格玛的方法系统地思考研制生产及质量管理中遇到的困难和问题，不断提高工作效率、改进工作质量和产品质量，从而提升组织的管理水平；用六西格玛的方法提升系统管理能力，解决发展中遇到的问题和困难，使"人、机、料、法、环"各要素充分发挥作用，从而提高组织的核心竞争力；通过培训和项目实践等活动，培养一批掌握先进管理技术的人才，为组织的持续发展做好人力资源的准备。

2.2.6.2 液体火箭发动机六西格玛管理的实施

（1）制定六西格玛推进规划

通过对领导层的导入，取得领导层的支持。然后制定六西格玛管理推行规划，将推行过程分为 3 个阶段：第 1 阶段为基础期，用时 1～2 年，主要进行六西格玛的导入、体系的建立；第 2 阶段为发展期，用时 2～3 年，主要是成果的推广及各种体系的完善；第 3 阶段为成熟期，在前两个阶段完成后，主要是六西格玛工作日常化，建立自身的培训师队伍和专家团队，深入解决组织深层次的问题。

（2）六西格玛管理的推行

六西格玛管理在液体火箭发动机推行工作中，按照"规划三步走、项目两级管"的模式进行推进。

①规划三步走

1）试点推行。试点推行时，根据液体火箭发动机生产过程的现状和推行目的，确定一定数量的项目，项目组长均由部门领导或项目负责人担任，项目类型涉及质量提升、效率改善和工艺技术攻关等类型，通过试点推行为全面推广总结经验。

2）全面推行。试点推行取得成功后，开展全面推行工作。在质量管理体系涉及的大部分单位均设立并完成六西格玛项目，实现六西格玛基础知识在组织范围内普及，达到全面推广的目的。

3）管理常态化。根据生产实际，每年都启动一定数量的六西格玛项目。项目涉及质量改进、效率提升、管理提升、流程优化等方面，使六西格玛成为一项常态化的管理工作。常态化主要体现在理念日常化、工具使用日常化。理念日常化是将六西格玛理念与企业的文化、质量理念高度融合，强化大家的观念和行为方式；工具使用日常化是建立起用数据推理、用数据说话的行为方式，将六西格玛涉及的 DOE、C&E、VSM、回归分析、FMEA 等质量技术工具，应用到实际工作中。

②项目两级管

1）在项目立项方面，六西格玛项目实行分级管理，一部分是系统改进项目，这些项目大部分是一些涉及面广、难度大的课题，如某发动机质量控制、某型号批生产装配质量控制；另一部分为局部改进项目，这些项目大部分范围涉及面相对较小，项目主要是局部性的疑难问题，如提高数控加工中心的生产效率、提高铝合金零件表面质量、提高某零件液流数据合格率、缩短某零件交付周期等。

2）在项目管理方面，六西格玛管理办公室组织制定统一的年度工作计划，按计划组织六西格玛知识培训，开展项目辅导，督促项目进度，组织项目评审，实施项目表彰和激励，对已关闭的项目进行跟踪管理。六西格玛各项目小组按照定义、测量、分析、改进、控制 5 个阶段负责具体实施，开展相关的工作。定义阶段的主要工作是：定义 CTQ 和项目指标、定义项目范围、陈述问题、组建项目团队、完成项目章程并获得批准。测量阶段的主要工作是：确定测量系统的有效性、分析流程能力、对问题进行分层，找出问题所在、重审项目目标。分析阶段的主要工作是：找出导致问题的潜在根本原因、对潜在的根本原因进行排序、利用数据验证和量化根本原因。改进阶段的主要工作是：对得到验证的根本原因，寻找解决方案、评估并且选择解决方案、制定行动计划、试运行解决方案。控制阶段的主要工作是：验证改善效果、制定流程控制系统，把改进方案融入日常工作、在组织范围内寻找推广项目的机会、计算项目最终财务收益、关闭项目。

2.2.6.3　六西格玛管理在液体火箭发动机科研生产中的作用

通过近年来在液体火箭发动机研制生产中推行六西格玛管理，建立了一套以提升液体火箭发动机质量管理水平为目的的六西格玛管理体系，将六西格玛与组织质量战略、管理体系和改进方法高度整合，产品的质量与可靠性得到提高，促进组织相关管理体系持续改进。

（1）建立六西格玛管理体系

推行六西格玛管理，建立六西格玛项目识别系统：通过建立数据收集系统，实现了流程的数据化，并用六西格玛的标准来衡量目前的流程和产品质量，利用 FMEA 分析系统识别液体火箭发动机科研生产的薄弱环节，导出风险优先数字 RPN 靠前的问题，最后根据问题对液体火箭发动机质量的影响程度确定需要实施六西格玛改进的项目。

推行六西格玛管理，建立六西格玛项目管理系统：在推行六西格玛管理的过程中，进行了项目管理方面的探索和实践，形成了项目进度管理、项目成果评估、项目巩固和推广、项目激励等方面的管理体系。

推行六西格玛管理，建立六西格玛人才培训系统：推行六西格玛管理其中的一个目的就是培养出一批懂得先进管理技术的人才，为组织的持续发展提供人力资源准备。同时建立了黑带、绿带和黄带培训体系，从六西格玛知识、精益知识、均匀设计、六西格玛工具运用等多方面开展培训，尤其新员工入职，首先要接受六西格玛的培训，接受理念，掌握方法。

（2）提高产品质量与可靠性

通过推行六西格玛管理，系统地分析液体火箭发动机科研生产全流程，着眼于流程改进，使产品生产和管理流程不断优化，关注顾客，用数据说话的六西格玛理念贯穿整个生产管理过程，生产流程更加精细，航天精细化管理得到充分实践，使产品生产管理流程得到改善，减小了流程的变差，提高了流程稳定性，特别是在发动机总装、涡轮泵装配、推力室装配、阀门装配等过程中防错措施得到深入的应用，避免了人为因素引起的过程波动，避免了多余物的产生，产品质量与可靠性得到提高。

（3）促进组织其他管理工作的持续改进

将六西格玛方法分别与质量管理、工艺管理、计量管理相结合，促进相关管理工作的持续改进。

通过推行六西格玛管理，促进质量管理的持续改进：通过挖掘产品质量隐患，进行全流程数据的质量分析，寻找质量管理流程的隐患并进行改进；通过对工序流程能力进行评估，发现流程能力的不足并进行改进；通过对过程的质量监控与统计分析，及时发现过程中的异常现象并及时改进。通过将六西格玛管理与质量管理体系结合，及时发现质量管理体系的不足之处并及时改进，实现了质量管理体系的不断完善。

通过推行六西格玛管理，促进工艺管理的持续改进：在原产品工艺确定流程（工艺设计输入、试制、产品评审、投产）的基础上，增加了试验设计、试验、分析影响、参数优化等过程，同时运用大量六西格玛工具和试验方法，缩短了研制周期，提高了液体火箭发动机质量和可靠性，如图 2－21 所示。

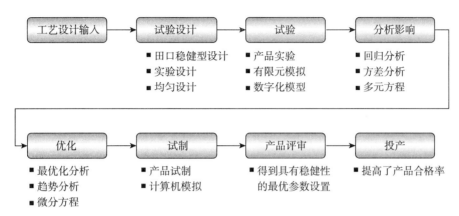

图 2－21　完善后的产品工艺确定流程图

通过推行六西格玛管理，促进计量管理的持续改进：发动机的质量状况只有通过检测才能确认，而保证检测系统的可靠性是保证测量结果可靠的必要条件。对关键产品检测、计量设备的现场使用、检测设备监控等方面，制定了 MSA 可靠性检测、SPC 稳定性控制等计量管理体系完善方案，并通过方案实施，保证了液体火箭发动机质量检测的可靠性，实现了计量管理水平的提升。

2.2.7　标准化管理

2.2.7.1　型号标准化

（1）型号标准化工作的主要任务

型号标准化工作的主要任务是实施标准化要求，并对其实施情况进行监督检查。

（2）型号研制各阶段的标准化工作

型号研制各阶段的标准化工作包括论证阶段、方案阶段、工程研制阶段（包括初样和试样阶段）、定型阶段（包括设计定型和工艺定型）的标准化工作，应根据各类型号的特点和研制程序，按《宇航型号系统研制各阶段标准化工作细则》的要求开展标准化工作。

（3）型号标准化文件系统

型号标准化文件按标准化工作的内容和性质分为标准化管理文件、标准化技术文件、标准化总结和评价文件、标准化信息文件 4 大类，并组成完整的型号标准化文件系统。

对液体火箭发动机研制生产，型号标准化工作除按相应的标准化工作细则完成各阶段的标准化工作项目外，还应按表 2－6 的要求检查型号标准化文件的完整性。

表 2 - 6　型号各研制阶段标准化文件编制要求

序号	文件名称	研制阶段					
		论证	方案	初样	试样（正样）	设计定型	工艺定型
1	型号标准制定规划		○				
2	新产品工艺标准化综合要求			○	△	→	
3	工艺文件编制标准化要求			○	△		
4	工装设计文件标准化要求			○	△		
5	工艺文件定型标准化要求					△	△
6	工艺、工装标准选用范围			○	△	→	
7	新标准实施规定		○	○	○	○	○
8	新旧标准过渡办法		○	○	○	○	○
9	新旧标准对照表		○	○	○	○	○
10	新标准内容细化、限用规定		○	○	○	○	○
11	标准化工作报告	△	△	△	△	△	△
12	标准化经济效果分析报告					△	△
13	标准化审查报告					△	△
14	标准化问题处理登记表		△	△	△	△	△
15	标准实施统计表			○	○	△	△

注：表中符号△表示必须编制；○表示根据需要编制；→表示需要进行动态管理。

（4）标准使用要求

1）人体健康、人身和财产安全方面的标准和法律、行政法规、条例等，无论设计文件引用与否，都应强制执行。

2）设计文件引用的标准、合同（技术协议书）中规定采用的标准和上级机关、企业标准选用范围规定的标准，应纳入相应的工艺文件中。

3）标准的附录为规范性附录或补充件时，是标准正文的补充，是标准技术内容的组成部分，与标准条文有同等效力；标准的附录为资料性附录或参考件时，是用来帮助标准使用者理解标准内容，以利正确掌握和使用标准，其不是标准条文的组成部分，不具有标准条文的效力，仅供参考。

4）设计文件（含合同、工艺文件）中引用的标准已更新（被新标准代替），而设计文件未更改时，仍按设计文件中引用的标准执行，不得使用代替关系相互代用。

5）原材料、元器件质量对产品质量影响很大，因此除通用代料文件（不包括"标准选用范围"）中规定的代替关系外，所有代料均应经过设计批准。

2.2.7.2　企业标准化

（1）企业标准化及基本任务

企业标准化是以提高经济效益为目标，以搞好生产、管理、技术和营销等各项工作为主要内容，制定、贯彻实施和维护标准的一种有组织的活动。

企业标准化的基本任务是：

1）执行国家有关标准化法律、法规、方针政策；

2）实施技术法规、国家标准（国家军用标准）、行业标准和地方标准；

3）制定和实施组织标准；

4）对标准的实施进行监督。

（2）企业标准体系的构成

企业标准体系是组织内的标准按其内在的联系形成的科学的有机整体，其构成主要为能满足企业生产、技术和管理活动所需的全部标准。

企业标准体系构成的表现形式是以技术标准为主体，包括管理标准和工作（作业）标准。技术标准是根据生产技术活动的经验和总结，作为技术上共同遵守的法规而制定的各项标准；管理标准是指对企业中需要协调统一的管理事项所制定的标准；工作标准是为实现整个过程的协调，提高工作质量和工作效率，对每个岗位制定的标准。

液体火箭发动机研制生产标准体系由技术标准体系、管理标准体系和工作标准体系 3 部分组成，具体分类见表 2-7。

表 2-7　液体火箭发动机研制生产标准体系表

标准体系	标准类型
技术标准体系	通用基础标准、产品和紧固件标准、材料标准、工艺标准、工艺装备和非标准设备技术标准、设备标准、理化试验标准、计量标准、职业健康安全卫生技术标准和环境保护标准等
管理标准体系	工艺管理标准、标准化标准、质量管理与可靠性标准、计量管理标准、设备管理标准、能源和动力管理标准、职业健康安全卫生管理标准、情报档案管理标准和信息化管理标准等
工作标准体系	班组长工作标准、技术人员工作标准、管理人员工作标准、技能人员工作标准和其他岗位人员工作标准等

（3）标准的贯彻实施

1）国家标准（包括国家军用标准）、行业标准和地方标准中的强制性标准及企业标准，企业必须严格执行；推荐性标准，企业一经采用，也应严格执行。

2）对适用面较广的新制定标准，或修订后内容变化较大的标准，为便于理解和实施，一般应在实施前进行宣贯，包括参加上级部门和行业协会组织的标准宣贯会后在企业内再宣贯，或者邀请专家到企业宣贯等。

3）对贯彻实施标准应创造必要的条件和选择适当的时机。上级文件明确需贯彻实施的标准，或上级标准中适用企业的部分，应将其纳入企业标准或相应制度之中。

4）标准贯彻实施中，对内容理解存在疑问或产生分歧时，应提请标准编写人或相关专家仲裁。对上级标准，必要时标准化部门应外联标准编写人解释说明。

5）对需实施的标准较多，岗位人员，特别是新入职岗位人员不知如何选取和有效使用的，可编制《岗位实施标准目录》，将每个岗位人员应实施的标准甄别出来，以标准目录的形式进行罗列，确定出对每项标准的知会程度，"掌握"还是"了解"，并通过组织宣贯培训、班组学习和个人自学的方式，达到对标准的掌握、了解。

6）对需实施的标准众多，具体到岗位个体每项标准涉及的内容仅是其中很小一部分，缺少方便查寻途径时，可按岗位类别将需实施的标准内容摘编、集中在一起，制成小册子分发到相关人员。如编制《岗位简明质量管理要求》，将企业现行质量管理体系文件、管理制度和上级标准、车间（部门）内部管理制度、班组行之有效的制度等文件中的相关内容，以及曾发生过问题采取的措施、岗位人员需掌握的工作实践经验和工艺施工、操作环节中的一些注意事项等，通过筛选、汇集和整理，按岗位集中在一起，覆盖该岗位所应掌握的质量管理要求。

（4）标准实施的监督

1）对图纸、技术条件和工艺规程等技术文件选用的标准，检验人员在进货检验和过程产品、最终产品验收时，应将标准作为验收依据之一，对相关内容的落实情况进行检查。

2）在对工艺文件和辅助产品设计文件等进行标准化检查时，标准化人员应对重要技术术语、符号、代号、制图方法等基础标准在文件中的贯彻实施情况进行审查。

3）在开展质量管理体系、职业健康安全管理体系、计量确认体系、实验室认可等内部审核活动时，职能部门应以企业标准形式出现的体系文件和上级相关标准等为依据，做出符合或不符合判定。

4）根据上级要求或工作需要，职能部门或质量部门组织对专项标准实施情况进行监督检查。

参 考 文 献

[1] 约瑟夫·M·朱兰. 朱兰质量手册. 第6版. 焦书斌,等译. 北京:中国人民大学出版社,2014.

[2] 中国航天科技集团公司.《质量管理体系评估手册》.

[3] 马志伟. 对面向产品质量分析的理解与再认识. 质量与可靠性,2009(5):1-3.

[4] 李峰. 面向产品质量分析与改进机制探析. 质量与可靠性,2012(2):22-25.

[5] 张陶,刘智卿. 航天质量问题归零管理的历史追溯和发展. 质量与可靠性,2012(3):24-25.

[6] 潘哲. 航天产品质量问题双归零管理方法及启示. 海军装备维修,2012(10):28-29.

[7] 刘志娟. QC小组活动在企业管理中的地位和作用. 船舶标准化与质量,2015(2):60-63.

[8] 戚维明. 质量管理小组基础知识. 北京:中国计量出版社,2010.

第 3 章　液体火箭发动机质量检验

3.1　概述

质量检验工作是液体火箭发动机研制生产中质量管理的重要环节，从原材料采购入库、保管、发放到零件加工、组件及发动机的装配和交付使用，整个研制生产过程都离不开质量检验员的把关、预防、监督和报告。产品质量检验及检验管理是全面质量管理的重要组成部分，是全面质量管理的基础，也是液体火箭发动机产品质量保证的基础。

3.2　质量检验作用

3.2.1　质量检验的概念

检验是指通过观察和判断，适当时结合测量、试验和估量所进行的符合性评价。发动机质量检验就是根据产品设计图纸、技术条件、技术通知单和工艺（规程）规程等，借助某种手段或方法测量、检查、试验或计量原材料、半成品、成品等的质量特性，并把测定的结果同设计和工艺文件规定的质量标准比较，从而做出产品合格与不合格的符合性判定。

3.2.2　质量检验的目的

质量检验的目的是判断被检产品质量是否符合要求，为验收或拒收提供依据，同时也为改进产品质量和加强质量管理提供信息。

3.2.3　质量检验的职能

质量检验工作在企业中的作用概括为把关、预防、监督和报告四大职能。

1）把关职能。通过对生产全过程的检验，判定产品是否合格，确保不合格的原材料、元器件、外购半成品或成品件不入库和不发放使用，不合格的半成品不转入下道工序，不合格的零、组件不装配，不合格的产品不出厂。

2）预防职能。根据检验获得的信息与数据，提前发现产品的质量问题，制止造成不良后果，并协助分析查找原因，采取有效措施或及时处理以避免再次发生类似的质量问题。预防功能主要体现在首件三检（自检、互检、专检）、中间抽检、流动检验、焊接时定位焊检查、装配前的配套状态检查等。如在生产过程中，要求首件三检，确认其是否符合设计和工艺文件要求，从而预防批次性质量问题的发生，通过巡回检验及时发现工序或工艺中的质量失控问题，从而预防发生大的质量事故，当终检发现质量缺陷时，及时采取措施，预防质量问题的再次发生。

3）监督职能。按照企业质量管理程序文件和质量部门管理制度有关要求，对产品生产过程实施质量监督，监督与判断生产过程是否稳定、是否符合有关管理文件与制度要求，如对生产现场的 5M1E（人、机、料、法、环、测）、工艺纪律、文明生产和质量保证措施等执行情况的监督。

4）报告职能。工作中及时记录、收集、整理、分析和评估产品质量情况，及时向上级和有关部门报告，报告形式包括口头或书面质量信息反馈，通过检验工作获取生产过程中的质量信息及实际生产中暴露出的设计、工艺问题，及时与设计、工艺部门联系，为进一步改进和提高产品质量提供依据。

3.3　产品质量检验

3.3.1　产品质量检验依据

发动机研制生产所需的产品质量检验依据为：

1）产品图样、技术通知单、专用技术条件、工艺规程（含检验规范）、标准实样；

2）产品图样、专用技术条件引用的有关标准或规范；

3）外包产品、外购件、外协件及有特殊要求的产品的订货合同、技术协议中规定的技术要求。

3.3.2　产品质量检验类型

发动机零组件种类、数量多，涉及的技术领域广泛，结合发动机制造流程、生产工艺布局和各种检验方式的特点，在发动机制造过程中设置了物资检验、机加检验、钣金检验、铸造检验、锻造检验、热处理检验、焊接检验、表面处理检验、特种加工检验和装配检验。其中物资检验、机加检验和钣金检验侧重于结果检验；铸件检验、锻件检验、热处理检验、焊接检验、表面处理检验、特种加工检验和装配检验侧重于过程控制。

3.3.3　产品质量检验要求

在发动机研制生产过程中，质量检验员按照"有依据、按依据、留记录"的质量要求，根据检验依据认真履行检验职责，加强生产过程质量监督和产品状态确认，充分识别不合格品，防止不符合质量要求的产品向下转工序或交付，预防质量问题的发生，同时监督和确认质量记录填写清楚、规范、正确，签署完整，并及时向上级和有关部门报告产品质量情况，各岗位的检验要求具体如下。

3.3.3.1　物资检验要求

物资检验是验证采购产品（包括原材料、成品件）的质量是否符合规定要求，防止不符合质量要求的采购产品进入产品生产过程的一种手段。物资检验的目的是确保未经检验合格的采购产品不投入生产。

物资检验从原材料、成品件验收入库到保管和发放过程进行管控，主要包括：

1）原材料、成品件是否从《合格供方名单》中的生产厂家订货采购。

2）核对原始合格证（包括调拨、调剂方式获得的原材料）与实物的一致性，核对原材料质量证明文件与实物名称、牌号、规格、炉批号、数量等的一致性，确认各项指标是否合格，状态是否正确，按技术协议订货的还需确认技术协议要求是否落实。

3）对外观表检、尺寸复验及分光检查（金属材料）合格的原材料，按 QJ 1386A《金属材料复验规定》、QJ 977A《非金属材料复验规定》、QJ 3112《航天产品用紧固件入厂（所）复验规定》等要求复验，复验合格后方可发放使用。

4）保管条件是否满足环境要求，防锈措施是否落实。

5）对有保管期要求的原材料应定期检查，失效和超期的应及时进行隔离处理。

6）入库、出库是否按要求建账登记、数量是否准确。

7）库房堆放是否满足要求，分类放置并进行标识区分。

8）原材料的发放严格按照明确任务的领料单、产品质量跟踪卡或相关配套技术文件。原材料发放时，检验员应核对图纸、产品质量跟踪卡、工艺规程和领料单的一致性（产品名称、图号、阶段，所用材料牌号、规格、标准、热处理状态、复验结论等），确认无误后方可发放，及时出账并注明原材料去向。对非金属材料，检验员还应核对非金属材料复验期、保管期，并转开合格证。

9）下料时应进行首件三检，中间实行抽检、巡检，材料发放前应进行炉批号、牌号等质量信息移植，余料移植信息应及时，余料归位应确认，防止原材料发放错误或混批。

3.3.3.2　机加检验要求

机加检验是验证产品在机械加工过程中各工序或机械加工结束后成品件的质量特性是否符合规定要求，识别不合格品并进行处置，确保不合格原材料不加工，上道工序不合格不进行下道工序，避免造成更多损失的一种质量控制手段。机加检验的目的是确保未经检验合格的机加零件不进入下一道工序或成品件入库。

机加检验包括工序检验、成品（总检）检验。工序检验为产品在每一道工序加工完成后的检验，包括首件三检、巡回抽检检验；成品（总检）检验为产品在全部加工工序完成后的总检验。

（1）工序检验

1）产品质量跟踪卡填写是否清晰、正确、完整。

2）提交检验时，产品是否已经过自检、互检合格，并已签名，交检产品是否已清理干净，实物数量同产品质量跟踪卡数量是否一致，如产品数量缺失时，检验人员应在产品质量跟踪卡上注明产品的去向和数量。

3）正确选择、使用计量器具，按设计及工艺文件等验收依据，进行产品检验，确认本工序完成的产品尺寸精度等是否符合图纸及工艺文件要求，无法检验的项目提请计量部门测量，不得私自减少检验内容和项目。

4）按规定进行首件三检、巡回抽检。检验人员对首件三检产品做出标记，并在产品质量跟踪卡上三检栏目内履行签字手续。三检不合格，不准进行批量生产。

5）对不合格品，检验人员应做出标识，及时隔离保管，并将质量问题填写在产品质量跟踪卡质量问题记录栏内，提交产品主管工艺处理。

6）对生产现场工艺纪律、文明生产和过程的 5M1E 诸因素进行监督，发现问题及时向有关部门报告。对产品质量已造成影响的，检验人员有权停止验收产品并及时报告。

（2）成品（总检）检验

1）全部工序已加工完毕并经工序检验合格；

2）工序中的超差、返修和质量问题已按规定处理完毕，结论明确；

3）质量记录填写是否正确，签署是否完整，有无遗留问题；

4）热处理、表面处理、探伤等合格凭证齐全，结论明确；

5）对完工零件进行总检，重点检查表面质量、配合尺寸和关键（重要）特性参数等；

6）对不合格品进行标识、隔离，对合格品和办理超差质疑单让步使用的不合格品开具质量合格证明文件，对让步使用产品单独包装或标识，并在质量证明文件上传递超差质疑单编号及验收代表批示意见等相关信息。

3.3.3.3　钣金检验要求

钣金检验是验证钣金类产品在钣金加工过程中各工序和成品件的质量特性是否符合规定要求，识别不合格品并进行处置，确保不合格原材料不加工，上道工序不合格不进行下道工序，避免造成更多损失的一种质量控制手段。钣金检验的目的是确保钣金加工工序后未经检验合格钣金件产品不进入下一道工序加工或成品件入库。

（1）成型过程检验

1）检查零件的外观、尺寸是否符合标准、工艺文件等要求；

2）检查所用工装、设备、模具、胎具、模线样板、刀具等是否正确并有合格证；

3）在旋压、冲裁成型过程中检查工艺参数是否符合要求。

（2）成型后检验

外观、尺寸及型面检查。钣金成型的零件尺寸、形状和形位公差按图纸、工艺规程及相应标准采用量具、样板、工装或标准样件进行检验。对旋压后剩余壁厚有量化控制要求的，严格按工艺文件要求测量，并以表格化记录实测结果。

3.3.3.4　铸造检验要求

铸造检验是验证产品在铸造过程中各工序的质量特性是否符合规定要求，识别不合格品并进行处置，确保铸件质量的一种手段。铸造检验的目的是确保铸造零件的质量合格。

（1）铸造过程检验

1）首试模检查。检查模具、芯盆配合质量，划线检查集合尺寸。

2）铸前检查。检查配置炉料的成分、仪器、仪表、泥芯等。

3）浇注检查。检查炉温、浇注温度和断口，确认浇注过程按工艺规程进行。砂型铸造合金液在熔炼炉中停留时间是否满足要求。

（2）铸造成品检验

1）外观及尺寸检查。对铸件进行外观检查和尺寸测量，确认是否符合图纸、技术标准及工艺文件要求。

2）内部质量检验。通过对铸件进行 X 射线探伤、金相组织检查、气密性试验、化学成分或机械性能检查，确认铸件内部质量是否符合图纸或标准要求。

3.3.3.5　锻造检验要求

锻造检验是验证产品在锻造过程中各工序的质量特性是否符合规定要求，识别不合格品并进行处置，确保锻件质量的一种手段。锻造检验的目的是确保锻造零件的质量合格。

（1）锻造过程检验

1）检查原材料、模具使用是否满足要求，检查下料方法、规格、尺寸、数量和坯料的表面质量及下料切头质量；

2）检查所选用的加热炉是否能满足要求，炉温均匀性周期检定是否合格，温度控制仪表应在有效期内；

3）检查坯料装炉位置、数量和放置是否符合工艺规程要求；

4）检查模具的预热及模具的安装；

5）锻造操作方法及锻造过程中升温、预热、加热、计算时间、翻转、冷却等工艺参数是否满足技术文件要求。

（2）锻造成品检验

1）外观及尺寸检查。对锻件进行外观检查和尺寸测量，确认是否符合图纸、技术标准及工艺文件要求。

2）内部质量检验。采用 X 光检验、超声波检验、金相组织检查、化学成分或机械性能检查，确认锻件内部质量是否符合图纸或标准要求。

3.3.3.6　热处理检验要求

热处理检验是验证产品在热处理过程中各工序的质量特性是否符合规定要求，识别不合格品并进行处置，确保热处理质量的一种手段。热处理检验的目的是确保热处理零件的质量合格。

（1）热处理过程检验

1）检查加热设备的类别、型号等是否符合技术文件要求，炉温均匀性周期检定是否合格，温度控制仪表应在有效期内；

2）待热处理零件的外观形状、尺寸及提供的零件图号、名称、材料牌号、工序号、工艺要求等必须与热处理工艺规程相符；

3）检查装炉位置、数量和放置是否符合工艺规程要求；

4）检查升温、保温情况，核对仪表的指示及记录（温度、时间）是否准确，真空度或炉内气氛是否满足工艺规程要求；

5）退火、正火、回火、时效等保温后的冷却方式是否符合技术文件的要求。

（2）热处理成品检验

热处理零件按照工艺规程、技术文件的要求可能采用以下检验项目：硬度检查、机械性能检查、渗层深度检查、金相组织检查、增脱碳检查、变形量检查、无损检查及其他特殊项目检查，对于各类检查项目，必须按专用技术条件和试验方法进行测试。

3.3.3.7　焊接检验要求

焊接检验是验证产品在焊接过程中各工序的质量特性是否符合规定要求，识别不合格品并进行处置，确保焊接质量的一种手段。焊接检验的目的是确保焊接组件的质量合格。

（1）焊接过程检验

1）检查焊件的焊前处理（酸洗、吹砂或擦洗）是否满足要求；

2）检查焊件接头的坡口形式、尺寸及装配间隙是否正确，装配位置、方向是否满足要求；

3）检查焊接设备、工装、通气保护方式、焊接材料、焊接工艺参数是否满足文件要求；

4）有预热要求的焊件预热温度是否满足要求；

5）检查定位焊质量，包括定位焊点的位置、尺寸、间隔、对接焊缝的对接间隙和错壁量等应符合规定要求；

6）监督确认焊接缺陷按技术文件或标准要求进行返修，返修焊接次数及焊接质量符合技术文件或标准要求。

（2）焊接成品检验

1）外观及尺寸检查。对焊件进行外观检查，焊件焊缝（点）表面应清理干净，无焊药、氧化皮、飞溅物；焊缝成型应均匀，接弧处应平滑过渡，焊点排列整齐；焊缝表面应无裂纹、气孔、咬边、焊漏、焊瘤、烧穿、弧坑等缺陷；检查焊件结构尺寸、焊缝宽度、焊缝余高、焊点间隔等是否符合技术文件或标准要求。

2）内部质量检验。采用 X 光检验、磁力探伤、着色探伤、强度或气密试验、金相组织检查熔深，确认焊件内部质量是否符合图纸、技术标准要求。

3.3.3.8　表面处理检验要求

表面处理检验是验证产品在表面处理过程中各工序的质量特性是否符合规定要求，识别不合格品并进行处置，确保表面处理质量的一种手段。表面处理检验的目的是确保表面处理零组件的质量合格。

（1）表面处理过程检验

1）表面处理前零组件表面质量是否满足技术文件要求，有镀层厚度要求的需要测量记录镀前尺寸；

2）零件的挂装、放置是否满足要求；

3）化学药品、工装、器具使用是否满足要求；

4）表面处理过程中的温度、电流密度、电压、时间等参数，以及阴阳极方向是否符合工艺文件要求。

（2）表面处理成品检验

1）外观检查。对零组件进行外观检查，确认镀层颜色、厚度是否满足要求。

2）内部质量检验。采用中性盐雾试验方法、周期浸润腐蚀试验方法、点滴试验方法检查表面处理层防护能力；采用弯曲法、缠绕法、加热法、划痕法和挤压法检查表面处理层结合力；采用延迟破坏试验、应力环试验、仪器测氢检查氢脆性，确认内部质量是否符合图纸、技术标准要求。

3.3.3.9　特种加工检验要求

液体火箭发动机特种加工方法主要包括电解、电火花/线切割、喷涂等，特种加工检验是验证产品在特种加工过程中各工序的质量特性是否符合规定要求，识别不合格品并进行处置，确保特种加工质量的一种手段。特种加工检验的目的是确保特种加工零组件的质量合格。

（1）电解加工过程检验

1）检查零件导电接触和电解加工表面是否满足要求；

2）检查设备和工装是否满足要求，电极片选用是否正确；

3）加工参数、深度和分度是否准确；

4）电解加工结束后，检查零件外观质量是否符合图纸、工艺规程要求；

5）零件的尺寸精度、表面粗糙度应满足图纸等技术文件要求。

（2）电火花/线切割过程检验

1）加工者在正式加工产品前，检查、测量上道工序产品的质量状况，确认其符合工艺状态的相关要求；

2）加工产品时各加工参数应符合工艺文件中的有关要求；

3）产品加工结束后，零件的尺寸精度、表面粗糙度应满足图纸等技术文件要求。

（3）喷涂过程检验

1）检查待喷涂零件表面状态是否满足工艺文件要求；

2）喷涂设备及材料使用是否满足要求，喷涂工艺参数是否正确；

3）喷涂结束后，涂层的厚度、表面质量应满足图纸等技术文件要求。

3.3.3.10　产品装配检验要求

装配检验是验证产品在装配及检查试验过程中各工序的质量特性是否符合规定要求，识别不合格品并进行处置，确保装配质量的一种质量控制手段。装配检验的目的是确保装配组件或发动机的质量合格。

装配检验从零组件配套、零组件装配、检查试验和总检查等过程对装配质量进行管控，主要包括：

1）按技术通知单、图样、工艺配套表逐项核对配套件及其产品质量证明文件，保证配套产品名称、图号、状态、阶段、数量与要求相符，有指定用途或选配产品严格按特殊要求或批示意见配套使用。有贮存期要求的零、部、组件和辅助材料需满足技术文件要求。核对无误后，按工艺配套表逐项填写配套栏目。

2）产品发放时，领用者、保管员、检验员应三方在场，确认名称、图号、数量、状态等无误后方可发放，并办理交接，履行签字手续（由配套员或领用者签字）。发放时发现不合格产品按不合格品控制要求进行处理。

3）零组件装配前由装配检验员再次确认零组件状态，可见内、外表面质量是否符合技术文件要求，确保每个零组件装配位置正确。对有方向要求的零组件的箭头，节流圈、气蚀管孔径上的锥形扩张方向，须确认其与发动机工作时介质的流动方向一致，气蚀管、节流圈的编号和孔径尺寸符合设计文件的规定，有相对位置要求的零组件按刻线或标记进行装配，电缆分支插头连接正确等。

4）为验证装配质量，在组件或发动机装配完成后，须按照设计或工艺文件要求对装配产品进行相关检查试验，检查试验前应确认气密试验台、氦质谱检漏仪、电性能测试仪等试验设备的状态正确、功能完好，试验管路装有过滤精度满足要求的过滤器，且过滤器方向正确，试验介质、环境温湿度、检查方法是否满足技术文件要求，监督试验过程按要求规范操作，并及时做好试验数据记录、判读，有异常按规定提交相关技术人员处理。

5）装配完成后总检查时按表格化检查项目逐项确认，核实文实是否一致，即产品技术状态是否符合设计和工艺文件要求；产品实物上的图号、序号和标识是否与产品证明书或合格证上的记录一致，装配位置和方向是否正确，有无错装、漏装问题；管路、电缆走向及相邻产品间间隙是否满足要求；产品内、外表面有无划伤、碰伤、压坑、漆层脱落、不清洁等问题；铅（漆）封及保险是否完整、正确；对外接口外观质量和尺寸是否符合要求等；是否按现行有效的图样、技术条件、工艺文件和产品质量跟踪卡完成了所有装配及检查试验工作，并经检验验收合格；质量记录填写是否清楚、完整、准确。

6）装配工作结束并确认产品合格后，及时规范开具合格证或产品证明书等质量证明文件。

3.4　质量检验管理

3.4.1　首件三检管理

首件三检是对批生产（3件以上）开始时或工序要素发生变化后的首件产品所进行的自检、互检和专检。通过实行操作者先自检、其他人员互检确认符合要求后再正式提交检验员检验，有效防止了批生产产品成批不合格问题的发生，同时也保证了关键、重要产品（工序）质量。凡是技术文件或产品质量跟踪卡上有首件三检要求的工序，必须经过首件三检合格后方可进行下道工序或交付。

自检是指由操作者依据设计或工艺文件规定的要求对已完成工作进行的检验。自检起到自我把关的作用。

互检是指由操作者之间对生产的产品或完成的工作所进行的相互质量检验。它是在研制生产中，依靠操作者相互检查、相互促进、严格把关，以保证产品质量的一种有效的形式，可以起到相互监督和再次把关作用。

专检是专职检验人员进行的质量检验，是最终把关。

3.4.1.1　首件三检的范围

下列产品或工序的首件应进行三检：

1）每个工作班开始，该班加工相同产品 3 件以上；

2）研制生产中操作者或工艺条件发生变化（如更换或调整工装、生产设备、刀具、模具等）；

3）更改图样、技术条件、工艺方法、工艺参数等；

4）采用新材料或材料代用后；

5）所有机械加工工序。

3.4.1.2　首件三检的要求

1）自检、互检、专检三方应各自独立查阅有关文件并完成检验工作，认真履行操作者自检，操作者之间互检，在自检、互检完成后，才能交付专职检验进行专检；

2）首件三检合格后，三检成员在产品质量跟踪卡上签字或盖章，并由检验员在首件三检合格产品上加盖检验印章或做出标识，对不宜做出标识者，可单独存放；

3）为保证产品首件三检的可验证性，首件三检标识应保持到工作班或同批产品工序完工检验合格后方可消除；

4）首件三检如出现不合格，应及时查明原因，采取纠正措施，再次加工应重新进行首件三检；

5）因首件三检错误造成的不合格品，由参加三检的成员共同负责。

3.4.2　不合格品控制中检验工作要求

在发动机研制生产中，对不合格品的鉴别、标识、隔离、记录和报告是检验员应履行的基本职能。

3.4.2.1　鉴别

检验人员在检验工作中，按图样、技术条件、技术标准、工艺文件和产品验收标准样板、样件等要求对产品逐项进行检验，判断产品是否合格。

3.4.2.2　标识与隔离

发现被检产品属不合格品，应按规定对不合格的产品进行标识（不允许损伤产品），以区别于其他已检验合格产品。经标识的不合格产品，应采取隔离措施，防止不合格品的非预期使用。

3.4.2.3　记录与报告

对鉴别出的不合格品，在标识和隔离后，检验员应在产品质量跟踪卡上相应工序栏目内记录该产品的不合格内容，并报告给不合格品审理的有关技术人员，不合格品审理人员在做出返工、返修、报废或原样使用处理后，应在产品质量跟踪卡上对处理结果做出详细记载，有特殊要求的需在合格证上移植记载。

3.4.3　产品质量记录及质量证明文件管理

3.4.3.1　产品质量记录

1）质量记录包括产品质量跟踪卡、装配记录、测试报告、合格证及各种专用表格，其贯穿于产品投料、加工、装配、试验、检验、交付的各个环节，质量记录应与产品一起在工序或单位之间按工艺流程或生产需要同步流转，最终至产品交付入库。

2）质量记录应按规定进行编号标识，做到明确、清晰和唯一，便于归档和查找。

3）质量记录应在进行相应工作时及时填写，填写应真实、客观、完整、明确、清晰，客观反映出产品实际状态，填写人应签名或盖章并注明填写日期，记录表格中的各项目应逐项填写，确定不需填写的项目，应在相应栏目中划"/"；质量记录不允许被随意更改，如因笔误等原因确需更改时，应采用划改方式，并由更改者在更改处签字留名并注明日期，确保质量记录完整翔实，以及产品质量的可追溯性。

4）产品质量跟踪卡是发动机研制生产过程中最重要的质量记录，上道工序签署不完整或未按规定盖检验印章的产品质量跟踪卡，下道工序加工者应拒绝接收，检验人员应拒绝检验。当产品某工序出现不合格时，应由检验人员在产品质量跟踪卡质量问题记录栏内记述问题内容，并注明发现工序，工艺人员按有关不合格品控制程序进行处理，处理过程应在产品质量跟踪卡上详细记载。零组件生产过程中涉及焊接、热处理、表面处理等协作工序时，协作车间应在协作工序完成后在主制车间产品质量跟踪卡上填写与协作工序相关的质量信息。

5）在与外购、外协单位签订合同时，需对供方产生和保持的质量记录（与委托方产品、过程有关的质量记录）提出控制要求。

6）产品质量记录应在规定的工作完成后，及时整理、归档或保存。产品生产过程中的各种理化试验、计量测试、无损检测报告等随相应的产品质量跟踪卡一同归档或保存。

3.4.3.2　产品质量证明文件

1）产品质量证明文件包括发动机零组件的合格证和整机的产品证明书。零组件合格证是零件加工检测合格的结论，整机产品证明书是发动机装配检查合格的结论。

2）质量记录随产品流转至交付前，检验人员应整理、检查确认质量记录，确认产品已按设计和工艺文件完成所有工作并检查合格后，方可按规定开具产品合格证或产品证明书。

3）零件合格证应有编号，填写内容一般包括产品图号、名称、数量、编号、质量跟踪卡号、生产日期、非金属件的保管期、贮存期等项目，以及零件研制生产的特殊记录或特殊要求。

4）组件以上的产品应使用专用合格证，编制和填写按照技术文件要求的格式或内容执行。

5）发动机产品证明书按标准要求编制填写，包含整机装配、试验、运输、交付过程的相关记录。产品证明书一式两份，一份随产品交付，一份作为质量记录随发动机装配质量档案归档。

6）产品质量证明文件填写尽量避免更改，若更改必须采用划改的方式并加盖印章。

3.4.4　检验印章的管理

3.4.4.1　检验印章的性质和作用

检验印章是质量部门发给从事检验工作人员使用的一种法定印章。检验印章是检验人员验收产品和开具质量证明文件的法定印记。

3.4.4.2　检验印章的分类

检验印章常用的有下面 3 类：

1）胶印章，常用于产品质量证明文件、产品质量跟踪卡等纸质记录；

2）钢印章，常用于产品或工装、样板；

3）封印章，常用于铅封、漆封。

3.4.4.3　检验印章的使用要求

1）各类检验印章的设计、刻制、启用、发放、回收、注销等统一由质量部门负责，并建立印章的刻制、发放与注销档案，严禁其他单位和个人自行刻制和仿制，检验印章磨损不能使用时，应交旧换新。

2）检验人员退休、辞职或调离工作岗位，应在办理离岗手续时，把所用的印章交回质量部门注销，不得擅自转交他人使用。

3）凡经检验人员检查验收的工序、产品及办理的质量凭证，均应按规定加盖检验印章，以示对验收质量及质量凭证的正确性负责。检验印章由使用者妥善保管，不得遗失、转借和托人代管，不得在空白凭证上加盖检验印章。检验人员违反印章管理规定，应对其造成的后果负全部责任。

4）检验印章遗失后，应立即报告质量部门并备案，同时以书面形式通知所在单位声明××检验印章作废。从通知之日起，凡用遗失作废的检验印章开具的质量凭证一律无效。

5）检验人员个人用印章必须专人专用，不允许多人一印。检验组共用的印章，由组长或指定专人保管，以保证用印的正确性。

6）所有从事生产的人员都应熟悉各种检验印章，研制生产中应随时检查印章的完整性，防止遗漏工序及未经检验的原材料、零组件投入生产线，检验人员打（盖）印章的位置和方法必须符合图纸、技术条件、工艺规程及质量管理文件的规定。

3.5　质量检验员管理要求

3.5.1　检验员资格

所有从事发动机产品检验的检验员，应进行上岗前学习培训、考核，考核合格后由企业主管部门按要求发放岗位资格证书、检验印章后方可上岗。检验岗位内部调整转岗从事新的检验工作的人员或因退养、退休离开检验岗位一定时期后又重新返聘的人员，也应经培训、考核合格后，持证上岗。

3.5.2　检验员职责

检验员的职责为：

1）熟悉工艺文件中的检验要求，并按验收依据（含合同、图样、技术条件、工艺文件、标准实样等）和有关质量文件对产品（含外购器材、外协件、生产工序等）进行质量检验，并做出合格与否的结论。

2）开具质量证明文件，办理产品的返修（工）、报废手续，标识检验状态，隔离废品。

3）按职责分工，按有关规定做好质量检验原始记录和产品质量信息收集、传递、整理上报。保证质量信息及时、完整、准确、可靠。

4）对基本生产条件和工艺纪律、文明生产实施监督。

5）主动深入工序进行巡回检验。

6）对验收的产品（工序）质量符合性和开具的质量证明文件的正确性负责。

3.5.3　检验员权限

1）按检验依据对所检产品做出质量是否合格结论。

2）对交验的产品（工序）出现任何下列情况之一有权拒绝检验，同时报告上级领导。

a）上道工序检验不合格未有明确的处理结论或处理结论不正确，以及上道工序未经检验。

b）未按规定要求进行首件三检。

c）质量证明文件不全、填写不完整、不规范或没有质量证明文件。

d）验收依据不符合规定要求，图纸或文件模糊不清无法辨认。

e）质量记录不准确、不完整，不符合规定要求。

f）使用不合格或超期的工装、夹具、量具生产的产品（或加工的工序）。

g）要求持证上岗的操作者无上岗证或上岗证已过期，其生产加工的产品（或工序）。

h）关键工序不符合三定表要求。

3）对生产现场5M1E发生变化造成产品质量问题时或可能造成质量问题时，对问题单位提出整改意见。

3.5.4　检验员培训

质量检验部门作为检验的主管部门，负责对检验员进行职业道德和技术、业务培训，提高检验人员的素质。培训内容为：

1）职业道德和思想品质教育，树立质量第一，坚持原则的质量理念。

2）检验工作岗位应知、应会的基本知识和操作技能。

3）有关检验工作的规章制度和标准。

4）检验、检测技术和方法，以及经验交流等。

5）典型质量问题案例，面向产品的质量问题专题分析会等。

3.5.5　检验人员考核

检验员的预防与错、漏检是衡量检验工作质量的重要标志，同时也是奖惩的依据。

（1）预防和错、漏检的概念

预防：检验人员在履行产品检验过程中，首先发现所属检验对象的检验项目和内容以外的质量问题和隐患，从而防止产品的超差、返修、返工、报废和质量事故等，均为预防。

错检：检验人员在履行产品检验过程中，对验收依据理解错误，并用于产品验收；对检查、试验结果错判；自选的检验方法或量具使用不正确；违反检验有关规定处理质量问题；质量证明文件填发错误、产品未有明确质量结论就填发合格证交付等均视为错检。

漏检：检验人员在履行产品检验过程中，遗漏验收依据规定的技术检验项目或内容，均为漏检。

（2）预防和错、漏检判定

常见的预防、错检和漏检如下：

①预防

1）首先发现非自己检验的上道工序产品的缺陷；

2）首先发现设计图样、技术条件错误，或提出建议被采纳，避免了产品超差、返修、报废；

3）首先发现施工不协调，或工艺规程中规定的技术要求不符合设计文件，使工艺进行更改，避免了产品超差、返修、报废；

4）首先发现产品的质量隐患，并将其排除；

5）首先发现工装设备等质量不符合要求；

6）巡回检查时，纠正工人操作不当，避免了产品超差、返修、报废。

②错检

1）违反检验依据验收产品；

2）检验时对验收依据理解错误或看错验收依据文件导致检验结果错误；

3）检验人员违反"不合格的原材料不投产、上工序不合格不进行下工序，不合格的零部组件不装配，不合格的产品不出厂"而进行检验验收或开具合格证交付，造成产品质量问题；

4）质量证明文件填发错误；

5）违章并弄虚作假或不执行上级正确指令检验验收产品。

③漏检

1）遗漏设计和工艺等技术文件及规定的检验项目；

2）合格证漏填使用结论、漏传质量信息，特别是对有指定用途或有特殊批示意见的信息遗漏。

第4章 液体火箭发动机型号质量管理

4.1 原材料质量管理

4.1.1 原材料供应商评价与管理

4.1.1.1 供应商评价

对供应商的评价工作由物资部门组织,技术、质量、理化等部门相关人员参加的评价小组来完成。评价内容包括供应商的基本生产条件、质量保证能力、技术服务保障能力、产品质量、产品研发能力、工艺保证能力、交货进度和售后服务等。评价小组依据业务分工履行评价职责,评价完成后做出明确的书面评价结论上报企业领导审批。评价结论审批通过后,物资部门将审批通过的供应商纳入《合格供方名单》。

4.1.1.2 合格供应商管理

企业通过对合格供应商进行分级管理和定期考核、评价或复评,建立供应商的优胜劣汰机制,优秀供应商长期合作,不合格供应商及时更换剔除,保证供应商供货及时、质量稳定。

(1)供应商分级管理

为了优化企业供应商结构,规范供应商评级管理工作,与供应商建立稳固的合作关系,企业根据供应商供货的规模、数量、质量及对企业要求的重视程度等因素将其划分为Ⅰ级、Ⅱ级供应商。

Ⅰ级供应商需满足以下要求:供应商通过质量管理体系认证并至少经过1年以上的有效运行;认证的产品范围能够覆盖所提供的产品;能够进行内部质量审核和管理评审,相关记录和资料齐全,对审核和评审提出的问题及时采取纠正措施和预防措施;建有产品标识和批次管理制度,并能够有效执行;建有合格供方目录和超目录采购管理办法;采购合同中对产品的标准和质量有明确的要求。Ⅰ级供应商可承接重要的外购原材料。

Ⅱ级供应商需满足以下要求:供应商设有检验机构或配置有能够独立行使职权的专职检验人员;测量设备经过检定/校准且在有效期内;产品在质量证明文件中能正确传递质量信息,质量记录齐全,产品具有可追溯性、过程受控。Ⅱ级供应商可承接一般外购原材料。

(2)供应商定期考核、复评

企业对合格供应商每年复评一次,复评时根据供应商近一年来提供的原材料入厂验收质量满足合同、技术协议情况、供货及时性、到货验收、使用过程中出现的问题及处理情况等，对供应商的质量保证能力及按节点供货履约能力进行综合量化评分考核，并根据复评量化考核综合得分对供应商进行优秀、合格、不合格分类，若供应商本年度没有供货，则得分按照总分值的 70%，保留供方资格。复评结束后，物资部门按得分高低顺序编制《合格供方名单》。

当《合格供方名单》内的供应商出现连续批次性质量问题时取消其供方资格，若需继续采购，按新的供应商评价标准重新评价；当《合格供方名单》内供应商出现国有、股份制企业改制成私有企业，重要外购原材料出现质量问题或人力资源、生产设备等发生重大改变并影响到材料质量情况时，需对供应商重新进行评价。

4.1.2　原材料验收质量要求

4.1.2.1　原材料验收入库工作流程

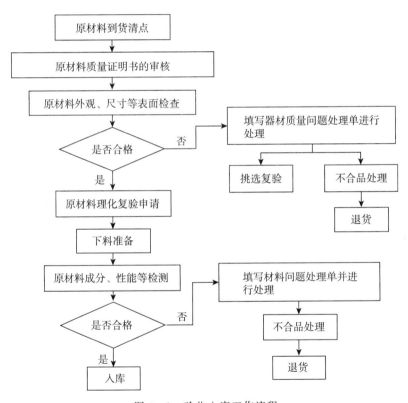

图 4-1　验收入库工作流程

4.1.2.2　原材料验收入库质量控制
（1）原材料质量证明文件审核过程质量控制

原材料到货后先清点到货原材料数量，再审查到货原材料的质量证明文件，审核内容包括：化学成分、机械性能、交货状态、加工用途、规定注明的其他项目。符合合同质量标准要求后填写原材料复验标准（订货标准、使用标准）提请复验，若不符合要求，则与供应商联系处理。

（2）原材料表面检查过程质量控制

原材料产品质量证明文件审查通过后，对金属原材料逐根逐张进行分光或火花检查，按照相应标准要求进行表面质量检查。油封材料应先启封后再进行表面质量检查。原材料在入库验收中出现表面质量、尺寸公差超标、标记不清楚等质量问题时，填写原材料质量问题处理单，提交相关部门处理。

（3）原材料复验下料过程质量控制

原材料表面检查符合要求后开始办理原材料入库理化复验申请，注明该批材料的存放货位。下料时根据原材料质量证明文件和理化复验申请单的审批要求完成下料取样，并将申请单的复验编号移植在材料上，送交理化部门进行入厂复验检查。理化复验的取样应有代表性，取样的位置、试样的形状和尺寸应符合 QJ 2136.1～2136.4《金属材料理化复验试样规定》和 QJ 3041《非金属材料复验取样方法》等有关规定。

（4）原材料理化检测过程质量控制

理化性能复验检测时应按原材料供货合同中的质量标准完成到货原材料的化学成分、力学性能、工艺性能及金相检测等工作，给出是否符合标准要求的结论。理化性能复验不合格时，则按照不合格品控制程序退货处理或提请设计让步使用。

（5）原材料入库过程质量控制

理化性能复验完成后，将原材料的表面检查记录、无损检测记录、质量证明文件和入厂复验报告等一同建档保管。原材料入库前需要完成材料的启封、除锈、清理表面缺陷工作，金属原材料的启封清洗、油封及防锈保管期应严格按照油封工艺规程进行，不得擅自更改。对于有锈的金属原材料应先将锈蚀除净后，再进行清洗和油封。清洗时应按规定要求选择合适的清洗剂。

入库原材料必须具有明显的区分标识，合格与不合格的材料不能混放。金属原材料标识由涂色标识和挂标签两者结合使用，缺一无效。其中绿色标签表示合格材料，红色标签表示不合格材料，黄色标签表示工装材料，白色标签表示待检材料，各类金属材料的涂色标识均需按各自规定的颜色进行涂色，标识采用的油漆颜料干燥后，不应变色和脱落。应根据原材料的用途、复验结果，涂刷标识、填写标签。涂刷标识应以入厂验收、复验结论为依据，作为验收的终结。

4.1.3　原材料保管质量要求

原材料的保管必须根据材料的属性、用途、种类、规格、型号、精度等级、维护要求和库房条件，统一规划，做到区域明显、标识清楚，同时应单独存放，分别建账，以防混批混料。

原材料的储存货位管理要运用科学方法，通过规划设计，进行合理分类、排列（库房号、货架号、层次号和货位号），使库房内原材料的货位排列系统化、规范化。货位编号尤如商品在库房的地址。根据不同库房条件、材料类别，做好货位划线及编排序号，以符合标志明显易找、编排寻规有序的要求。通常采用的编号方法有四号定位法。四号定位是采用 4 个数字号码对应库房（货场）、货架（货区）、层次（排次）、货位（垛位）进行统一编号。例如 3 - 4 - 3 - 8 即指 3 号库房（3 号货场）、4 号货架（4 号货区）、第 3 层（第 3 排）、8 号货位（8 号垛位）。对原材料进行归类叠放，登记造册，并填制原材料储位图便于迅速查找原材料的位置等。同时库房管理中，必须正确、有效地对原材料进行堆放，防止因累积过多而导致原材料积压或底层的原材料出现质量问题。

导致库房原材料质量变异的原因有自然变异、积压变异、搬运变异和混装，因此，原材料库房保管员和物资检验员要做好库房产品日常质量监督、检查工作。库房保管员通常采用目视的方法核查原材料是否受到挤压、变形；核查原材料库房温湿度是否符合要求，原材料是否生锈、腐蚀；核查原材料保管条件、堆垛是否稳固；核查原材料是否在有效保管期内；核查原材料的包装是否脱落。物资检验人员定期巡检或不定期抽检监督、检查库房材料存储情况。

4.1.4　原材料发放质量要求

4.1.4.1　原材料发放工作流程

发料的工作流程如图 4 - 2 所示。

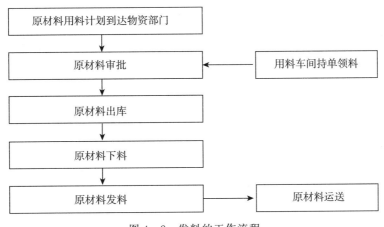

图 4 - 2　发料的工作流程

4.1.4.2　原材料发放过程质量控制

（1）原材料审批过程质量控制

原材料发放应根据生产计划部门下达的生产任务，对车间提供的图样、产品质量跟踪卡和领料单进行审核。审核的内容包括：领料数量符合生产计划数量；产品质量跟踪卡、领料单与图样上的材料牌号、标准要求是否相互一致；领料尺寸、规格是否满足图样和工艺规程、产品质量跟踪卡的要求，不符合要求提请有关人员处理。审批代用材料时，应在领料单填写实发材料牌号、标准号、数量、规格、代料单号及相关重要信息，同时在产品质量跟踪卡注明代料单号并签字留名。领料单经审核符合要求并批准后方可转入库房进行领料。

（2）原材料出库过程质量控制

原材料出库前，库房保管员对审批的领料单相关信息核实登记完成后由下料工、保管员、检验员三方共同进行现场核对确认。核对原材料标识、产品质量跟踪卡、领料单内容应相互一致，原材料的标记、货架位号、标签相互一致，否则不得出库。对超保管期的非金属材料用于生产前，应办理原材料代料单，代料单中应注明材料超期的时间、批号、生产日期、技术条件、复验编号和结论等，代料单审批意见为同意使用时方可发放使用。

（3）原材料下料、发放过程质量控制

下料前首先确定所提取的材料标识清楚，牌号、规格、状态、炉批号等符合审批的领料单要求，下料时执行首件三检制度，中间实行抽检、巡检，防止混批、混料，保证下料质量。下料完成后对每件材料都要进行标识移植，移植内容包括：材料牌号、规格、跟踪卡号。对剩余材料，如果没有标识应在检验人员的确认和监督下，做好标识移植工作。

4.2　技术状态管理

4.2.1　概述

技术状态是产品生产制造的源头输入条件，是控制产品质量的核心。GJB 3206A 对技术状态的解释是，在技术文件中规定的并且在产品（硬件、软件）中达到的功能特性（如使用范围、性能指标以及可靠性、维修性、安全性等）和物理特性（如组成、尺寸、表面状态、形状、配合、公差、重量等）。航天产品的质量要求严格，技术状态管理是航天产品质量管理的重要手段。液体火箭发动机的功能结构复杂，其技术状态的正确性与时效性对发动机的质量而言举足轻重。

用技术的和行政的方法，对产品的技术状态进行指导、控制和监督，称为技术状态管理。技术状态管理的工作内容通常包括：技术状态标识、技术状态控制、技术状态纪实和技术状态审核。技术状态管理以技术状态项进行管理实施，技术状态项能满足最终使用功能，并被指定作为单个实体进行技术状态管理的硬件、软件或其集合体。

4.2.2　技术状态标识

技术状态标识是对技术状态项及其文件用标识符进行标识的一系列活动。包括在确定产品结构的基础上选择技术状态项、确定每个技术状态项所需的相应文件（含内部接口和外部接口文件）及标识符、标识并发放技术状态文件、建立技术状态基线。

一般情况下，液体火箭发动机作为一个独立的技术状态项，与生产研制过程进行同步管理。技术状态基线包括全套设计文件、全套工艺文件以及全套质量文件。

4.2.3　技术状态控制

技术状态控制始于技术状态基线确定之时，贯穿于产品研制生产的全过程，控制的重点是技术状态的更改、偏离许可及让步申请。

技术状态的更改是指对功能特性和物理特性有影响的产品结构、状态、工艺方案、加工方法和工艺参数等的更改，技术状态更改按提出单位的不同分为设计更改和工艺更改两类。技术状态更改时，应符合"原因清楚、更改合理、手续齐备、试验充分、评审通过"的原则。

产品状态的偏离许可包括设计状态偏离和工艺状态偏离，技术状态偏离必须在产品制造前经过充分的论证，并进行必要的计算和工艺试验验证。

让步申请是指在产品制造期间或检验验收过程中，针对某些不合格品可以返修或原样使用而提出的申请。

无论是技术状态更改、偏离许可还是让步申请，均需要经过严格的技术状态审核方可组织实施，并严格纪实。

4.2.4　技术状态纪实

技术状态纪实在技术状态标识和技术状态控制的基础上进行，是通过形成正式记录和报告，为技术状态演变和管理的有效性提供见证，并使所有参与工程项目研制的人员都能及时获得所需要的准确信息。技术状态纪实可以有效地复查液体火箭发动机的质量，便于进行事后回想，对发动机的质量管理作用十分显著。在多年的生产过程质量管理实践中，制定了质量跟踪卡管理办法，不断地更新和完善相关文件，有效地反映和保留发动机制造过程中技术状态控制的情况。

4.2.5　技术状态审核

技术状态审核的目的是通过审核发现问题、完善工作，保证技术状态管理的有效性，并为产品定型提供管理依据。技术状态审核应依据设计文件、工艺文件、质量文件以及技术状态纪实中形成的正式记录和报告，对产品的技术状态项进行符合性检查，确认按技术状态文件所制造的产品符合功能特性和物理特性要求。

技术状态审核通常是在产品定型前进行，为了严格控制发动机技术状态，对于技术状态的更改、偏离许可和让步申请，也应在一定范围内进行审核，确保技术状态受控。

4.3　工艺技术风险分析

4.3.1　概述

工艺技术风险是在规定的技术、费用、进度和资源保障等约束条件下，因工艺技术原因而不能实现项目（产品）目标的可能性及其后果严重性的一种度量。

通过工艺技术风险分析，可以提高工艺技术方案的设计质量和一次成功率，加深对工艺技术难点的认识，提升工艺技术能力，同时可促进风险管理流程与方法在型号研制工艺技术工作中的应用。

4.3.2　工艺技术风险分析与控制工作程序

在航天型号各研制阶段中工艺技术风险分析与控制的工作流程如图 4 - 3 所示，可以看出，工艺技术风险分析与控制工作是随着型号研制阶段不断迭代的过程。

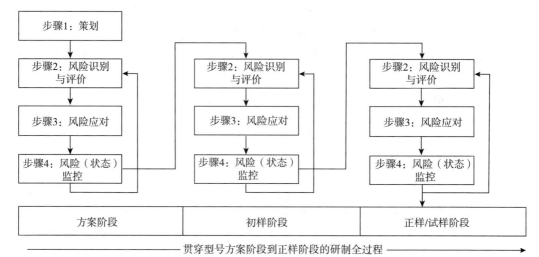

图 4 - 3　工艺技术风险分析与控制工作流程

4.3.2.1　策划

从型号立项开始，在不同研制阶段初期系统地开展工艺技术风险分析与控制工作策划，内容包括：目标、原则、组织、职责、程序、方法、判别准则、接受准则、风险应对策略、风险监控方式等，在型号研制阶段初期将相关工作纳入型号研制生产计划。

4.3.2.2　识别与评价

（1）工艺技术风险识别

工艺技术风险识别是对发动机研制的各个方面，特别是关键技术过程进行考察研究，从而识别和记录风险源的过程。识别风险源是分析工作的基础。

工艺技术风险识别主要有以下方法：

1）故障模式、影响与危害性分析［FME（C）A］法

故障模式与影响分析（FMEA）是指分析产品中每一个可能的故障模式并确定其对该产品及上层产品所产生的影响，以及把每一个故障模式按其影响的严重程度予以分类的一种分析技术。实质上就是通过对故障的回想和预想、分析原因、采取防范措施避免故障发生。FME（C）A 指在 FMEA 基础上，同时考虑故障发生概率与故障危害程度的故障模

式与影响分析。

2）数据差异性法

数据差异性法是对产品检测数据进行纵向和横向的比对分析过程。横向比对是指本产品实测参数与其他同类产品以往检测数据的比对，纵向比对是指同一产品已进行的各阶段检测数据之间的比对。

3）数据超差、数据临界的影响及成功数据包络线分析法

将待分析产品数据与对应的包络范围进行比对，判定待分析产品数据是否落在包络范围内，得到待分析产品数据包络状况，评估产品是否满足执行任务能力。

4）"九新"分析法

在型号研制生产各阶段，根据型号总体、分系统和单机产品基线，开展新技术、新材料、新工艺、新状态、新环境、新设备、新单位、新岗位、新人员等"九新"分析，识别技术风险。

由于风险的本质是不确定性对目标的影响，因此在识别发动机工艺技术风险时要牢牢把握不确定性这个核心。能够确定成功或失败的工艺技术环节或要素，都不在发动机工艺技术风险这个范围之内。工艺设计过程中对哪些环节、哪个要素吃不准、摸不透、管不住，哪个环节、哪个要素就是工艺技术风险的发生地。

企业根据本型号任务要求，充分利用已积累的信息（含相关标准、规范等）和实践经验，组织开展全系统、全过程、全要素的技术风险识别，对识别出的工艺技术风险项目的全面性和准确性负责。将识别出的工艺技术风险项目汇总形成清单，并经评审确认。

（2）工艺技术风险评价

①发动机工艺技术风险的可能性评估

发动机工艺技术风险的可能性取决于工艺技术人员对产品设计要求和所应用工艺技术的掌握程度，与产品设计成熟度和工艺技术成熟度密切相关。产品设计和工艺技术的成熟度越高，则工艺技术风险的可能性就越小。

在对风险的可能性进行评估时，由于我们没有足够的历史资料来确定风险事件的发生概率，因此只能利用理论概率分布（常用的理论概率分布即正态分布）进行估计，同时采取模糊综合评判和专家主观估计相结合的方法，对风险的可能性予以主观量化。

工艺技术风险发生的可能性评估主要参考已有或类似工艺过程的统计资料，如超差报废率、故障率、工序能力指数（Cp）等。对于无历史资料可供参考的工艺过程，根据工艺风险分析小组成员的工程经验来估计。工艺技术风险发生可能性的评估准则见表 4 - 1。

表 4 - 1　工艺技术风险发生可能性的评估准则

可能性	等级	可能性描述
很可能	a	属首次使用的全新工艺，很少借鉴成熟工艺，工艺技术方案尚不完备，尚未经过产品试制验证，对其"可操作、可检测、可量化、可重复"程度尚无法进行评价
可能	b	借鉴了一部分成熟工艺技术，工艺使用经验很少，工艺技术方案经过初步完善，经过了首件/批产品试制验证，可初步评价其"可操作、可检测、可量化、可重复"程度

续表

可能性	等级	可能性描述
可能性小	c	属于对现有工艺技术方案的优化，或新工艺方案借鉴了大量成熟的工艺技术，类似工艺使用经验较多，工艺技术方案经过完善，经过了多个批次产品生产验证，具备一定的"可操作、可检测、可量化、可重复"程度
几无可能	d	沿用现有成熟工艺技术方案，工艺技术经验丰富，工艺技术方案经过多次完善，经过了多批次、大量产品生产验证，"可操作、可检测、可量化、可重复"程度高

②工艺技术风险的严重性评估

后果严重性等级比较容易确定，可以通过 FMEA 方法，关键是需要根据具体阶段和具体任务目标来确定严重性等级评判准则，是相对的，是以任务目标为参照的，不能是一成不变的。分析工艺技术风险的后果严重性时应注意以下几点：

1）在分析失效后果时，应依据顾客可能注意到的或经历的情况来描述；

2）顾客可以是最终顾客，也可以是下游工序；

3）应使用过程、工序的性能术语来描述下游工序的后果，如：无法装夹、无法加工、无法装配、无法对中、无法焊接、危害操作者人身安全、产品超差或报废、设备损坏等；

4）当一项工艺风险有若干可能的后果，以危害程度最大的那个后果的严重度作为该项工艺风险的严重度。

表 4-2　工艺技术风险后果严重性等级的确定准则

后果严重性等级	类别标识	某工艺技术风险后果影响		
		产品质量	生产进度	研制成本
极严重	A	质量完全不能满足使用要求，重要功能性能指标要求无法达到，且无返修措施，无协调余地，产品报废或造成重大质量隐患导致发动机地面试车失败	工艺方案出现颠覆性问题，需要重新设计，发动机整体研制计划出现重大延误（3个月以上）	造成昂贵原材料浪费或发动机损毁，数量巨大，发动机研制成本成倍增加
严重	B	质量不稳定，重要技术指标要求部分未达到，且无返修措施，产品需降级使用或造成质量隐患导致发动机地面试车目的未能全部实现	产品生产调试困难，前一工序明显影响后一工序的顺利进行，整个工艺流程出现反复，严重延误发动机整体研制计划（1个月以上）	因重新投产造成原材料浪费或需增加试车台数，发动机研制成本明显增加
轻度	C	产品部分技术指标未达到要求，但性能偏差范围明确，可进行返修或降低要求正常使用，不影响下一阶段工作	工艺方案需要现场调整，部分工序进行不顺利，延误按时交付系统或总体试验（半个月以上）	因返修造成少量原材料浪费，发动机研制成本略有增加
很小	D	产品在进行轻微返修后质量基本可以满足设计指标要求，不影响发动机正常工作，可正常使用	需适当延长时间落实措施解决（不超过半个月），不影响下一阶段工作	几乎无原材料浪费，对发动机研制成本无影响

③工艺技术风险综合评级

在识别出工艺技术风险发生的可能性与严重性的基础上，形成工艺技术风险综合评价矩阵，并最终确定工艺风险等级，见表 4 - 3 和表 4 - 4。

表 4 - 3　工艺技术风险综合评价矩阵

可能性等级 ＼ 严重性等级	A（极严重）	B（严重）	C（轻度）	D（很小）
a（很可能）	Aa	Ba	Ca	Da
b（可能）	Ab	Bb	Cb	Db
c（可能性小）	Ac	Bc	Cc	Dc
d（几无可能）	Ad	Bd	Cd	Dd

表 4 - 4　工艺技术风险综合评级表

程度	综合评级	风险综合评价指数	备注
高度风险	Ⅰ	Aa、Ab、Ba、Bb	关键风险项目
较高风险	Ⅱ	Ac、Bc、Ca、Cb	关键风险项目
中度风险	Ⅲ	Ad、Bd、Cc、Da、Db	一般风险项目
低度风险	Ⅳ	Cd、Dc、Dd	一般风险项目

4.3.2.3　应对

发动机工艺技术风险的风险应对是对辨识出来的技术风险项目采取控制措施，使发动机工艺技术风险项目最终消除或得到有效降级。有效降级是指风险降低到可接受程度，应在工作策划时明确风险接受准则。

对分析出的关键风险项目，应采取以下控制措施：

1）逐项研究，制定消除或降低风险的控制措施，并落实在工艺设计、试验、产品测试等环节中。

2）采取工程计算、仿真分析、半实物仿真、地面试验、飞行试验等手段，验证风险控制措施的有效性，同时要注意避免带来新的风险。

3）风险控制措施实施完成后，评估实施后的效果。对采取了风险消除或降低措施后的关键技术风险项目进行再次分析进而得出风险综合评级。

4）对采取了措施后的关键技术风险项目再次进行评估，形成关键技术风险项目控制表。

对一般风险项目的风险应对策略：对于当前风险综合评级为一般技术风险的项目，应在研制生产过程中密切关注，采取有效措施控制风险，使其不会降低发动机可靠性、安全性或影响试车、飞行试验的成功。

4.3.2.4　监控

工艺技术风险管理部门应指定专门人员，负责全面收集和掌握工艺技术风险项目状态信息，及时通报相关单位，并对工艺技术风险应对措施及实施效果进行监控。各型号应在转阶段前、出厂前完成型号工艺技术风险分析与控制评估报告和技术风险分析与控制表，给出是否已将风险消除或降低到可接受水平的明确结论，并接受型号总体组织的专项审查。飞行试验前，型号系统应针对未达到可接受水平的残余风险制定风险发生时的应急预案，并通过专项评审。

4.4　禁限用工艺控制

禁限用工艺控制是发动机质量管理的重要组成部分，禁用工艺是指在发动机研制生产中严重污染环境、危害生产安全、不能保证产品质量，应淘汰或采用其他工艺方法替代的工艺。限用工艺是指在发动机研制生产中，产品质量保证难度大或对环境保护有影响，但采取措施后，在一定条件下可以满足产品质量或使用要求的工艺。

发动机禁限用工艺是依据国家（含国防军工）和航天行业适用的法规、标准的相关规定，结合专业技术领域典型工艺文件的要求和实际情况确定。发动机涉及的禁用工艺包括直径大于 10 mm 的高强度钢，或抗拉强度大于或等于 1 300 MPa 或经等温淬火后抗拉强度大于或等于 1 500 MPa 的钢制件，钢制弹性件禁止电镀锌和抗拉强度大于或等于 1 300 MPa 的钢制件（不含弹性件）禁止电镀镉等，禁用原因均为易产生氢脆。

发动机中的紧固件、弹性元件大量采用 30 CrMnSiA 结构钢或 65 Mn 弹性钢材料，为防止锈蚀，通常选择在表面进行镀锌或镀镉保护。结合多年的质量管理经验，零件电镀后及时进行 8～18 h 的除氢处理，可以恢复材料塑性降低氢脆倾向。30 CrMnSiA 材料的紧固件，可以要求原材料供应商按照 GJB 1951—94 要求采用电渣重熔的方法冶炼，以降低氢脆风险。弹性元件进行氢脆抽检试验，防止具有氢脆倾向的弹性零件进入装配现场。

发动机涉及的限用工艺包括压合组件镀覆、有缝隙或气孔的焊接部件的镀覆、高强钢制件或弹性件镀镉、高硬度的淬火零件镀硬铬和形成气囊不易排除的零件硫酸阳极化等。

压合构成的组件镀覆时在零件交接部位的缝隙中会渗入槽液介质，不易清洗，残存的槽液介质会导致不同材料（零件）产生腐蚀；存在缝隙或气孔的各种焊接部件镀覆时槽液等介质会渗入零件相互交接部位存在的缝隙、焊缝与零件之间形成的缝隙或孔洞中，不能自行排出，也不能被清洗液充分置换和带出，最终导致对焊缝及其周围材料的腐蚀。此类零件在压合时应留有足够的装配过盈量，镀覆后需进行多次清洗并及时用压缩空气吹干消除缝隙中残存槽液的风险，并在使用装配前进行仔细的检查防止不良品混入装配线。

直径大于或等于 10 mm 的 30 CrMnSiA 等高强度螺栓电镀镉和钢制弹性零件电镀镉易产生氢脆，通过电镀后及时进行 8～18 h 的除氢处理，弹性元件 100% 进行抗氢脆加载试验和装配前仔细检查挑选的方法可以防止有氢脆倾向的零件装入发动机。

高硬度的淬火零件镀硬铬的镀层内应力大，镀后可使基体金属开裂或结合力不好。镀前进行消除残余应力热处理，镀后及时进行除氢处理可以有效降低镀层内应力，防止基体金属或镀层开裂剥落。

在阳极氧化时形成气囊不易排除的零件在气囊部位易产生材料腐蚀。防止气囊产生主要有两种方法：一是向槽液中通入适量的压缩空气，加强搅拌以利于小气泡逸出；二是通过适当调整装卡位置，尽可能让气囊分布在零件的非内腔表面，在阳极氧化处理后，对非内腔表面上出现过气囊的部位涂清漆保护，加强材料的抗腐蚀能力。

经过多年的生产实践和飞行试验验证，发动机禁限用工艺的控制方法是合理有效的，但采用禁限用工艺的零件在使用前仍需进行仔细的检查和挑选，严防不良品进入生产线。禁用工艺应制定计划限期淘汰或采取措施替代，新研制发动机禁止使用禁用工艺；限用工艺严格落实控制措施，在限制条件下使用，并加强工艺研究逐步替代。

4.5　生产过程量化控制

实施生产过程量化控制，是实现发动机精细化质量管理，保证发动机零组件质量状态稳定，提高发动机可靠性的重要措施。主要从发动机的特种工艺量化控制、螺纹连接量化控制、对外接口量化控制 3 个方面开展生产过程量化控制。

4.5.1　特种工艺量化控制

4.5.1.1　特种工艺量化控制要点

焊接、表面处理、铸造、锻造、热处理等特种工艺过程，决定了零组件的内部组织结构、表面状态，直接影响零组件性能。特种工艺参数一旦出现偏差，往往导致一批甚至多批次产品状态变化，为保证特种工艺参数稳定，必须进行量化控制。特种工艺量化控制覆盖面广、技术含量高、工作量大，应着重进行以下两方面工作。

（1）全面梳理量化控制要素

一项特种工艺，其工艺方法多种多样，每种工艺方法有不同的工艺过程。就焊接工艺而言，有氩弧焊、电弧焊、电子束焊、电阻焊、钎焊、激光焊等方法。只有全面梳理出工艺过程影响要素，量化指标，针对性地加以控制，才能实现特种工艺过程的有效控制。

（2）制定量化控制要素的指标

同一种工艺方法针对不同产品，其特种工艺过程的各项控制要素有着不同的重要性，应根据产品要求和工艺方法对工艺过程中的各项要素进行梳理、分析和辨识，以确认是否能用量化的指标来进行控制。同时，在特种工艺过程中，一些要素难以进行直接控制和监控，通常需要间接分析判断。

4.5.1.2　特种工艺量化控制实施流程

在组织实施发动机各项特种工艺量化控制的过程中，总结出了一套特种工艺量化控制的基本流程，如图 4 - 4 所示。

（1）对发动机涉及特种工艺的产品进行统计分析

对照设计图纸、技术条件及工艺文件，利用表格化的形式，对发动机零组件涉及的特

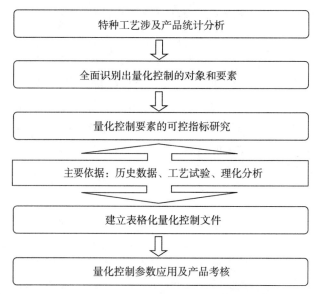

图 4-4　特种工艺量化控制实施流程

种工艺方法进行统计、归类，掌握每件产品的生产工艺流程信息和质量要求。对统计出的信息进行分类、归纳和总结，包括工艺方法、质量要求等级和质量检测要求等。

（2）识别量化控制的对象和要素

对每项工艺方法涉及不同产品的工艺参数、质量要求等进行分析和研究（结合工艺文件、质量跟踪卡样本等），目的是提炼出其中需要控制的对象和要素，并按类别对控制标准和规范进行统一。

（3）量化控制要素的可控指标研究

对识别出的量化控制要素进行研究，确认是否能用指标进行量化及对生产过程的影响，同时确定量化指标的范围。

1）历史数据分析：对历史产品尤其是已参与配套交付和飞行产品的历史数据进行统计，并对所采集统计的数据按照特种工艺过程类别进行分类、归纳、处理分析，研究量化要素对加工过程的影响。

2）工艺试验分析：针对不同工艺方法，分别提出相应的试验方案，试验验证可采取试验件和实物产品相结合的方法进行。利用工艺试验件对控制指标边界条件进行试验研究，分析不同边界条件下产品加工过程的稳定性和产品质量的一致性。

（4）建立表格化量化控制文件

基于已明确的产品特种工艺过程量化控制参数和控制指标，结合生产现场的实际情况，构建表格式的量化控制文件，量化形式可采用数据记录、文字描述、对标确认等方法。量化控制文件跟随产品流转，最终归档，便于后期对产品进行追溯。

（5）量化控制应用验证及产品考核

将量化控制应用于产品生产，跟踪考察量化控制对产品生产质量和生产效率的影响，对于在实际生产过程中，对产品质量影响甚微但却严重影响产品生产效率的控制项目，可根据实际情况进行调整，对其进行合并、简化或取消。

4.5.1.3　焊接工艺量化控制

焊接是液体火箭发动机零组件间最主要的连接形式。发动机生产过程中，采用多种焊接方法，焊接作为一项复杂的特种工艺，质量受到多种因素影响，包括产品状态（产品材料、结构尺寸）、焊接过程、焊后处理等，即使同种产品焊接，也会因为焊前状态、焊接参数、焊接环境、焊后处理等因素的不同，导致焊接质量有所波动。焊接工艺在特种工艺中具有代表性，以焊接工艺为例介绍特种工艺量化控制的实施过程。

（1）焊接量化控制项目梳理

制定统一的焊缝统计表格，表格内容涵盖：焊接部位、焊接方法、接头形式、焊缝等级、焊缝质量检查要求等信息。按零组件统计焊缝信息，为量化控制工作提供必要的基础信息，根据所掌握的基础信息在焊缝量化控制执行过程中做到有的放矢。

（2）焊接过程的六步控制法

根据焊缝统计信息，研究各类焊接方法的特点，将具有相似控制要素的焊接方法采取相似的控制流程和控制措施。将焊接的全过程划分为 6 个控制环节，简称六步控制法，如图 4-5 所示，即：焊前准备、试装及装配、定位焊、焊接过程、焊后检查、补焊返修。针对每一环节围绕人、机、料、法、环、测的 6 项控制要素具体制定量化控制内容。

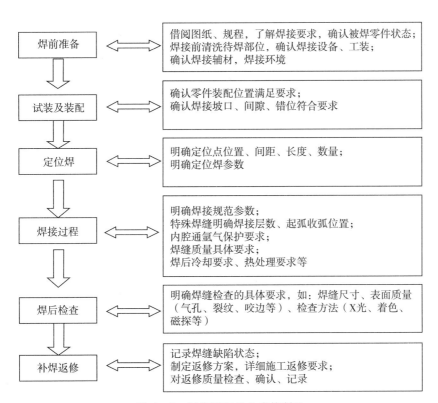

图 4-5　焊接过程的六步控制法

（3）细化量化各控制要素的具体要求

在全面考虑焊接控制要求的同时，应结合不同焊接方法和产品的特点对控制重点有所侧重。

1）电子束焊接的特点为热输入能量集中，能够较好地控制焊接变形、保证焊接熔深和焊缝内部质量，在考虑量化控制要素时，重点关注的要素主要有：焊前的对接间隙、焊接部位的清洁及焊接参数。

2）对焊接装配的组件和影响下游车间尺寸精度的零件，在保证焊缝内部质量和外观质量的同时，要以控制焊接变形为重点。

3）针对零件尺寸较小且精密的焊接，焊缝质量对产品使用性能影响较大，在保证焊缝内部质量和外观质量的同时，保证焊缝强度是重点关注要素。

4）导管的焊接以自动氩弧焊为主，量化控制的目标是提高焊接的一次合格率，尽量减少补焊。重点关注的要素有：焊前的对接间隙、焊接部位的清洁以及焊接参数。

（4）编制焊接量化控制表

根据焊接过程分类和量化控制环节的内容，设计制定不同类别的焊接量化控制表格，以手工焊为例，编制量化控制表格，见表4-5，表格结合现行工艺规程一起使用，不改变工序流程，仅对工艺规程中焊接控制环节不全面、控制措施不量化、检查记录不完整等问题进行补充和完善。

表 4-5　手工电弧焊、手工氩弧焊焊接方法量化控制表

产品图号		产品名称		产品序号	
焊接部位		跟踪卡号		工序号	
焊接标准、焊缝等级				焊接方法	
环节	量化项目		要求值	实施结果	结果确认
焊前准备（焊工）	图纸及工艺文件				主岗： 副岗： 检验：
	零件质量				
	焊前坡口状态				
	待焊部位清洗				
	设备				
	氩气				
试装、装配（钳工）	焊缝对接部位错位				主岗： 副岗： 检验：
	焊缝对接部位间隙				
	零件位置要求				
定位焊（焊工）	焊接方法				主岗： 副岗： 检验：
	定位焊电流				
	焊材牌号				
	焊材直径				

续表

产品图号		产品名称		产品序号	
焊接部位		跟踪卡号		工序号	
焊接标准、焊缝等级			焊接方法		
环节	量化项目		要求值	实施结果	结果确认
定位焊（焊工）	焊点尺寸				主岗： 副岗： 检验：
	定位间距				
	焊点数量				
	定位焊顺序				
焊接过程焊后清理（焊工）	焊接设备				主岗： 副岗： 检验：
	引弧位置				
	收弧位置				
	焊接电流				
	焊材牌号				
	焊材直径				
	保护气流量				
检查（检验）	表检情况				主岗： 副岗： 检验：
	焊缝宽度				
	未焊满深度				
	反面余高				
补焊、返修					主岗： 副岗： 检验：
编制：		校对：		审核：	

4.5.2　螺纹连接量化控制

　　液体火箭发动机总装及零组件之间的装配大量采用螺栓、螺母、紧固螺钉等组成的螺纹连接，螺纹连接的可靠性对火箭发射的成功与否起到至关重要的作用。螺纹连接的装配过程靠工人经验拧紧，不能有效控制"未拧紧"和"过拧紧"问题。为保证发动机工作过程中不产生连接失效及漏液、漏气、漏火等故障，对其进行全面量化控制，以提高产品可靠性。

4.5.2.1　螺纹连接结构分类

　　根据发动机不同部位结构特点，螺纹连接结构主要包括 6 种类型：金属对接平面常规连接、需要控制球头收缩量且有密封要求的球头–锥面接头连接、有间隙控制要求的对接密封面连接、需要控制金属垫圈压缩量且有密封要求的接头连接、有一定压缩弹性的卡箍装配连接、双头螺栓连接。目前工程上普遍应用的力矩拧紧方法并不能完全适用于该 6 种结构类型，必须按照实际情况采取不同的拧紧方法。

（1）金属对接平面常规连接

金属对接平面常规连接，为常规的螺纹连接形式，如图 4-6 所示。

图 4-6　金属对接平面常规连接

（2）球头-锥面接头连接

球头-锥面接头连接形式是发动机上管路连接中除焊接连接外最为常用的连接密封形式，其在工作当中要承受导管内腔的气压及液压，同时要经受发动机工作中的振动考验，要达到密封首要条件是金属球头必须有一定的压缩量，通过球头上外套螺母的内螺纹与连接锥面的外螺纹配合旋入拧紧达到球头与锥面的贴合直至球头压缩变形达到密封效果，如图 4-7 所示。

图 4-7　球头-锥面接头连接

（3）有间隙控制要求的对接密封面连接

有间隙控制要求的部位一般为法兰连接形式，法兰对接面上压有金属空心密封环，控制间隙的本质在于控制金属空心密封环的压缩量来保证密封。法兰间的对接间隙通过若干螺栓与螺母的拧紧来保证，如图 4-8 所示。

（4）有金属密封垫的连接

有金属垫圈密封的连接部位，一般为单向阀门类零件和管路接头连接。该类连接要确保金属垫圈的压缩量符合设计要求，例如单向阀门组件装配后，对阀芯的行程及反向泄漏量有严格的要求，如图 4-9 所示。

图 4-8　有间隙控制要求的对接密封面连接

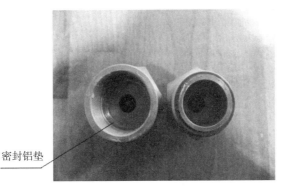

密封铝垫

图 4-9　有金属密封垫的连接

（5）弹性卡箍连接

弹性卡箍连接要保证卡箍能有效地抱紧所要紧固的零件，同时紧固后的弹性卡箍要求有一定的弹性余量来保证其在弹性范围内发挥紧固功能，如图 4-10 所示。

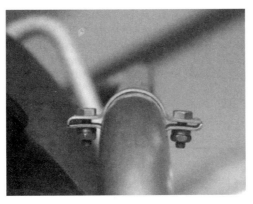

图 4-10　弹性卡箍连接

（6）双头螺栓连接

双头螺栓连接，一般为一端拧入金属基体，另一端与螺母配合用来紧固零件，如图4-11所示。

对于双头螺栓拧入金属基体的部分，通常要求控制螺栓露出高度。螺栓露出高度值可通过高度尺测量，拧紧控制高度后对于螺栓的预紧力通过力矩扳手进行校核，校核的力矩值不能超出设计要求范围，否则应更换螺栓或修配螺纹有效长度。

图 4-11　双头螺栓连接

4.5.2.2　螺纹连接量化控制方法

（1）金属对接平面连接

金属对接平面连接，为常规的螺纹连接形式，可通过常规的强度理论计算确定合理拧紧力矩，力矩控制方法已在工程上广泛应用。

（2）球头-锥面接头连接

球头-锥面接头连接的金属球头压缩量受众多因素影响，若采用力矩方式控制拧紧，不能完全保证密封效果。例如：螺纹配合的摩擦力矩会完全叠加到拧紧力矩上，球头与锥面配合时的紧度和偏斜以及拧紧操作手法都会影响装配时的拧紧力矩值。

选取不同规格的标准球头进行拧紧试验，如图 4-12 所示。通过大量拧紧试验可以得出如下结论：同一拧紧部位，试验测量的力矩散差达到 30%，而且在拧紧过程中即使是由于操作者一次短暂的停顿、间歇换气、变换拧紧的手势等情况都会产生力矩值的波动，说明对于导管接头的拧紧仅靠力矩控制误差会很大，力矩控制只能在一定程度上起到参考作用。

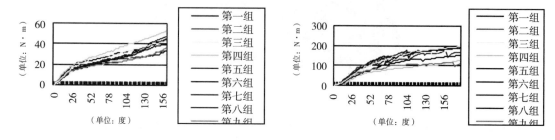

图 4-12　DN6 和 DN22 接头力矩与转角关系图（见彩插）

通过应用实践总结，采用控制外套螺母的拧紧转角（即控制螺纹拧紧扣数）的方法控制球头压缩量较为合理，螺纹的螺扣旋入量直接控制了球头与锥面的压紧量，称之为转角控制法。

（3）有间隙控制要求的对接密封面连接

该类连接法兰上的螺栓螺母连接时拧紧要均匀，由于法兰面会存在一定的不平度，影响到各个螺栓螺母的拧紧力，因此在保证装配间隙的同时，需对螺母的拧紧力进行校核，允许法兰上各螺母拧紧后的力矩存在一定范围的差异，但应满足设计要求范围。此类连接结构重点控制零组件间的间隙，称之为间隙控制法。

（4）有金属密封垫的连接

该类连接结构为了保证密封，对金属密封垫的压缩量有要求。对于装配类连接还对装配间隙有要求。实际应用中，该类连接可根据产品结构选择力矩控制法或转角控制法等进行拧紧控制。

为确定金属垫圈密封部位垫圈压缩量与拧紧力矩或转角的边界条件关系，应选取典型产品进行拧紧力矩或转角的上、下限试验。下限为能够保证有效密封的最小拧紧力矩值或转角值，上限为有效密封情况下密封垫发生变形挤出时的最大力矩值或转角值。上、下限试验的结果与理论计算相结合，确定该类连接部位的力矩或转角控制要求。

（5）弹性卡箍连接

弹性卡箍的紧固件用螺栓配合自锁螺母进行紧固，自锁螺母一般采用力矩控制。但是，在发动机弹性卡箍的装配实践中发现，单纯地控制拧紧力矩会影响对弹性卡箍变形量的控制，弹性卡箍在弹性变形的范围内，反馈到紧固螺母上的力矩增加非常有限，用相同的拧紧力矩紧固后的弹性卡箍，弹性变形间隙的一致性较差。

通过试验发现，同一件卡箍上同样规格的自锁螺母，处于不同装配位置所测得的力矩值有明显的差异。对比同一件卡箍的两次装配状态，拧紧相同棱方所测得的力矩值也有明显差异。对弹性卡箍采用力矩方式进行拧紧控制时，由于卡箍会持续发生弹性变形，导致转角的变化范围较大，因此弹性卡箍上的螺纹拧紧适合采用转角控制法。

（6）双头螺栓连接

此类部位一般采用工艺双螺母辅助装配，并且都有明确的防松措施，包括涂厌氧胶、打冲点锁紧、保险丝锁紧、止退垫圈锁紧等。此类部位一般不规定力矩值，否则很难保证螺栓露出长度符合要求。量化控制的方法是比较控制法：装配前测量螺柱长度，装配后测量并比较螺栓露出长度的一致性，过拧紧和未拧紧通过螺栓露出长度是否超差辅助判断。

另外在零组件装配过程中，个别部位受操作空间狭小限制，力矩扳手可达性差，通常情况是一组多个螺栓中有 1～2 个不能用力矩扳手测量力矩值，此时也可采用比较螺栓尾扣露出长度的办法进行量化控制。

4.5.2.3　螺纹连接量化控制实施

针对每一个具体的螺纹连接部位，设计部门进行理论强度校核计算，给出参考力矩值及安全裕度，结合力矩校核的统计分析及试验验证结果，由设计部门和实施部门共同协商，根据连接部位的结构特点，分别采取力矩控制法、转角控制法、间隙控制法、比较控制法等不同的量化控制方法，在发动机样机及组合件试验产品上试验验证通过后进行推广实施。

（1）选取、定制拧紧工装

结合产品结构和使用需求选取规格、种类齐全的力矩扳手。一般情况下，力矩扳手应可同时显示力矩值和转角值，具有数据存储和传输功能，"一"字接头的扭力起子能够对 3 N·m 以下力矩值进行精确控制，力矩扳手与倍增器配套使用可实现 2 000 N·m 以内的大力矩的拧紧控制，力矩扳手精度等级达到 1～3 级精度，倍增器精度范围为 ±5%，数据存储功能可以实时记录力矩峰值，提高校核数据的准确性。

为了满足多余物控制、装配现场定置管理要求，应购置力矩扳手车、工具车，对力矩扳手和工具进行定置管理，如图 4-13 所示。

对于发动机部分结构特殊零件，力矩扳手无法直接使用，必须制作专用的转接工装才能进行力矩控制。设计、制作的部分力矩转接工装如图 4-14 所示。

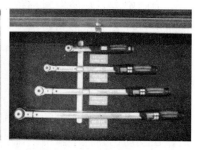

（a）力矩扳手车　　　　　　　　（b）倍增器　　　　　　　　　　（c）力矩扳手

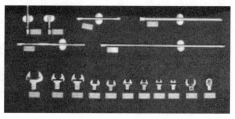

（d）力矩扳手转接头、扭力起子　　　　　（e）力矩扳手转接杆、开口头

图 4-13　部分标准力矩工装

密封壳体 R 力矩转接工装，与力矩扳手、倍增器、挡杆配套使用，由原来的拉杠式装配改为用力矩扳手拧

密封壳体 Y 力矩转接工装，与力矩扳手、倍增器、挡杆配套使用，由原来的拉杠式装配改为用力矩扳手拧

图 4-14　部分力矩转接工装

（2）螺纹拧紧量化控制操作规范化

操作者的拧紧动作习惯、零组件的表面状态、零件的安装、拧紧前的预紧方法、拧紧速度等因素都会对拧紧结果产生一定影响，在拧紧量化控制工作实施前期，需要规范螺纹拧紧操作、检查及记录的细节，提高螺纹拧紧的一致性，保证螺纹拧紧全面量化控制工作的准确性。

结合拧紧力矩测量中存在的问题，组织操作者共同分析试验数据、交流经验，经过反复研究发动机螺纹连接部位安装、拧紧过程，总结出了拧紧操作六步法，作为螺纹拧紧操作的规范：

1）准备：进行相关技术文件、记录表格、拧紧工具、工装、产品及螺纹紧固件等的准备，并确认状态的正确性。

2）检查：检查待连接产品及螺纹紧固件的外观质量，确认无损伤及多余物，螺纹牙型完整，表面粗糙度符合要求。

3）安装：按技术文件要求，将相关连接件安装到位并对转角控制的初始位置进行标记。

4）预紧：对多点螺纹连接的部位，应按规定的顺序对称、均匀施加一定的拧紧力。

为了消除不对称拧紧带来的螺纹损伤、结构功能失效等后果，需要对多点螺纹连接的部位进行预紧操作，在预紧操作过程中要避免预紧力偏大情况发生。

5）拧紧：使用指定的拧紧工具，按照规定的要求拧紧，并记录力矩值、转角值、间隙等。

拧紧过程直接获得量化控制结果，需要稳定拧紧速度，避免冲击拧紧、多次间歇拧紧对拧紧结果的影响。

6）校核：对采用转角、间隙等量化要求控制的部位，同时采用指定校核工具校核、记录力矩实测值。

（3）对拧紧过程实施精细化记录

工艺部门针对每种发动机及其组合件编制螺纹拧紧全面量化控制记录表格，逐一列出连接部位零组件图号、连接形式、螺纹规格、紧固件数量、零件/接口检查确认要求、拧紧方式及控制方法、设计要求、实测值记录、锁紧方式、锁紧确认、操作者及检验、拧紧工具等详细要求，用于拧紧过程控制。

在发动机及其组合件装配过程中，操作者按照记录表要求进行操作，对每一个点的实测值进行记录，检验员全过程监督拧紧操作，保证量化控制结果的全面性和准确性。

4.5.3　对外接口量化控制

4.5.3.1　对外接口量化控制要求

发动机安装到箭体上时，需要进行机架对接，推进剂供应、增压、泄出系统连接，启动和关机电控系统连接，发动机姿态控制伺服机构连接，涡轮泵转速、推力室喷前压力、振动、位移、热流等测量装置连接，热防护结构连接等多种多样的连接等，是典型的多接口复杂单机产品。任何一处接口的连接失效,都可能造成严重的飞行故障或导致飞行失败。

对外接口的量化控制按照系统梳理接口项目,全面分析制造过程,准确界定特性参数,补充完善工艺文件,细化过程表格记录,规范接口数据管理的工作流程,提出了类别齐全,要素准确,控制全面,精细量化,分工明确,保证到位的控制要求。

1)类别齐全。梳理工作要全面覆盖单机与系统之间、单机与单机之间的各种对外接口类别,如机械安装接口、电器安装接口、备附件接口、测试及工艺接口、软件接口等。每个类别之中项目要齐全。

2)要素准确。以设计文件为依据,准确列出反映接口所在部位的零部件,接口协调基准及相互协调关系,反映接口具体要求的技术参数及其允差范围、验证要求等。

3)控制全面。对具体接口的技术和质量要求进行全面梳理,相互类比,进行接口外观、尺寸参数、性能参数、产品防护、多媒体记录等全方位分析,提出全面的控制要求。

4)精细量化。以建设产品数据包为目标,对每项接口的部位数、技术指标包含的参数种类、实测数据记录的个数及数据表示方法、进入数据包数据的采集点等提出精细化和量化要求。

5)分工明确。每项对外接口的控制要求具体实施时,具有明确的工作分工和责任单位。

6)保证到位。按照产品制造的实际流程,依次排查坯料(元器件)验收、零部件加工、组合件装配和试验、单机总装、贮存运输、验收交付等全过程,梳理对外接口形成后所经历检验、传递、制造中利用、防护、复查确认等各个环节,分析产品制造和周转过程中是否能够充分保证对外接口要求,同时按照产品经历的过程确定合理的检查确认时机及其要求。

4.5.3.2 对外接口量化控制项目梳理

根据发动机的特点,将对外接口项目具体划分为机械安装接口、电器安装接口和备附件接口三个大类(如图 4-15 所示),作为对外接口控制项目及特性参数确定的工作依据。

对外接口量化控制项目及其特性参数的确定包括系统梳理接口项目、全面分析制造过

(a)机械安装接口　　　　(b)电器安装接口　　　　(c)备附件接口

图 4-15　发动机对外接口项目分类

程、准确界定特性参数 3 个阶段的工作。为确保对外接口项目的全面性及完整性，需设计、工艺和质量人员从总体和设计输入、产品加工、装配、检查、测试环节共同梳理确认对外接口控制项目及要求。

对外接口项目梳理工作实行表格化管理，梳理文件的范围包括设计文件、工艺文件、发动机交付后出现接口问题的记录。在接口项目全面正确的基础上，分析产品制造过程、检验方法、工艺流程等环节对接口特性参数产生、传递和变化的影响，确定特性参数的检查环节和具体要求。以吃透技术，全过程控制，精细化管理为工作标准，逐项确定每个接口的控制要求。并经过反复多轮迭代，保证特性参数要求的准确性。

对外接口梳理的主要目标是保证过程控制和检查确认的全面性。并非所有的对外接口要求都能够被量化，比如对外观质量的要求。对安装孔及孔组而言，位置度公差也是重要的保证项目，在分析实际制造过程的保证能力时，已经采用协调型架、标准钻模、位置度检验量规等模拟协调工装保证的项目，经过确认能够满足要求的，不再列入提供实测值的项目范围。

4.5.3.3　对外接口量化控制实施

外观质量、尺寸实测值、重要插接口和密封面的多媒体记录是对外接口控制实施的重点内容，需要逐项进行落实，填写发动机对外接口梳理分析及文件落实汇总表，见表 4-6。控制要求的落实包括 3 个方面的工作。

1）文件落实。文件落实包括对外接口专项汇总文件和操作文件两部分。专项汇总文件按发动机编制，是对外接口管理和编制操作文件的依据。操作文件落实的主要工作是对照汇总文件逐项进行检查，将有关要求补充完善到工艺规程中，用于指导具体制造过程和接口实测值传递过程。

2）记录落实。记录包括质量跟踪记录表和实测值传递凭证，前者用于填写接口特性的记录实测值、检查结果和多媒体记录工作确认；后者用于零件制造过程中形成的记录数据向组合件装配时传递。

3）产品落实。通过执行工艺规程，填写记录，并经质量检验人员确认，确保每项要求都能落实到具体产品的生产过程中，留下可追溯的记录。

表 4-6　发动机对外接口项目梳理分析及文件落实汇总表

产品图号	产品名称	接口部位及其要素	外观检查内容	尺寸、性能记录内容	多媒体记录	防护要求	检查时机	文件落实	记录落实	责任单位
×-×	电缆	插头尺寸及电性能	无损伤，插针无异常，标识正确	绝缘阻值；导通阻值；插头能够正常插拔	电缆总插头及每个分支外观各拍照 1 张	保护堵盖	电缆装配后	×对外接口控制工艺规程	对外接口控制记录表编号×	5 车间

4.6　特殊过程质量控制

4.6.1　概述

特殊过程是指过程的结果（产品）无法直接检测、不易或不能经济地检测是否满足要求的过程。

特殊过程通常包含特种工艺，发动机制造常见的特种工艺有：铸造、锻造、焊接、热处理、镀覆和化学处理、涂装、烧结、胶接、浸渍、灌胶、灌锡、电解加工、电火花加工等。特殊过程一旦出现问题，所涉及的就是成批或大量的产品。做好特殊过程的质量控制，可以在直观不易发现、不易或不能经济地测量产品内在质量情况下，达到有效控制产品质量，确保其可靠性的目的。

4.6.2　特殊过程识别原则及液体火箭发动机特殊过程项目

（1）特殊过程识别原则

凡符合下列条件之一的应识别为特殊过程：

1）过程的结果无法在后续的检验或试验过程中进行直接检测的过程；

2）过程的结果在后续的检验或试验过程中不易或不能经济地检测的过程。

产品在首次生产前，承制单位应对特殊过程进行识别，并进行相应的认可或评审确定特殊过程项目。

（2）液体火箭发动机特殊过程项目

液体火箭发动机特殊过程项目主要包括：

1）无法检验铸件质量的铸造过程；

2）无法检验锻件质量的锻造过程；

3）无法检验焊缝内部质量和气密性的焊接过程；

4）无法检验工件质量的热处理过程；

5）无法检验工件质量的表面处理过程；

6）无法检验工件尺寸的机械加工过程；

7）无法检验工件尺寸和表面质量的电加工过程；

8）无法检验工件尺寸的钣金加工过程；

9）无法检验质量的电装过程；

10）无法检验质量的装配过程。

特殊过程作业原则是先试验后生产。在保证质量要求的前提下，允许部分试验和生产项目并行或交叉实施。

4.6.3　特殊过程质量控制要点及要求

4.6.3.1　工艺控制

（1）工艺方案设计及试验验证

特种工艺方案设计应充分考虑方案的可靠性，优先采用经过生产应用验证的成熟工艺。新工艺、新材料、新工装、新设备、新检测控制方法和生产中使用的计算机软件程序，采用前必须以工艺试验的形式进行试验验证，凡是涉及需用旁证方法对特殊过程进行验证的，应按工艺文件要求对旁证试样进行控制和检验，确保旁证试样与验证产品工艺状态的一致性。验证结果经批准后方可实施。

（2）工艺文件控制

①工艺文件编制

按照可操作、可检查、可量化、可重复的原则，特殊过程工艺文件应明确影响产品质量特性的工艺参数，并规定工艺参数的控制方法、过程操作要点及操作时工艺参数记录、现场检（监）测的要求。特种工艺文件编制在满足有关基本要求的基础上，应根据具体情况明确以下相关内容：

1）工艺参数和环境参数及其控制方法，使用的仪器仪表及其精度要求；

2）工艺参数和环境参数（如温度、湿度等）的记录要求和载体；

3）相关原材料和辅助材料的规格、等级等技术要求；

4）相关工作介质（如槽液、加热和冷却介质、涂料等）的指标要求、调整控制方法及检查和更换的期限；

5）产品实物的标识（如批序号、印记等）方法、部位和内容；

6）使用工装、剖切件和标准实样检查检验产品时，应在文件中注明；

7）产品需达到的内在质量特性要求（如性能指标、参数要求等）。

②工艺文件使用

特殊过程生产中使用的工艺文件应为经评审确认的完整有效工艺文件。

4.6.3.2　人员控制

从事特殊过程的操作者及检验人员应满足工艺文件对人员的要求。当特殊过程的结果依靠操作人员技能保证或依靠操作人员做出判断的，应对操作人员进行资格鉴定或定期考核。操作者应及时、正确、清晰地填写相关的原始记录。检验人员应对整个生产过程进行监督检查，对工艺参数保证的环节实施工序检验；产品验收时，应按工艺文件要求对生产过程原始记录进行检查，确保特殊过程全过程受控。

4.6.3.3　设备控制

特殊过程生产中产品质量需用设备、工具或工装等进行保证时，所使用的设备、工具或工装应经过试验验证，并按要求定期进行校验、检测和维护保养。

特殊过程生产中涉及依靠设备程序保证时，应对生产、检验、测量和试验设备的程序或程序版本的有效性进行确认，使其技术参数、测量准确度、使用状态满足工艺和检测要求。

4.6.3.4 原材料控制

特殊过程中使用的原材料或影响产品性能的主要辅助材料应符合有关工艺文件或技术条件的要求。对生产中涉及的影响产品性能的辅助材料按要求定期进行监视和测量，使其处于合格状态；生产中辅助材料发生更换时，使用前应通过分析检查，生产出的产品首件或首批应实施三检确认。现场检查发现定期分析不合格或超过检查期限的工作介质，应在醒目位置挂设"禁用"标牌。对起重要作用或对产品质量有重要影响的辅助材料，应将材料明细及其相关要求以书面形式申报理化部门，纳入复验管理。

4.6.3.5 环境控制

特殊过程生产中涉及环境的影响时，应对特殊过程生产环境进行控制。生产现场温度、相对湿度、通风、采光、照明等应符合相关工艺要求。

4.6.3.6 特殊过程批次质量控制

产品批量较大或单件产品价值较大时，应结合生产特点对首批或首件产品进行三检确认，发现问题及时解决，防止批次质量问题的发生。

4.6.4 特殊过程确认与再确认

当特殊过程生产条件发生变化时，应对影响特殊过程的要素进行确认或再确认，符合要求后方可进行特殊过程的生产。对发现存在不符合生产要素、未满足特定的预期用途或应用要求的特殊过程，应进行改进，问题解决之前，不允许继续生产。

（1）特殊过程的确认与再确认内容

特殊过程的确认与再确认内容包括：工艺文件、人员能力、加工设备、工艺装备和标准实样、原材料和重要辅助材料、作业环境等要素。确认或再确认的内容填写在特种工艺过程确认记录表中（见表4-7）。

表 4-7 特种工艺过程确认记录表

确认 □ 再确认 □

单　　位			确认日期		年　　月　　日	
过程名称						
过程要素要求			确　认　结　果			
	名　称	编　号	技术状态变化情况	批准日期	验证文件编号	
工艺文件						

续表

人员能力	人员资格要求（技术等级、定期考核、培训、经验等）：	姓　名	资格证号	技术等级	有效期

加工设备	要求参数：	名称		型号		编号	
		鉴定记录编号					
		验证文件编号					
		是否满足要求					

工艺装备 标准实样	名　称	图　号	类别	是否完好	数量	检定周期	验证文件编号

检测设备	名　称	规　格	精度	是否完好	数量	检定周期	验证文件编号

原材料 重要辅材	名称及牌号、规格	执行标准	实物牌号、规格	质量凭证号	验证文件编号

作业环境	指标名称	要求范围	保证设施	监测仪表型号	验证文件编号

确认结论	（要素是否满足某文件或某标准的要求）

（注：过程要素的内容较多时，可增加表格的行数或页数。）

填表人：　　　　　　　　审核：　　　　　　　　批准：

（2）特殊过程确认条件

有下列情况之一时，特种工艺承制单位应对特殊过程进行确认：

1）涉及新技术、新材料、新设备、新工艺，以及大型复杂工装应用的产品零、部、组件首次进行生产时；

2）特种工艺过程中包含关键工序的产品零、部、组件首次进行生产时；

3）因工艺布局调整或生产线迁移，引起了重要设备移位或产品在设备间的流转方式发生变化，以及环境条件变化，首次进行生产时；

4）其他单位研制的定型产品，其特种工艺过程转入本单位首次生产时。

（3）特殊过程再确认条件

有下列情况之一时，特种工艺承制单位应对特殊过程进行再确认：

1）当与产品质量相关的人员、设备（含大修）、材料和重要辅助材料、作业和检测方法、环境条件中某一要素发生变化时；

2）影响产品质量的重要工艺设备停用半年以上，重新启用时。

4.7 关键件、重要件及关键工序的质量控制

4.7.1 概述

关键特性指如果达不到设计要求或发生故障，将导致型号任务失败或对人身、财产安全造成严重危害的特性。具有关键特性的单元件为关键件，关键件可以同时包含关键特性和一般特性。

重要特性指如果达不到要求或发生故障，将导致发动机不能完成预定的使命，但不会引起型号任务失败。具有重要特性，但不具有关键特性的单元件为重要件，重要件可以同时包含重要特性和一般特性。

特性分类是指对产品的性能参数和其他要求进行功能、互换、寿命、安全等特性分析后，根据重要程度确定其类别的过程。特性分为关键特性、重要特性和一般特性 3 类，产品按所包含的特性相应称为关键件、重要件和一般件。

航天产品研制生产过程中，设计单位对产品进行特性分析后提出关键特性、重要特性及其相应的关键件、重要件，并在产品的图样和技术文件中标识出来。企业按设计文件要求将关键件和重要件进行工艺性审查，编制工艺文件时提出关键工序，确认关键工序明细表和三定表（定工序、定设备、定人员）并落实生产，同时做好生产过程记录和归档工作。关键件、重要件和关键工序的控制由工艺部门归口负责，各承制单位负责实施。

有效地识别产品关键、重要特性，重点控制并满足关键、重要特性的要求，是提高航天产品质量和可靠性的重要途径。

4.7.2 关键工序的确立和管理

4.7.2.1 关键工序的确立

关键工序指对产品特性的形成起决定性作用、需要严格控制的生产工序。

关键特性和重要特性一般均设置关键工序，企业通过控制关键工序来达到控制关键件（关键特性）和重要件（重要特性）的目的。具有下列要求或特点之一的工序可以确定为关键工序，其确定原则如下：

1）设计文件规定的某些关键特性、重要特性所形成的工序；

2）在产品生产中加工难度大、重复故障多、质量不稳定的工序；

3）原材料稀缺昂贵、加工费用高，出废品后经济损失大的工序；

4）关键或重要的外协件、外购件、原材料的入厂验收工序；

5）加工周期长，出废品后对生产周期影响大的工序；

6）组装后不能分解或不能做重复检查的工序；

7）靠工艺方法保证、加工过程中或加工后无法检测，只能靠最终产品试验验证的工序；

8）影响产品质量因素多的特种工艺加工工序；

9）对下道工序或装配、调试有重大影响的工序；

10）重要的试验、测试和典型试验工序；

11）有防止多余物要求的工序；

12）采用新技术、新工艺、新材料的重要工序；

13）工艺协调复杂或与厂外有协调关系的工序。

4.7.2.2 关键工序的管理

1）参与关键工序的操作、检验和测试人员应通过考核并持证上岗。有特殊需要（如事后不可检查）的生产、测试和试验岗位应实行双岗制。

2）用于关键工序的设备、工装、计量器具等应符合下列要求：只允许使用三定表中的设备，设备的规格、精度、功能必须满足产品加工的需要；大型、精密、数控的设备安装调试合格后，必须经过试加工检查确认；新制或返修的工装必须经过使用确认；计量器具和用于测量的工装应进行定期校准或鉴定，有准用或合格标识；标准实样应进行鉴定，使用前还应检查其状态。

3）投入关键工序的各种外购件和外购原材料应符合下列要求：关键件和重要件所用材料和重要辅助材料均应在合格供应单位中择优采购，发放前经过入厂复验、检验或筛选，有合格证明并有质量可追溯性；关键件和重要件的原材料代用必须按规定办理代料单；当原材料本身是关键特性时，代用还应通过充分的试验验证，验证结果应经质量部门会签同意，并经设计单位批准；当关键件、重要件所用原材料被定为关键或重要特性时，应按有关外购器材控制程序严格控制；定点供应单位改变时，首批原材料还应通过试验验证，验证结果应经设计单位和质量部门的认可。

4）转入关键工序的各种毛坯、半成品、零部件和外协件必须有检验（或复验、筛选）合格的证明，并有质量可追溯性。

5）关键工序的环境控制应符合下列要求：工作场地的环境条件应符合工艺文件和文明生产的规定；具有关键工序的产品应重点进行防护，存放和周转用的专用工位、器具应有醒目的标识；有多余物控制要求的关键工序，应执行产品多余物控制的规定。

6）关键件、重要件和关键工序的不合格品审理严格按不合格品控制程序执行。产品的关键特性和重要特性不允许办理质疑单和代料单。

4.7.3 关键件、重要件和关键工序的控制程序

4.7.3.1 关键件和重要件设计文件的工艺性审查

审查设计文件的工艺性时，应当首先检查设计单位是否提供了关键件和重要件汇总

表，并核对表中的单元件与有关图样、技术条件、明细表和配套表是否一致，关键特性和重要特性的标注是否明确，是否提供了相关特性的设计技术要求分析文件。参与工艺性审查的有关单位除对设计文件常规审查外，还应重点审查关键特性和重要特性设计的可行性和必要性，以及对产品标识的要求是否明确。

4.7.3.2　关键件和重要件工艺文件的编制

关键件和重要件的工艺方案设计应重点考虑用于关键特性和重要特性生产的工艺方法是否成熟，操作人员技术水平和设备条件是否能满足需要。必要时应提出工艺试验进行验证，并将对特性要求有重要影响的辅助材料明细及其相关要求以书面形式申报计量部门和物资部门，纳入入厂复验管理。

工艺文件编制在满足有关基本要求的基础上，应明确下列内容：

1）对有关文件、工序和特性要求进行完整和正确的标识，并与设计文件和工艺部门补充的关键工序要求相符。

2）关键工序的工作内容要细化到工步，有明确的控制点、控制内容及其内控指标参数、步骤和方法等要求，需要用图表控制的项目应绘制相应的图表。

3）加工、测量和控制特性参数所使用的计量装置和设备的名称、型号、规格及其精度要求。

4）根据特性保证的需要采用的专用工装。

5）相关原材料和辅助材料的规格、等级等技术要求。

6）相关工作介质的指标要求、调整控制方法以及检查和更换的期限。

7）需要控制的工作环境以及对有关环境参数的具体控制要求。

8）特性参数应明确规定检测方法、手段。

9）其他需要记录的工艺参数和环境参数的内容、记录要求和载体。

10）落实设计规定的产品实物批序号的标识方法，以及无法标识产品实物的可追溯措施。

11）必要时还应编制关键工序作业指导书。

编制工艺文件时，承制单位还应填写关键工序三定表（见表4-8）和关键工序明细表（见表4-9），经有关单位签署和质量部门会签后交工艺部门汇总。

表 4-8　关键工序三定表

×× 厂 车间（处）		关键工序三定表			产品型号	产品代号	文件编号
序号	零、部、组（整）件		关键工序		人　员			设　备		
	代号	名称	序号	名称	姓名	工种	资格	名称	型号	编号
				编制		质量处				阶段标记

续表

				校 对	人教处				
				审 核					
更改标记	更改单号	签 名	日 期	工 艺	批 准			共　页	

表 4-9　关键工序明细表

会　签	××厂		关键工序明细表		产品系统代号	产品代号	产品名称	工艺文件编号
	工艺部门							
序号	零、部、组（整）件		单位	工序号	工序名称	控制内容	内控指标	备注
	代号	名称						
描　图			编制				阶 段 标 记	
			校对					
描　校			审核					
	更改标记	更改单号	签名	标检			共　页	第　页

4.7.3.3　工艺文件的评审和批准下发

工艺文件应上交工艺部门评审，并按评审意见和建议进行修改。工艺部门根据需要确定关键工序工艺文件的评审级别和评审方法。

工艺部门按发动机或型号汇总关键工序明细表和关键工序三定表，经批准后下发有关单位。

4.7.3.4　实施生产

关键工序生产前应按要求进行全面的生产准备条件检查和确认。

生产中应对关键特性、重要特性的实测值进行全数检验并记录实测值，填写在关键工序质量特性记录表（见表 4-10）中。允许承制单位根据产品实际需要，在关键工序质量特性记录表的基础上绘制关键工序质量特性记录专用表格，但使用前必须经工艺部门、质量部门审查同意，并在质量部门编号备案。

表 4-10　关键工序质量特性记录表

填表单位：					车间（处）		
零部组件图号			加工设备名称		关键工序质量 特性记录表		
零部组件名称			加工设备编号				
工序号			工序名称				
产品 序号	质量特性 （要求值）	质量特性 （实测值）	操作者 签名	质量特性 （实测值）	检验员 签名	备注
					车间领导：	

关键工序生产时，操作者应严格按工艺文件要求操作，对加工的产品进行自控、自检和自分（标识不合格品），并执行首件三检。还应按规定及时准确地填写原始记录并签字留名，发现异常及时报告有关人员处理，保证关键工序处于受控状态。

检验人员应严格执行质量检验程序，在做好关键工序现场检验监督和及时隔离不合格品的基础上，按工艺文件要求对关键工序控制的特性参数进行检验、记录实测数值并签字留名。

产品放行前，检验人员应仔细核对有关记录是否填写完整、标识是否清楚、与产品是否相符，确认无误后方可开合格证，对产品放行。放行产品的有关记录由检验人员及时整理、归档保存。

关键件、重要件和关键工序的控制流程具体如图 4 - 16 所示。

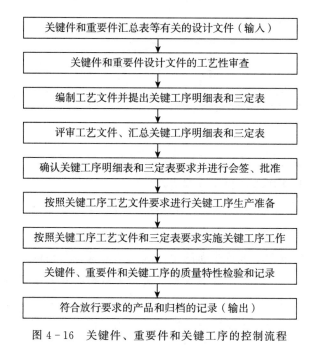

图 4 - 16　关键件、重要件和关键工序的控制流程

4.7.4　关键件、重要件和关键工序的管理要求

1) 关键工序的确定、增加、撤消应与设计文件相协调，经主管领导批准，由工艺部门负责管理和落实，并经质量部门认可。

2) 关键件、重要件和具有关键工序的产品，生产计划部门应严格按生产批次管理程序实施管理。

3) 执行关键工序的产品，应进行首件鉴定。

4) 关键工序不得安排到企业外协作，在企业内也不准任意变动加工单位。确需变动企业内加工单位时，由工艺部门发工艺通知，并组织对关键工序明细表、关键工序三定表和相关工艺文件进行更改，变动加工单位后加工的首件产品应通过鉴定。

5）关键工序的文件管理：关键工序的工艺文件编制、签署、评审和更改应分别符合相应的技术管理基本规定，用于关键工序的质量跟踪卡应加盖标识关键工序的印章。

6）设置关键工序控制点：控制点为保证工序处于受控状态，在一定的时间和条件下，针对产品制造工序中有关质量特性、关键部位、薄弱环节等因素设置重点控制工步。对过程参数和产品关键或重要特性进行有效的监视和控制。

4.8　不合格品控制

4.8.1　概述

不合格品指任何具有一个或一个以上不符合合同、图纸、标准、样件、技术条件或其他技术文件规定所要求特性的产品。企业应确保不符合要求的产品得到识别和控制，以防止其非预期的使用或交付。企业应编制形成文件的程序，以规定不合格品控制以及不合格品处置的有关职责和权限。不合格品控制程序应明确不合格品的隔离、标识、记录、审理和处置要求。

4.8.2　不合格品审理原则

1）坚持质量第一的原则，确保产品质量安全可靠。

2）坚持一次有效的原则，对不合格品做出原样超差使用的结论，不能作为今后检验产品的依据。

3）坚持三不放过（原因查不清不放过，责任不明确不放过，措施不落实不放过）的处理原则，防止质量问题的重复发生。

4.8.3　不合格品标识、隔离

产品加工后，检验人员对产品判定为不合格品时，应按规定对不合格品进行标记（不允许损伤产品），以区别于其他合格的产品，并记录不合格内容。

经标识的不合格品应按规定隔离存放，以防止其非预期的使用。

4.8.4　不合格品审理

4.8.4.1　不合格品审理程序

1）发现不合格品，工序检验人员将质量问题填写在质量跟踪卡上的质量问题记录栏内，成品检验人员和库房检验人员将质量问题填写到"拒收单"上，提交工艺部门处理。

2）对生产过程中出现异常现象不能准确判定合格与否，或存在遗留问题时，检验人员应主动与工艺人员或前道检验人员联系，共同分析、确认或处理。当意见有分歧时，应与质量部门技术人员一起分析判断，当确认为不合格时，按规定程序进行处理。

3）承制单位工艺部门接到不合格品的质量跟踪卡或拒收单后，根据质量问题的性质和轻重程度做出处理：

a）分析不合格品产生的原因，查清责任者。对需采取纠正预防措施的，应提出纠正、预防措施，报单位领导批准后实施。

b）将不合格品处理意见填写在相应的跟踪卡、拒收单规定的栏内。工艺员对产品的处理意见应明确，在哪一道工序进行处理或明确采取的处理途径、方法、措施。

c）对属于工艺性超差的质量问题和可返工、返修的不合格品签署明确处理意见。

d）对超出设计要求的不合格品允许让步使用的办理质疑单，质疑单格式见表4-11。质疑单是生产过程中所产生的不合格品超差使用和原材料代用的原始依据和凭证，其填写内容必须准确、清晰、处理意见明确、签署完整。当超差使用影响下一使用单位时，质疑单应经使用单位会签。对重大质量技术问题和跨车间协调的技术问题需经工艺部门会签。如果质疑单设计批示意见为地面件，承办单位必须报生产部门确认会签后，方可编号下发。

表 4-11　质疑单

密别	产品代号		质　疑　单		编号		
	代号				共　页		第　页
提出单位	阶段标记	发往单位					
会　签	质疑内容：						
会　签	原因			措施			
	承办人		负责人		检验		
	质量处长		总工程师		顾客代表		
	处理结果：				顾客代表意见：		
	有效期限：						
	设计		校对		审核		批准

e）应通知检验人员为报废的产品开具"废品通知单"。

f）若责任单位不明确，或由于综合因素造成的不合格品应提交工艺主管部门裁定，质量部门等单位需参加。

g）经分析属于前道加工（或订货）单位的责任，应主动与责任单位或订货单位取得联系，在意见一致的基础上，由前道加工（或订货）单位进行原因分析和制定纠正措施。

h）经审理的不合格品涉及下道工序加工单位时，须经下道工序加工单位的工艺人员会签，并在产品和跟踪卡或合格证上做出标识。

i) 对构成质量事故的按 QJA10 要求完成质量问题归零。

4) 工艺主管部门收到不合格品方面的反馈信息后，应及时调查研究，组织承制单位进行分析、协调和处理工作。

5) 不合格品审理人员在审理文件上签署处理意见时，必须做出返工、返修、报废或原样使用等明确结论，并对结论的正确性负责。审理人员签署处理意见时，不仅要从技术管理上严格把关，还应保证原因分析的正确性、纠正措施的有效性以及审理文件填写的完整性。

6) 检验人员接到有明确处理结论的审理文件（质量跟踪卡，拒收单，质疑单，技术问题处理单）后，认定文件填写完整，处理程序符合要求，即按工艺、设计人员处理意见执行。

4.8.4.2　不合格品审理文件的归档

签署完整的不合格品审理文件，随产品质量档案在单位档案部门归档、保存，保存期限不低于产品寿命周期。

4.8.5　不合格品处置

4.8.5.1　返工返修品的处置

1) 不合格品进行返工或返修处理时，责任单位办理相应的手续后，方可进行返工、返修：

a) 当对不合格品进行返工时，可按原工艺规程进行；

b) 当对不合格品进行返修时，根据产品重要和复杂程度编写临时返修工艺卡片或返修工艺规程，作为加工和检验依据。返修后达到设计人员让步使用要求的产品按不合格品处理程序办理质疑单，达不到设计人员让步使用要求的产品作报废处理。返修工艺文件执行后归质量部门收存。

2) 不合格品的返工、返修涉及两个或两个以上单位时，由发现单位主管工艺人员负责协调解决。

3) 产品返工后，检验人员必须按原检验依据重新检验。合格的产品办理合格手续，仍不合格的产品按不合格品处理程序办理。

4) 检验人员将返工、返修结果填写在相应的质量跟踪卡，拒收单，返工、返修工艺卡片或合格证上，并签署完整。

5) 产品经验收代表验收合格交付后，在承制单位外发现不合格品时，若产品需返回承制单位进行返修，发现单位应填写产品返修检查确认表，对出现的问题进行记录，并由发现车间验收代表认可后，产品方能返回承制单位。承制单位进行返修工作时，应编制返修工艺卡片，返修工作需征得验收代表的同意。产品返修合格后，也需填写产品返修检查确认表，并由验收代表签字确认后，产品方能交付使用。产品返修检查确认表随产品一同流转，由质量部门归档。

4.8.5.2　原样超差使用品的处置

1) 原样超差使用品的处理文件是质疑单。原样超差使用处理权在设计人员或验收代表手中。

2) 检验人员接到处理文件时，应审验签署是否完整、处理结论是否明确，如果不符合要求，检验人员有权拒绝盖章或开具质量证明文件。

3) 检验人员对审理决定的原样超差使用品办理相应的流转手续或开具质量证明文件，但应做到：

a) 超差品应具有区别于合格品的标识（如产品序号、印记、标签等），应单独捆扎、包装、运输和存放，单独开具合格证，并在单开的合格证或其他流转文件上填写处理单号和处理结论；

b) 对零件状态处理结论"同意使用"的超差品，在单开的合格证上，还应加盖"超差代用"红色印章；

c) 对处理结论为"地面使用"的超差品，应开具红色纸质证明书。

4) 各单位在收发、运输和保管产品的过程中，必须将超差品与合格品分开，不得混淆。

4.8.5.3　废品处置

(1) 废品的审理

1) 废品责任确定明确，承制单位可直接判定产品报废；

2) 若废品责任确定有争议，发现问题所在单位提交相关部门人员仲裁，确定责任后，按规定办理废品手续；

3) 若仍无法仲裁责任单位或仲裁后有争议的废品提交不合格品审理委员会审理，审理结论明确后，按规定办理废品手续。

(2) 开具废品通知单

对于确定报废的产品均应开具四联废品通知单，在第一联背面填写产生废品的原因并签名（必要时可作简要说明），检验人员要将填好的废品通知单交废品责任者，责任者要签署完整。第一联交质量部门，第二联由责任单位自存，第三联作为补领原材料的凭证，第四联由责任单位报生产计划部门。

废品的损失价值必须进行全废品统计，即从原材料到报废工序为止的全部损失价值，财务处应对车间会计计算的废品损失进行复核。丢失的产品按废品处理，责任单位要查明原因和责任。

(3) 废品标记及隔离

办理完报废手续后，检验人员必须对废品采用破坏性或非破坏性方式明显地予以标记并加以隔离或封存。检验人员将报废处理结果记录在跟踪卡相应工序的处理结果栏内，并盖章确认。废品手续必须及时办理，否则检验人员有权停止对该批产品（或工序）的验收。

4.8.5.4　交付后不合格品的处理

在产品交付顾客之后或者产品使用过程中，接到产品不合格的质量反馈信息后，信息接收单位应及时向企业领导及有关部门反馈，由生产计划部门组织责任单位、质量部门、工艺部门等组成的处置小组进行故障排除工作，在征得验收代表同意后，按不合格品处理文件要求，根据不合格品已造成的影响或可能会造成的影响程度，制定处置措施，对产品进行现场返工、返修或产品返回处理。工作完成后应将处理结果告知顾客或验收代表，需要质量归零的，按要求完成质量问题归零工作。产品处置过程中形成的所有的质量记录必须完整、齐全，质量记录的填写必须真实、准确。在产品规定的所有工作完成后，对质量记录应及时整理，并归档在产品原生产过程形成的档案中。

4.9　多余物控制

4.9.1　概述

多余物是液体火箭发动机最大的质量隐患，一般情况下多余物所导致的磨、卡、堵、漏等会影响液体火箭发动机正常工作，严重时将导致液体火箭发动机完全失效，进而导致星、箭、器、船等不能正常工作或飞行失败。因此按照预防为主，严格过程和全员全过程全要素控制原则，结合液体火箭发动机结构特点和生产制造流程，落实"防、控、检、除、记"要求，将多余物预防与控制工作贯穿于发动机工艺设计、生产、装配、试验、运输、贮存及交付等全过程，作为液体火箭发动机研制生产重要的质量控制工作之一。

4.9.2　液体火箭发动机常见多余物

液体火箭发动机多余物的种类是多种多样的，常见的是金属、非金属和生物化学多余物（虫、生物粪便等）、有害的腐蚀性气体及其他外部侵入或自身化学反应产生的与规定状态无关的物质等，具体分类见表 4 - 12。

表 4 - 12　液体火箭发动机多余物分类

序号	类别	主要表现形式
1	金属多余物	主要有脱落的标准件、加工金属屑、毛刺、打冲点时崩裂的金属碎块、遗忘的装配工具、钢丝头、铅封块、铝封块、弹簧垫圈碎块、工具碎块、保险丝头、焊接飞溅、焊渣、焊漏、焊瘤、工艺件、导线头、铆钉头、材料杂质、多余的零组件（平垫圈、弹垫、螺钉、螺母、保护帽、开口销、调整垫片等）、零件表面涂覆层的氧化锈蚀、蜕皮、地面工装磨损颗粒、锈蚀或腐蚀产生物，以及相对运动的组件多次运动后造成的磨屑等
2	非金属多余物	主要包括制造、装配使用的非金属（如冷却液、磨料、油膏、胶液、橡胶密封件的飞边和夹杂物、纱布条、稠布块、无碱布、无碱带、胶带、镀铝膜、涤纶网、硅橡胶布、清洗液残留物、清洗用棉纱或棉球、泡沫、肥皂液、衬带、阻燃布、涤纶网、锦纶丝头、电缆线头、塑料块、腻子、环氧树脂皮、橡胶皮、胶木碎块、仿羊皮纸屑、防热涂层及包覆材料等）、非金属纤维物、漆皮、塑料皮、密封圈及其胶料的脱落或脱粘、超过规定的尘埃、胶类及胶类固化后的碎渣、非金属密封件切边等

序号	类别	主要表现形式
3	其他多余物	主要包括生物化学多余物（虫、生物粪便等）、有害的腐蚀性气体及其他外部侵入或自身化学反应产生的与规定状态无关的物质等。包括生物粪便、灰尘、头皮屑、材料碎屑、毛发、耳环、戒指、指甲屑、发卡、纽扣、小刀、硬币、钥匙、昆虫（蚊、蝇等）、鞋带、打火机、手套、口罩、钢笔、铅笔、橡皮、火柴、老鼠、鸟类、瓜子壳、锈蚀、人体汗渍及有害气体等

4.9.3　多余物控制技术要求

4.9.3.1　工艺性审查和工艺设计

工艺人员在对设计文件进行工艺性审查时应重点关注设计文件中有无多余物的预防和控制措施。对不易控制毛刺或产生毛刺后不容易检查和排除的死角、尖角、窄缝、深细孔等产品结构，会签图纸时向设计提出改进意见，充分应用棱角效应，改变零件形状，使毛刺不产生、少产生或把产生毛刺的部位放到不影响使用或易去除的部位。

工艺人员在工艺设计时应对零组件加工、检测、产品装配及试验过程等明确多余物的预防和控制要求，如多余物控制的检查点、检测方法、检测手段、工具、保护要求及多余物的排除方法，检测和排除方法、工具应根据多余物的大小、易检查和排除程度制定。生产过程中选用的工装、保护件和辅助材料等，自身不产生多余物，并应与产品材料相容。工艺文件在校对、审核、批准时应把多余物的预防和控制作为重点审查内容，对产品的生产环境提出要求，在检查试验和检验过程不能带入多余物。

4.9.3.2　零组件加工

零组件的生产应按设计、工艺和质量控制文件要求进行，遵守控制多余物的具体规定，零组件每道工序加工完毕后都应做清洁处理，清除金属屑、焊锡、碎屑、毛刺、油泥、焊接飞溅和冷却液油污等。机械加工的零件应去毛刺，图纸没有特殊要求时应打钝边处理，尤其是相对运动配合的零件，如轴、阀芯等要避免锐边、毛刺，以免划伤其他零件或毛刺脱落产生多余物，对深孔、细孔、盲孔或结构复杂、相贯、相交部位均借助灯光进行检查，必要时借助放大镜、内窥镜、显微镜检查，对相交部位毛刺或翻边手工排除不掉的，可采用热能去毛刺等加工方法去除。对于部分结构复杂，存在已加工好的不易清理多余物的深细孔或盲孔结构，在进行后续加工时可采用保护措施（灌封易清除保护物或特制工装保护），待零件加工完将被加工部位清理干净后再去除保护。

4.9.3.3　装配

严格按产品配套表进行定额配套、发放。发放零件时配套员与检验、领用者（双岗）当面检查外观质量、种类、数量，履行逐项交接签字手续，发现问题及时提出，装配中从产品上更换下来的零、部、组件，操作者应提交工艺及检验人员确认处理。对于试用件（含工艺备件）、临时保护件要履行借用手续，程序与零件发放相同，回收时要仔细检查外观质量及铅封是否完好。

工具、量具、辅助器材和工艺装备使用前后由操作者和检验员共同清点确认，并用专用表格记录确认结果。各种进入产品内腔的工装、量具、仪器设备使用前后应对完好性及洁净度进行检查，确认工装上的紧固件完整无松动、脱落丢失情况，若发现有脱落丢失情况应及时报告。消耗品应有专人保管、登记发放、以废换新、班后清点，生产和装配中使用的保险丝头、砂布条、白胶布条线头、铅封等辅助消耗器材，使用后由检验人员确认并及时放入废品箱中。

零组件在装配前要目视检查，产品内外表面应无锈斑、油膜、污垢、非挥发性残留物、颗粒物、棉质纤维和塑料丝毛等多余物，各装配接口的密封部位不允许有毛刺、锈蚀等，螺纹应清洁、无乱扣、无毛刺，对不符合要求的处理合格后方可装配使用。

装配过程控制要求如下：

1）装配时，应防止涂在螺纹表面、外套螺母与球形接头凸肩接触处、密封面上等部位的润滑脂落入发动机及其零、部、组件的内腔；

2）各组件在装配前拆下或从发动机分解下来的保护件、紧固件等应立即远离发动机，经装配者、检验人员对数量和状态确认，封存、标识后返回库房处理；

3）发动机导管锉修及装配过程中，应防止多余物进入发动机内腔，如锉修导管时用工艺件或内腔粘胶布保护，防止锉修过程中铁屑进入产品内腔，导管装前清洗吹干后，用内窥镜检查无多余物后方可安装；

4）装配过程中的敞口部位，应处于操作者及检验人员的监控之下，离开现场（包括工作告一段落后）时应立即实施封堵，必要时打保险铅封；

5）零件返修、导管锉修应在指定地点进行，并远离装配产品。产品返工、返修过程应根据产品质量要求制定产品返工、返修过程中多余物的控制措施；

6）若导管出现焊接缺陷无法排除需更换导管时，将发动机放在滚动装置上，使要锯切的导管锯口朝下，导管锯切后对待焊处进行保护处理；

7）装配过程严禁汗手接触产品或汗水滴入产品。

发动机装配完成后将发动机吊至滚动区内进行水平滚动检查，通过是否有异常声音确认工作内腔有无可移动多余物。

发动机交付前总检，应确认各对外接口、敞口处的密封面、滤网、螺纹应清洁、完好无损，确认保护帽或堵头清洗吹干后方可安装，保护件及铅封应齐全。

4.9.3.4 试验

试验前后确认测试设备上的各种管路、堵盖（头）、压力表、过滤器等已除油、擦净、吹干，无油污、浮锈或其他异物；所用的各类密封圈（垫）无缺损、非金属老化等现象。

试验所用的气体、液体等试验介质应符合专用技术条件规定的纯度、露点、洁净度等指标。每路试验介质进产品内腔前应经过精度满足技术文件要求的过滤器。试验管路在与产品对接前，应对管路系统吹除干净，并在管路出口检查所含油污及杂质，满足要求后才可使用。

产品试验后应在无敞口情况下先清除干净残留在产品上的检查液及其他多余物（如氦检包覆物）后，方能打开各接口对产品内腔进行检查，合格后及时用干净的堵头（帽）封堵。

4.9.3.5　标识防护及贮存

产品标识应尽可能采用激光打标、钢印、铅封印、电刻等直接标记法。对间接标记用的标签（如临时的纸质标识、胶布标识等）、标牌、塑料套等需系挂或粘贴牢固，在生产过程中应与产品同步流转，并作为产品交接的内容，流转时应注意保护标识不得丢失和脱落。

产品运输、贮存时所有对外接口、敞口均应安装洁净的保护件（保护盖板、堵头、堵帽等），有真空封存要求的抽真空封存。产品周转运输装箱前确认运输箱内无多余物，应能够防尘沙、防雨雪。

4.9.3.6　产品交接

产品交接时多余物的检查应作为必要交接检查项目，接收方应制定相应的多余物预防和检验要求，复杂产品的检验内容和要求应表格化，在确认好接收产品质量的情况下，同时应防止接收过程导致多余物侵入。交接过程中接收方应首先确认交付方产品堵头、堵盖等保护件、紧固件、保险、铅封是否齐全，确认产品周转过程受控，并对保护件及所用的紧固件、保险、铅封的数量进行清点确认，其次对后续工序中使用的接口均应打开检查，确认接口和内腔质量情况，必要时借助内窥镜等辅助工具检查，确保无多余物。

4.9.4　多余物控制管理要求

4.9.4.1　生产装配环境

组件及发动机装配、测试、分解厂房洁净度符合设计文件要求，对重要组件及发动机总装装配厂房建立隔离区，控制进出人员，并安装视频监控录像系统，为出现多余物事故提供可追溯性依据。

装配现场要保持清洁整齐，只能放置待装产品及相关的工作台、架、装配用的设备、工具，试验设备、工作台、工具柜、工装等物品应实施定置和形迹化管理。装配现场应设有专用受控的废品箱，废品箱专箱专用，组件及发动机开装前应检查确认废品箱已清理干净并加铅封，每发或每批产品装配结束后，确认无丢失产品或辅材等异常情况发生方可清理废品箱。进入装配现场的工作人员应按规定穿戴好无纽扣、无口袋的洁净工作服、工作帽、工作鞋等，不准携带无关物品进入装配现场。

4.9.4.2　多余物的处理要求

对有多余物的产品和怀疑有多余物的产品应进行隔离、标识和记录，并应保存多余物检查情况的记录，必要时进行多媒体记录。当发生多余物事故时，承制单位应立刻停止该区域正在进行的工作，并着手调查多余物的数量、种类，分析产生的原因及损害程度，以便有针对性地采取措施，防止再次发生。

发动机装配现场一旦丢失零件、工具等，应立即停止有关装配工作，查找丢失物品，直至该物品被找到或有确凿的证据证明未进入发动机内腔，装配现场有视频监控系统的可调用录像进行辅助分析、确认，否则，发动机应分解检查重新装配。对发现或怀疑内腔有多余物的产品，应控制现场，保持状态，及时上报相关部门确认后处理。

发生多余物事故，一方面制定好排查多余物的方案，另一方面对多余物的来源，可能产生的环节，后续产品如何控制制定好方案。涉及批次性和共性问题时，必须进行举一反三，已交付产品也需追回处理。对影响重大的多余物事故的记载、分析、处理资料要清晰完整，并及时归档。

4.9.5　一般常用的多余物检查排除方法

（1）看

目视产品外观质量，有无锈蚀、油污、灰尘等，产品内腔可借助灯光、镜子、放大镜、显微镜、内窥镜等查看。

（2）听

用于目视检查和借助内窥镜等手段检查不到的内腔，在室内很静的情况下，用手或在转动装置上晃动或转动产品，听有无多余物响声的方法，必要时可辅以橡皮榔头或橡皮条在产品上适当敲打后再转动听声，如推力室、涡轮泵、机架和发动机的滚动检查。

（3）洗

主要通过反复晃动的清洗和超声波清洗，检查清洗后的清洗液的洁净度从而判定有无多余物的方法。

（4）吹/吸

非封闭通腔中在高压气流冲击下易脱落的多余物，可用洁净气体吹除或吸尘器吸除。对磁性材料可采用磁铁吸除。。

（5）透

主要用于目视检查和借助内窥镜等手段检查不到的细小内腔、管道内部的 X 光透视检查，如推力室铣槽通道堵塞情况检查等。

4.10　外包质量控制

4.10.1　概述

外包，是指企业整合利用其外部最优秀的专业化资源，从而达到降低成本、提高效率、充分发挥自身核心竞争力和增强企业对环境的应变能力而实施的一种管理运营模式。

在液体火箭发动机研制、生产、试验、交付环节的管理过程中，将大外包产品的概念又做了进一步延伸，即由委托方提供图纸，供方自备原材料和工艺规程并生产的零、部、组件称为外包产品；由委托方提供图纸、原材料和工艺规程，供方生产的零、部、组件称为外协产品，标准件称为外购产品。

对外协产品，根据委托方的实际情况，又分为以下 3 类：

1）固定外协项：指委托方无生产、试验能力，需长期在相对固定的供方协作的产品。其生产、试验质量依赖过程参数控制，仅靠最终检验发现其质量问题一般存在一定难度。一旦供方生产过程出现不受控，会严重影响发动机产品的总体质量和交付进度。

2）选择外协项：指委托方具备生产、试验能力，但因能力不足而需要进行对外协作的产品。分为零件选择外协项和工序选择外协项。该类产品外协均为机械加工，其质量问题下厂验收均能发现，不会出现供方不受控现象，不会直接影响到发动机产品的总体质量和交付进度。

3）临时外协项：指委托方设备临时故障或新研产品急需等临时特殊原因而需要进行对外协作的产品。该类产品外协品种、数量往往较小，质量问题一般可通过跟产或下厂验收杜绝。

4.10.2　供方的选择、评价和管理

4.10.2.1　供方的选择

以确保产品质量为首要条件选择供方，供方选用需遵循以下原则：1）优先选用本单位和航天型号各类产品优选目录和合格供方目录的供方；2）供方的选用应贯彻"先行业内后行业外、先本地区后外埠"的原则；3）优先选择具有武器装备科研生产资质、通过质量体系认证或专业技术优势的供方，同时综合考虑其技术能力、加工能力和管理能力；4）对技术难度高、产品质量风险大、经济价值高的外包、外协、外购产品，尽量选择一个以上供方，以有利于竞争和控制产品质量。

外包、外购产品供方的分类与原材料供方分类相同。根据供方资质、综合管理水平、技术特长及生产能力等综合因素，将外协产品供方划分为Ⅰ、Ⅱ、Ⅲ三类，分类原则按以下要求执行。

第Ⅰ类供方：具有武器装备科研生产许可证，质量管理体系通过第三方认证机构认证合格或获得国家秘密资格认证，具备专业技术优势，管理规范，过程受控，能满足外协项的质量、技术要求。第Ⅰ类供方可承接固定外协项、选择外协项和临时外协项。

第Ⅱ类供方：设有检验机构或配置能够独立行使职权的专职检验人员，过程受控，能满足外协项的质量、技术要求。第Ⅱ类供方可承接未定型的固定外协项、选择外协项和临时外协项。

第Ⅲ类供方：能满足外协项的质量、技术要求，设有独立行使职权、对产品是否符合要求做出正确结论的检验人员。第Ⅲ类供方可承接选择外协项中工序选择外协项和临时外协项。

4.10.2.2　供方的评价

委托方按年度对供方开展评价工作，主要评价供货质量、质量问题和影响、交付进度、产品价格、服务质量和质量改进，对合格供方进行分类、动态考核和绩效评价。

委托方对外协产品供方进行初评时，委托方由工艺、质量部门对其工艺能力、检验能力、质量保证能力进行考察检查后形成书面的评价报告及明确结论，对评价合格的供方明确类别。供方管理部门依据评价报告，对评价合格的外协产品供方形成供方评价表，报请审批，批准后将外协产品供方纳入《型号产品协作厂家名录》。在评价过程中，主要从供方的履约能力、工艺生产能力、产品质量和质量保证体系方面进行评价，供方质量保证能力调查表见表 4－13。

表 4－13　供方质量保证能力调查表

拟外协的产品或服务					
供方名称				企业性质	
地址		电话/传真		邮　编	
营业执照	注册号：		法人姓名		注册资金
经营范围					
单位概况	员工人数		管理人员		技术人员
	基础设施				
	主要产品				
质量认证情况	通过何种质量认证		认证机构	认证范围	通过日期
	主要产品				
近期是否有重大质量问题					
质量体系有无重大变化					
与提供产品有关的加工设备状况	设备名称		型号		运行情况
与提供产品有关的检测设备状况	名称		规格	精度	校准/鉴定情况
生产过程中采用的质量控制方法	人员上岗能力，是否有我单位人员现场监督、配合				
	最后的验收方式				
该单位产品质量情况（以往产品质量情况）					

在评价过程中，质量管理人员还要从原材料的控制、量具的控制、工艺加工过程（首件三检）、批次管理、不合格品的控制、产品是否存在转包等几方面对外协厂家的风险进行评估，对供方的质量保证能力进行完整的分析。最终，根据供方的规模、组织机构的完整性、体系健全程度，填写表 4-14 以确定供方类别。

表 4-14 供方质量保证能力评价

类别	评价内容	评价结果
I 类	1）是否具有完善的质量管理体系	
	2）是否具有健全的组织结构，职责分工明确	
	3）是否具有保证外协产品和技术要求的计量检测手段	
	4）是否具有标准化管理，资料管理	
	5）原始记录是否齐全，且产品质量是否具有可追溯性	
	6）是否能准确地传递各类质量信息	
II 类	1）是否具有检验机构	
	2）是否具有外协产品所要求的检测手段和设备	
	3）是否能按要求的质量证明文件正确传递有关质量信息	
III 类	1）是否具有能够独立行使职权的专职检验人员	
	2）对产品是否满足合同要求能给出正确结论，并开具合格证	
备注		

4.10.2.3 供方的管理

对合格供方定期进行复评（若在有效期内无协作任务，可延期复评，但应在下次协作前完成复评），复评的内容与初评时相同。当合格供方性质、组织形式等发生变化，或质量保证能力发生变化时应重新评价，依据评价结论及时对《合格供方名单》和《型号产品协作厂家名录》进行更新。

当供方提供的产品质量出现问题时，委托方要求供方及时进行处理并提供合格产品。当出现批次性质量问题或连续发生质量问题时，委托方应书面通知供方限期整改，供方不积极整改或整改后仍无法提供合格产品时，则取消其合格供方资格。

委托方每年应确定重点供方，制定质量管理体系第二方审核监督检查计划，并组织实施监督检查，重点应对产品质量不稳定的供方加强审核。

当外包、外购产品配套的供方超出《合格供方名单》范围，委托方应对新供方的企业性质、生产能力、产品价格、交货期等进行认定，认定通过后可进行试制，试制产品验收合格后，根据需要对其进行评价。

当委托方需与新的外协产品供方协作时，由新供方和委托方共同填写《试制供方确认及质量控制表》，见表 4-15，产品试制完成后，根据情况和协作需要可将协作供方列入《协作试制厂家名单》。

表 4 - 15　试制供方确认及质量控制表

<table>
<tr><td colspan="2">拟外协的产品项目</td><td></td><td></td><td></td><td></td><td></td></tr>
<tr><td rowspan="6">外协厂家信息</td><td colspan="2">试制厂家名称</td><td></td><td></td><td>企业性质</td><td></td></tr>
<tr><td>地址</td><td></td><td>电话</td><td></td><td>邮编</td><td></td></tr>
<tr><td>营业执照</td><td></td><td>法人姓名</td><td></td><td>注册资金</td><td></td></tr>
<tr><td colspan="2">经营范围</td><td></td><td></td><td></td><td></td></tr>
<tr><td rowspan="2">质量认证情况</td><td>通过何种质量认证</td><td colspan="2">认证机构</td><td>认证范围</td><td>通过日期</td></tr>
<tr><td></td><td colspan="2"></td><td></td><td></td></tr>
<tr><td rowspan="9">外协产品质量控制措施</td><td rowspan="3">与协作产品有关的加工设备状况</td><td>设备名称</td><td colspan="2">型号</td><td>运行情况</td><td>工艺人员确认</td></tr>
<tr><td></td><td colspan="2"></td><td></td><td></td></tr>
<tr><td></td><td colspan="2"></td><td></td><td></td></tr>
<tr><td rowspan="3">与提供产品有关的检测设备或量具状况</td><td colspan="2">名称</td><td></td><td>是否在有效期内</td><td>质量人员确认</td></tr>
<tr><td colspan="2"></td><td></td><td></td><td></td></tr>
<tr><td colspan="2"></td><td></td><td></td><td></td></tr>
<tr><td rowspan="2">人员、文件、记录在生产过程中控制状况</td><td>人员上岗能力</td><td colspan="2">文件、记录管理</td><td colspan="2">工艺和检验现场监制确认</td></tr>
<tr><td></td><td colspan="2"></td><td colspan="2"></td></tr>
<tr><td colspan="2">结论</td><td colspan="2"></td><td colspan="2"></td></tr>
</table>

4.10.3　外包质量控制

4.10.3.1　合同的质量条款要求

产品外包、外协、外购均应签订合同。合同应明确规定产品的技术要求、产品保证或质量保证要求、进度、协作方式、验收方式、标准、方法、经费、违约责任及索赔条款，合同中对产品质量要求进行明确。必要时应签订技术协议，作为合同的附件，明确产品的技术要求、产品保证等要求。技术协议内容一般包括：

1）协作内容（设计、加工、装配、调试、测试、试验等）；

2）技术标准、技术规范、技术要求、可靠性指标、交货状态；

3）验收要求、方法、规则，接收或拒收准则，测量手段及判定要求；

4）产品保证要求，包括：质量、工艺、可靠性、安全性、维修性、保障性、软件、元器件等保证要求，关键项目、特殊过程，关键件、重要件质量控制要求，尤其要确定强制检验点，质量控制节点及介入时机、方式和程度，不可测项目的控制要求、多余物控制要求、测试覆盖性要求、三类关键特性分析（设计、工艺、过程控制关键特性，下同）要求、量化控制要求、产品数据包要求、数据包络分析要求、质量问题分析处理及归零要求等；

5）包装、防护及运输要求；

6）贮存期、复验期要求；

7）知识产权保护原则及保密要求；

8）型号管理要求；

9）质量证明文件及文件资料要求；

10）质量问题的责任、处理约定；

11）售后服务及其他要求。

委托方在合同或技术协议签订前，应组织对外包、外协、外购产品的技术要求、产品保证要求进行审查或评审，对于不一致或有矛盾难以实施的问题，应在签订前予以解决，并与供方协调一致。合同质量条款、技术协议应经质量会签。

合同签订后，一般不允许供方再次整体外包、转包，确需转包的应经委托方审查认可，并由供方负责向转包的供方传递必要的技术、产品保证或质量保证要求和其他管理要求。

对于合同的变更、修订，委托方和供方之间应协调一致，严格履行审批手续，并书面传递合同涉及的各有关方。

4.10.3.2　技术状态控制

技术状态控制范围包括：设计图样、技术文件（任务书、标准、规范、工艺、技术要求、合同等）、接口设计、协调文件、试验方法的变化。

委托方应控制与供方之间的文件（含技术标准）传递，防止使用失效或不受控的文件造成对产品的影响。

委托方应监督双方技术文件的更改按 Q/QJA 32 要求执行，履行规定的审批手续，并遵循论证充分，各方认可，试验验证，审批完备，落实到位的五条原则。

产品在研制生产过程中发生的涉及产品功能、性能、重量、接口、功耗的偏离，需经委托方进行审核和确认，批准后方可实施处理。

委托方应监督供方对文件的发放和回收控制，在合同完成后，应及时回收或按约定方式处理委托方提供的文件。

4.10.3.3　产品实现过程的控制

委托方应通过技术交底、管理交流等方式，协助供方理解、落实合同条款或技术协议要求，确保外包产品的质量。由于发动机固定外协项的生产、试验均为工序协作，验收工作根据产品特点及性能、质量要求，由供方提供工艺文件，并采用下厂监制和入厂验收相结合的方式进行。

委托方应监督供方建立完整的质量控制记录，实行批次管理制度，确保产品质量的可追溯性；经检验、试验合格的产品必须有合格证明或识别标志，测试和试验数据、试验报告、记录齐全，及时整理归档，根据委托方要求建立产品数据包。

外包产品中使用的原材料应在相关型号规定的选用目录中选择。原材料应进行入厂（所）复验，不具备复验条件的供方应委托有资质的材料保证机构进行材料复验。凡属委托方调拨的原材料，可直接使用。

委托方应参与产品的关键项目和特殊过程确认、工艺评审或鉴定，监督供方工艺符合合同规定的工艺保证要求，贯彻执行航天禁（限）用工艺的规定，经过定型或鉴定的产品工艺不得随意更改。

对于既无验收手段，又对最终产品质量、可靠性、安全性、寿命等存在潜在或直接影响的过程或参数，委托方应要求供方提供过程记录、试验报告，或以强制检验点的形式进行确认，必要时可实施下厂监制或验收。

委托方应要求并监督供方开展三类关键特性分析工作。委托方分析获得的三类关键特性应在技术文件中明确，通过技术协议等方式传递至供方。供方分析获得的三类关键特性应经需方会签，并落实到相应的技术文件中。

委托方应要求并监督供方对产品的关键环节进行量化控制。

委托方应要求并监督供方开展风险识别与分析工作，应对产品研制过程中的风险动态进行识别、分析与控制管理。

4.10.4　外包验收

4.10.4.1　验收要求

委托方根据合同的履行情况以及约定方式，及时组织外协产品入厂验收、下厂监制和验收等工作，对生产和验收过程中出现的问题及时组织有关人员协调处理。生产计划部门根据验收代表要求，在发动机批生产外包合同签订、产品监制、验收过程中邀请验收代表参加。对所有外购的标准紧固件均需进行入厂复验，复验合格后方可发放使用。验收的具体要求如下：

1）未经供方质量部门检验的产品，生产过程无质量记录，质量证明文件不全的产品，委托方可拒收。

2）供方自检合格后向委托方提出交验申请。对于组件以及上级产品，委托方应成立验收组并明确成员及分工。验收组一般由指挥调度系统、设计师系统、工艺师系统、质量师系统、检验人员以及相关专家（可邀请相关领域的外单位专家）等组成。验收组组长一般由设计师系统中的技术负责人担任。

3）关键、重要产品验收时，应邀请上级用户代表参加，以便其充分了解承制单位研制、生产、测试、试验等工作情况，便于后续工作开展。

4）委托方应依据产品研制任务书、合同、技术协议、产品验收大纲、接口数据单等技术和管理文件的要求对供方提供的文件资料、实物产品逐项进行审查、检验及功能、性能测试。

4.10.4.2　验收内容

1）按照研制合同或任务书规定的数据包要求、依据供方提供的产品数据包清单，检查文件资料的完整性。

2）检查产品性能是否满足研制任务书、合同以及技术协议中的技术指标要求。对产品生产使用的原材料、元器件的质量控制记录及生产控制文档等进行检查。重点对强制检验点的实施情况、多媒体记录、三类关键特性的控制和落实情况进行检查。

3) 对涉及的技术通知单、更改单、质疑单等要求是否已经得到落实进行检查，重点关注技术状态更改是否按要求完成了审批和落实。

4) 对产品测试、验证的覆盖性和充分性进行检查，对产品验收试验和同批次产品的抽检试验的有关试验项目的试验报告及测试数据进行查验。

5) 对产品 I、II 类单点失效环节的控制情况进行检查。

6) 对产品质量问题归零及举一反三情况进行检查。

7) 对产品外观、结构外形以及安装尺寸、质量、重心、表面状态、产品标识、机械接口、电接口、热控界面等进行检查，重点关注关键对外接口尺寸。

8) 按产品验收细则和测试细则等文件要求对规定的现场检验产品的功能、性能项目逐一进行验收测试，并采用表格化的方法进行记录和确认。

9) 对产品包装和多余物的控制情况进行检查。

4.11　产品可追溯性管理

4.11.1　概述

可追溯性管理是根据记载的标识，追溯实体对象的历史、应用情况或所处位置的能力。

产品可追溯性管理是质量管理体系的重要组成部分，能够帮助企业及时从使用现场追回有缺陷的产品，分析不合格产品的原因并及时采取纠正和预防措施，对于提高企业管理水平、保障产品可靠性具有重要作用。对液体火箭发动机来说，如果在飞行、试验过程中出现问题，通过问题产品的标识和文件记录，可以快速查询问题产品的生产全过程，实现质量问题的快速定位和分析。

可追溯性管理包括产品标识的管理和文件的管理两部分。

4.11.2　产品标识管理

产品标识是为表明产品特征或质量状况，便于识别产品而附在产品表面或适当载体上的文字、数字、字母、图形或符号。产品标识应具有一致性、可查性、唯一性、可追溯性、安全性等特点。

因此，产品标识是用于对每个或每批产品形成过程中识别和记录的唯一性标识，如同身份证一样，是实现质量可追溯性的依据和途径。当出现质量问题或需要实现产品的可追溯性时，由质量部门组织对相关产品进行追溯，即通过标识可以追踪某个产品或某批产品的原始状态、生产过程和使用情况的能力，以便查找不合格产品产生的原因，采取修正措施，或追究其责任。产品标识贯穿于从原材料到采购入库发动机零组件生产、整机装配交付出厂，以及使用维护的全过程，是识别产品、确认状态、实现产品质量可追溯性的重要手段。

对产品标识的管理，应明确标识内容、标识方法和标识规定。

4.11.2.1　标识内容

产品标识根据实际情况可采用以下内容（根据需要，但应保证该标识能追溯其他内容）：

1）产品名称；

2）产品图（代）号；

3）质量状况；

4）生产批次或编号；

5）生产单位；

6）（生产）操作者；

7）检验员（者）；

8）制造或检验日期；

9）材料牌号；

10）炉批号；

11）油封期、保管期、复验期、贮存期；

12）有特殊要求的技术文件编号（如工艺通知单等）；

13）技术问题处理文件编号和结论；

14）有必要注明的其他内容。

4.11.2.2　标识方法

标识方法可以分为直接标记法和间接标记法。

（1）直接标记法

直接标记法指在产品表面直接做出标识。一般采用下列形式：

1）印记（钢印、胶印、铅封印、密封剂印等）；

2）刻字（铣、电铣、化铣、电刻、激光打标等）；

3）喷涂；

4）铭牌；

5）颜色；

6）书写；

7）其他。

（2）间接标记法

间接标记法指不易或无法在产品表面做出标识，而在包装物或其他适当载体（标签、标牌、塑料套等）上做出标识。具体形式可以参照直接标记法内容。

4.11.2.3　标识规定

1）产品从原材料、毛坯、零（部、组）件直至最终产品均应有相应的标识。

2）产品标识应符合设计文件、图样的规定，设计文件、图样没有规定又确需标识的，由工艺文件明确。标识的具体形式、位置、方法、代替和移植应由工艺文件明确，质量部门对实施情况进行验证和监控。

3）外购原材料中金属材料的标识应按有关金属材料的标识管理文件执行。

4）产品标识的产生、移植、代替均应在跟踪卡上有相应的记录。产品标识内容应清晰、易于辨认，并应与该产品跟踪卡、合格证的相应内容一致。

5）具有标识的母体被分割为多个子体时，应按照先移植，后分割的原则，将母体的标识移植到子体上，对无法先移植的，应在分割后及时移植。

6）用间接法制作的标识在生产过程中应与产品同步流转，并作为产品交接的内容。流转时应注意保护标识不得损坏、丢失或混淆，如遇上述情况发生，当产品质量状况可以确认时，经质量管理部门同意可以补制标识，否则产品作报废处理。

7）由间接法标识的同一种不同标识的产品，不允许在同一个工位上同时加工。但当产品热处理、表面处理时因装炉、槽量的要求，必须同炉、槽处理时，在采取严格区别措施的情况下，可以同炉、槽处理。出入炉、槽时，检验人员必须在场。

8）产品标识应具有唯一性，以保证追溯性的要求。

9）产品标识不得随意更改，必须更改时应征得检验人员同意，并在跟踪卡上作好记录。

10）在产品生产、服务整个过程中，要保护好检验和试验状态标识，状态标识要随产品状态的改变而及时改变，状态标识通常包括待检、已检待处理、合格、不合格（不合格品处理结果包括原样超差使用、返工、返修、报废），根据产品的特点通过施加标识或者定点存放在不同的区域等方法来表明产品的状态。确保只有通过了规定的检验和试验的产品才能发出、使用，严防不同状态的产品混淆。

4.11.3　文件管理

4.11.3.1　质量跟踪卡

质量跟踪卡是指记载产品制造全过程质量状况、质量责任和生产状态，并与产品同步流转的原始记录，是产品的履历证明。凡从事航天研制、生产的单位均应实行质量跟踪卡制度。

（1）质量跟踪卡的分类

质量跟踪卡按其使用范围分为部（组）件制造、零件制造、锻件、铸件、热处理、电解加工和表面处理等类别。

（2）质量跟踪卡的建立

1）质量跟踪卡要全面反映产品投料、加工、装配、调试、检验、交付的各个环节的质量状况，实施表格化管理，明确职责，细化控制要求，确保产品质量的可追溯性。跟踪卡内容形式如图 4-17 和图 4-18 所示。

2）质量跟踪卡由生产车间根据生产计划，在产品投产前填发。对跟踪卡中的工序流程、配套项目、材料要求等工艺性内容。质量跟踪卡发出前必须按照要求编写卡号，发卡单位管理部门应建立跟踪卡编号台账，一份跟踪卡不论页次多少，其编号均应填写在首页上，编号不允许重复，即一卡一号。以利于产品和跟踪卡同步流转为原则，根据产品特点或生产需要可以单件或成批建卡，但炉批号不同时，不允许混合建卡。

表1

部（组）件制造跟踪卡

卡号：1
质表 013–2002

型号	图号	名称	产品序号	计划数量	生产批次	阶段标记	任务编号	依据设计文件	工艺指导资料	车间计划员	派工时间
1	1	1	1	1	1	1	1	1	1	1	1

工艺周转路线	主制车间	工序协作车间	本品（件）计划用于	
	1	1	1	

制造中更改依据　　　　　　　　　　　　　　　　　　　　工艺：5　　　计划员：5

配套件记录表

顺序号	图号	名称	数量	合格证（跟踪卡）号	零件序号	生产批次	生产日期	炉批号	处理单号	备注
1	1	1	1	7	7	7	7	7	7	7

配套员：5　互检者：5　领用者：5　检验员：5　设计：5　军代表：5

共　页第　页

图 4-17　部（组）件制造跟踪卡

表4

零件制造跟踪卡

主制车间　1
任务编号　1

卡号：1
质表016-97

产品型号	图号	名称	计划数量	零件序号	生产批次	阶段标记	工艺周转路线	技术指导文件	计划领料日期	车间计划员
1	1	1	1	1	1	1	1	1	1	5

金属材料	牌号	规格	状态（冷、热）	数量	毛坯尺寸	炉批号	技术条件	代料文件号	入厂复验号	材料计划员
要求	1	1	1	1	1		1	2	3	5
实供	3	3	3	3	3	3	2	保管员	下料员	检验员
								5		5

非金属材料	牌号	规格	毛料尺寸	数量	材料制造单位	制造日期	批次	合格证号	复验单至	保管期至	复验期至	技术条件
要求	1	1	1	1	3	3	3	3	3	3	3	3
实供	3	3	3	3	质量（代料）单号	材料计划员	保管员		下料工		检验员	
					2	5	5		5		3	

铸锻件毛坯	图号	名称	序号	数量	炉批号	材料牌号	热处理状态	技术问题处理单号	质量跟踪卡号
	1	1	1	1	1	1	1	1	1

质疑（代料）结论　　　　　　　　　　　　　　　　　　检验员：3

制造中更改依据　　　　　　　　　　　　　　工艺：5　　计划员：5

总检测结论	制品主要问题及处理情况记录：		质量分类结论	合格品数量	8
				超差使用数量	8
				地面数量	8
				废品数量	8
				总检验员	8

图 4-18　零件制造跟踪卡

（3）质量跟踪卡的流转

质量跟踪卡应与产品一起在工序之间按工艺流程同步流转，当产品某工序出现不合格时，应由检验人员在质量问题记录栏内记述问题内容，并注明发现工序，对记录的质量问题由工艺人员做出返工、返修或报废的意见，操作人员按工艺人员的处理意见进行处理，并由检验员确认处理结果。对质量问题闭环处理完毕后，产品和质量跟踪卡方可流转到下道工序。下道工序操作者和检验员接收产品和质量跟踪卡时，确认质量跟踪卡上的信息填写完整，质量问题进行了闭环处理后，才能接收产品和质量跟踪卡，否则不予接收。

（4）其他规定

质量跟踪卡所属产品全部完工后，生产车间检验人员必须复查质量跟踪卡所记载项目签署完整、正确，产品数量、质量状况无误，方能开具产品合格证或转卡，开具合格证时须将质量跟踪卡的卡号记录在产品合格证上，同时也应将合格证编号记录在质量跟踪卡上。

4.11.3.2　质量证明文件

发动机在生产、装配、交付环节存在多种质量证明文件，按照功能的不同，可分为两类，一类是在企业内部随工序流转的质量证明文件，如零组件合格证；一类是发动机装配及试验工作完成后，随产品交付用户的产品证明书、产品质量履历书。

质量证明文件是实现可追溯性管理的源头，质量部门在开具质量证明文件时，必须做好跟踪卡上重要信息的移植工作，对两类质量证明文件的管理要求如下。

（1）零部件合格证的管理要求

零部件合格证一式两份，一份随产品交付，一份质量部门自存。生产车间开具的零部件合格证编号方法为：生产车间号—检验印章号—年号—流水号。零件办理的超差、代料质疑单要注明质疑单号及验收代表处理结论，并加盖"超差代用"印章。跟踪卡上盖有批次印章的零件，开具合格证时应加盖相应的批次印章，有批序号的零部件应在备注栏内注明批序号，数量较多且序号连续时可采取填写首尾号中间用"～"连接的方式记录。

（2）产品证明书、产品质量履历书管理要求

随发动机交付用户的产品证明书、产品质量履历书，要对发动机产品的配套情况进行详细列表，包括配套产品的名称、图（代）号、生产日期、贮存期等。对发动机装配过程中经历的重要试验项目及试验结果进行汇总，同时对发动机所经历的存放、运输、维修、质量问题处理等过程进行详细记载，以便用户全面了解发动机各方面的信息。

产品证明书、产品质量履历书是发动机的最终标识，是实现可追溯性管理的第一个文件载体。

4.12　产品数据包管理

4.12.1　概述

产品数据包主要是指产品在依据设计技术文件的各项要求进行研制生产、试验、装配

等过程中形成的系统、完整、正确的有关产品质量与可靠性的各类文件，以及量化控制结果记录等信息的总和。其是产品生产、试验过程和结果的客观记录，其中的各项数据为生产过程的实际测量记录（包括数据和影像），具有可追溯性。

为确保产品数据包的系统性，产品数据包必须按产品研制阶段进行系统梳理，确保工作项目系统、协调；为确保产品数据包的完整性，产品数据包工作项目要覆盖各项要求，内容要全面，记录要完整。为确保产品数据包的正确性，产品数据包各项工作记录准确，结果客观真实；为确保产品数据包的可追溯性，要求在数据包中每个工作项目、表格记录要有唯一标识，能够方便检索和查找，产品上每一个零、部、组件能够追溯到与其采购、制造、检验、试验、装配、总装和操作活动有关的资料、人员和设备。

产品数据包是客观量化评价产品质量的重要内容，是产品质量与可靠性特性要求形成过程的客观记录，是产品生产、试验过程质量与可靠性特性状态的客观证实，是过程控制、质量改进、产品交付验收的重要依据。因此，必须建立起规范的产品数据包体系。

设计师系统和工厂负责产品数据包工作的策划、建立和实施。

4.12.2 产品数据包的内容

根据液体火箭发动机设计、生产、试验、检验、交付全过程各阶段的特点，经过设计师系统、工艺师系统、质量检验及管理、生产、物资等部门相互配合，在对设计文件、工艺文件、测试和检验文件、产品保证文件及综合管理文件等进行深入分析和归纳总结的基础上，充分考虑了产品配套物资的稳定性、生产及试验过程的受控程度、质量与可靠性量化和可控程度（包括可靠性设计与验证完整性、试验次数）等产品的特征，建立了液体火箭发动机产品数据包。产品数据包主要包括：

（1）产品数据包清单

产品数据包清单包括了单机产品的设计依据、产品的生产依据、产品生产及试验过程的原始记录文件、质量复查报告、质量分析报告等。为产品质量记录的可追溯性、细化产品质量控制要求等方面提供了文件依据。

（2）关键特性的识别和三类关键特性的确定

产品设计关键特性是指产品设计过程中对产品最终质量与可靠性有决定性影响的特性，包括特定的设计方案中存在因产品使用环境变化对产品功能性能变化敏感的设计参数、因方案中选用的制造工艺偏差对功能性能敏感的设计参数、产品在最终状态下存在不可测试的关键功能性能等，以及决定改方案的关键设计等。

设计关键特性由设计师系统依据产品任务书、产品技术要求、产品保证要求，产品设计、制造、试验规范等要求，分析产品设计指标满足任务书或上级系统技术指标要求情况（重点从产品相关设计指标的验证及考核是否覆盖了产品的实际使用状态及环境条件要求进行分析），并开展设计 FMEA 再分析，按照 Q/QJA 71《航天型号单点故障模式识别与控制要求》，在此基础上，分析并确定出 Ⅰ、Ⅱ 类单点故障模式及其涉及的产品，同时根据测试覆盖性分析确定的一、二类不可测试项目，技术状态变化涉及部分，产品进行质量问题归零和举一反三措施的正确性、有效性、全面性及落实的检查确认情况，反向故障分析及单点失效点分析、可靠性（包括五性）分析和"九新"分析、产品环境使用性分析结果及风险分析，按照 GJB 190《特性分类》、QJ 892《航天产品特性分类和管理要求》等有关特性分类和管理的标准，识别和确定产品设计关键特性数据后列出表格，并在后续的研制生产过程中对已确定的关重件及关键特性分析的全面性、合理性进行再确认、再分析，补充完善相关设计关键特性。

产品工艺关键特性是产品生产单位的工艺师系统通过对设计关键特性数据的识别，围绕产品设计关键特性的工艺实现，以稳定产品质量、提高产品合格率为目的，在产品工艺设计过程中对产品最终质量与可靠性有决定性影响的特性（主要包括一些重要和关键工艺参数、工艺控制方法、检测要求和关键工序的过程控制、加工难度大或质量不稳定的工序、原材料稀缺昂贵且出废品后经济损失较大的工序、关键及重要的外购原材料及外协件的入厂验收工序、"九新"及风险控制、禁（限）用工艺控制、问题归零和举一反三结果、特种工艺过程、特定的工艺方案中存在影响产品功能性能不稳定的制造工艺、制造过程控制的不确定性及生产过程不可检验项目、决定更改的工艺方案关键工艺参数、无法进行无损检测的重要焊缝等）确定为工艺关键特性。由工艺师系统制定出相关表格，并在后续的生产过程实施中不断地进行分析和完善。

产品过程控制关键特性是指产品生产单位的工艺师系统在产品的生产过程控制中围绕产品设计关键特性和工艺关键特性的生产实现，并结合对产品零、部、组件的生产试验和装配过程中的具体工艺生产流程进行逐层分析的结果，确定的对产品最终质量与可靠性有决定性影响的特性（包括设计规定的过程控制关键特性，工艺规定的过程控制关键特性，关重件及关键工序的过程质量检查确认环节，关键及重要设备、仪器、工装、量具等质量控制，强制检验点及目前不可测和不可检的环节，关键和重要的外购原材料及外购、外协产品验收环节，试验过程控制的关键环节，根据"九新"和风险分析确定的过程控制关键特性，根据质量问题归零和举一反三结果确定的过程控制关键特性，多余物控制、静电防护、温湿度等相关要求，完全依靠工人技能和经验操作保证的环节等），以及对产品设计关键特性的偏差控制项目和产品不可测试功能性能需要在制造过程中控制的项目等一系列产品生产过程数据项目的总和，确定为过程控制关键特性。由生产单位的工艺师系统对确定的数据列出了表格，在产品生产过程中由操作者和检验人员进行记录。

（3）基础数据

产品基础数据主要包括构成产品的原材料、成品件等基础数据。由设计师系统根据产品生产、试验、装配所需的原材料、成品件等特性要求确定，并建立产品基础数据表。

（4）功能性能数据

产品功能性能数据主要是指产品最终状态在使用环境下（试验或飞行状态）的功能性能的相关信息。由设计师系统根据产品最终状态在使用环境下的特性要求进行识别、确定后提出，并建立功能性能数据表。

(5) 多媒体记录

由设计师系统根据液体火箭发动机生产、试验、装配过程中需要关注的重点部位，主要针对一些无法再次进行检测的部位、对外接口、发动机装配后的外观等确定多媒体记录的要求及方法，进行多媒体记录工作。主要包括组合件及发动机装配过程、对外接口等拍摄记录，并对已进行的多媒体记录进行归纳整理，纳入产品数据包项目中。

4.12.2.1　产品数据包项目清单

为加强产品质量记录的可追溯性，提供细化产品质量控制要求和记录等方面的文件依据，建立了液体火箭发动机产品数据包清单，其包括设计输入，设计输出，可靠性、安全性、维修性和综合保障性，技术状态管理，工艺文档，生产过程质量控制记录，测试数据和产品验收等 8 个大项目，每个大项下又分成若干个子项目，覆盖了产品的设计依据、产品的生产依据、产品生产及试验过程的原始记录文件。以现役航天型号液体火箭发动机为例，主要内容包括：

1) 设计输入，包括任务书、设计技术要求等；

2) 设计输出，包括设计报告、图样、制造、试验、验收技术条件、使用维护技术条件和操作说明等；

3) 可靠性、安全性、维修性和综合保障性，包括关键件、重要件清单/汇总表，可靠性试验及结果分析报告，测试覆盖性分析等；

4) 技术状态管理，包括设计技术通知单、更改单、调整计算报告等；

5) 工艺文档，包括工艺文件目录、工艺路线表、材料定额表、关键工序明细表、关键工序三定表、工艺装备明细表、禁（限）用工艺清查及评审情况、工艺技术状态复查报告、更改单、技术通知单落实记录；

6) 生产过程质量控制记录，包括质量跟踪卡，产品配套清单，原材料装机清单，原材料复验记录，焊缝质量记录，气密检查记录，外协、外购件，质疑单、代料单等；

7) 测试数据，包括强制检验点检验记录、关键特性/重要特性实测值、总装测试数据等；

8) 产品验收，包括产品设计质量分析报告/设计质量检查确认报告（验收报告）、出厂意见、产品生产质量分析报告/产品生产质量检查确认结论报告、发动机评审结论、发动机焊接质量情况、发动机电线电缆质量情况、发动机组合件评审验收情况（含组合件生产质量检查确认报告和组合件质量设计验收评审结论）、风险分析报告、可靠性和安全性分析报告、强制检验点检验记录、产品证明书、产品质量履历书等，见表 4-16。

表 4 - 16　CZ - ×× Y× 火箭一、二级及助推器发动机产品数据包项目清单（示例）

产品名称	一、二级及助推器发动机		产品图号或代号			产品编号			
所属型号			CZ - ××			所属分系统		动力系统	
序号	项目分类	项目	项目内容	文档编号	存放单位及地点	文档形式	适用阶段	备注	
1	设计输入	任务书	CZ - ×× 第一级发动机设计任务书		×× 情报档案室	单独文档	S		
2		设计技术要求	发动机系统设计技术要求		×× 情报档案室	单独文档	S		
3			发动机结构设计技术要求		×× 情报档案室	单独文档	S		
4	设计输出	设计报告、图样、制造、试验、验收技术条件、使用维护技术条件和操作说明	×× 发动机设计输出文件清单		×× 情报档案室	单独文档	S		
5	可靠性、安全性、维修性和综合保障性	关键件、重要件清单/汇总表	×× 《发动机关键件、重要件汇总表》		×× 情报档案室	单独文档	S		
6		可靠性试验及结果分析报告	××× 热试车任务书		×× 情报档案室	单独文档	S		
7			××× 试验缓变数据及试车简报		×× 情报档案室	单独文档	S		
8			××× 试验速变数据报告		×× 情报档案室	单独文档	S		
9			《××× 发动机试车志》		×× 情报档案室	单独文档	S		
10			CZ - ×× Y× 一、二级及助推发动机用泵水力试验质量复查报告		×× 情报档案室	单独文档	S		
11			CZ - ×× Y× 一、二级及助推发动机用组合件液流试验质量复查报告		×× 情报档案室	单独文档	S		
12			× 级机架静试报告		×× 情报档案室	单独文档	S		
13		测试覆盖性分析	《CZ - ×× Y× 箭一、二级及助推器发动机测试覆盖性分析报告》		×× 情报档案室	单独文档	S		

续表

产品名称	一、二级及助推器发动机		产品图号或代号			产品编号		
所属型号			CZ-××		所属分系统		动力系统	
序号	项目分类	项目	项目内容	文档编号	存放单位及地点	文档形式	适用阶段	备注
14	技术状态管理	技术通知单	×××××发动机装配技术要求		××情报档案室	单独文档	S	
15			关于×××××发动机节流圈、汽蚀管参数的通知		××情报档案室	单独文档	S	
16		调整计算报告	CZ-××系列一级发动机××××调整计算报告		××情报档案室	单独文档	S	
17	工艺文档	工艺文件目录	×级发动机生产工艺文件、规程清单		××情报档案室	单独文档	S	
18		工艺路线材料定额表	×级发动机主要材料消耗工艺定额汇总表		××情报档案室	单独文档	S	
19		关键工序清单	×级发动机关键工序明细表		××情报档案室	单独文档	S	
20		关键工序三定表	一级、二级和助推器发动机关键工序三定表		××情报档案室	单独文档	S	
21		工艺装备明细表	×级发动机工艺装备明细表		××情报档案室	单独文档	S	
22		禁（限）用工艺清查及评审情况	型号产品禁（限）用工艺清查及处理专题报告和审查结论		××情报档案室	单独文档	S	
23		工艺技术状态复查报告	CZ-××Y×发动机工艺状态检查确认报告		××质量处	单独文档	S	
24		更改单、技术通知单落实记录	CZ-××Y×发动机工艺状态检查确认报告		××质量处	单独文档	S	

续表

产品名称	一、二级及助推器发动机		产品图号或代号			产品编号			
所属型号			CZ-××			所属分系统		动力系统	
序号	项目分类	项目	项目内容	文档编号	存放单位及地点	文档形式	适用阶段	备注	
25	生产过程质量控制记录	质量控制卡	CZ-××Y××级发动机推力室装配质量跟踪卡		××质量处	单独文档	S		
26		产品配套清单	×级发动机配套表		××质量处	合并文档	S		
27		原材料装机清单	原材料装机清单汇总表		××质量处	单独文档	S		
28		原材料复验记录	原材料复验编号和复验结果		××质量处	单独文档	S		
29		焊缝质量记录	CZ-××Y×发动机焊缝质量及无损检测记录		××质量处	单独文档	S		
30		气密检查记录	CZ-××Y×发动机气密检查记录		××质量处	单独文档	S		
31		外协、外购件	CZ-××Y×一、二级及助推器发动机生产质量报告		××质量处	单独文档	S		
32		质疑单、代料单	CZ-××Y×一、二级及助推器发动机生产质量报告		××质量处	单独文档	S		
33	测试数据	强制检验点检验记录	长征系列发动机设计师系统验收项目检验记录		××质量处	单独文档	S		
34		关键特性/重要特性实测值	CZ-××Y×发动机关键件（特性）、重要件（特性）过程控制记录		××质量处	单独文档	S		
35		总装测试数据	CZ-××Y×发动机总装过程测试记录		××质量处	单独文档	S		
36		归零问题举一反三记录	其他型号质量问题在本型号举一反三情况		××情报档案室	单独文档	S		

续表

产品名称	一、二级及助推器发动机		产品图号或代号			产品编号	
所属型号			CZ-××		所属分系统	动力系统	
序号	项目分类	项目	项目内容	文档编号	存放单位及地点	文档形式	适用阶段	备注

序号	项目分类	项目	项目内容	文档编号	存放单位及地点	文档形式	适用阶段	备注
37	产品验收（包括各组合件和发动机的质量评审结论报告）	产品设计质量分析报告	《CZ-×× Y×火箭一、二级及助推器发动机设计质量分析报告》		××情报档案室	单独文档	S	
38		设计单位出厂意见	CZ-×× Y×一、二级及助推器发动机出厂意见		××情报档案室	单独文档	S	
39		产品生产质量报告	CZ-×× Y×一、二级及助推器发动机生产质量报告		××质量处	单独文档	S	
40		发动机评审结论	CZ-×× Y×一、二级及助推器发动机评审结论报告		××质量处	单独文档	S	
41		发动机焊接质量情况	CZ-×× Y×一、二级及助推器发动机焊接质量报告		××质量处	单独文档	S	
42		发动机电线电缆质量情况	CZ-×× Y×一、二级及助推器发动机电线电缆质量报告		××质量处	单独文档	S	
43		生产单位出厂意见	CZ-×× Y×一、二级及助推器发动机出厂意见		××质量处	单独文档	S	
44		发动机组合件评审验收情况（含组合件生产质量检查确认报告和组合件质量设计验收评审结论）	CZ-×× Y×发动机组合件（推力室、燃气发生器、机架）生产质量检查确认结论报告		××质量处	单独文档	S	
45			长征系列运载火箭发动机组合件质量验收评审结论报告（推力室等）		××情报档案室	单独文档	S	
46								
47		强制检验点检验记录	长征系列发动机设计师系统验收项目设计验收记录		××质量处	单独文档	S	
48		产品证明书	×级发动机产品证明书（副本）		××质量处	单独文档	S	
49		产品质量履历书	×级发动机产品质量履历书（副本）		××质量处	单独文档	S	

4.12.2.2 三类关键特性数据

根据三类关键特性辨识具体要求，通过对液体火箭发动机设计关键特性识别和确定，研制生产单位相关部门按照"覆盖全面、减少重复、抓住关键、可行有效"的原则，对确定的设计关键特性进行了工艺设计关键特性、过程控制关键特性的辨识，形成最终的三类关键特性表，见表 4 - 17。

表 4 - 17　CZ-××Y×一、二级及助推器发动机三类关键特性表（示例）

序号	零、部、组件名称及图号	关键特性名称	类别	控制要求及关键特性参数范围	要求记录的产品实测值	所属组合件
1	推力室××-××	氧化剂喷注压降	设计	氧化剂喷注压降××MPa	××××	推力室××-××
2	中间齿轮××-××	二硫化钼涂层厚度	工艺	公法线喷涂前尺寸：××mm，公法线喷涂后尺寸：(实测)，齿面二硫化钼涂层厚度：××	××××	涡轮泵××-××
3	×主阀××-××	活门盘压缩量	过程	设计要求××mm，内控要求××mm	××××	×主阀××-××
4	推力室××-××	伺服机构下支点支块焊缝质量	设计	支块焊缝焊角高度5mm	焊角高度：5mm	推力室××-××

4.12.2.3 基础数据

产品基础数据表中内容包括：关键原材料和成品件性能数据包络统计或考验情况。

（1）原材料

发动机使用的原材料，选用的是在定点厂家生产的材料，经过了多年的使用，每批材料都经过了严格的入厂复验。根据原材料的使用部位及零件的工作条件，对产品使用的关键原材料性能及使用情况，列出产品基础数据表，对原材料批次使用情况进行成功包络性统计分析，见表 4 - 18。

表 4 - 18　CZ-××Y×火箭一、二级及助推器原材料包络统计分析表（示例）

序号	产品名称	产品图号	产品关键原材料名称	炉批号	关键原材料参数	产品关键原材料参数要求值	关键原材料参数实测值	成功数据包络范围	是否包络
1	喷注器盘	××-×	1Cr18Ni9Ti	××	拉伸强度 σ_b	≥539 MPa	547	××～××	包络
					屈服极限 $\sigma_{0.2}$	≥196 MPa	210	××～××	

（2）成品件

发动机上使用的成品件，主要包括用于紧固件上的螺栓、螺母、垫圈等，这些成品件属于标准件，在定点的厂家订货，已经过了多年的使用。标准件入厂时，进行了外观检查，对于螺栓螺纹垂直度和轴向载荷进行抽检，对自锁螺母进行锁紧能力抽检，对抽检产品性能检验数据合格性及成功考验情况进行分析，见表 4-19 和表 4-20。

表 4-19　CZ-××Y×火箭一、二级及助推器发动机标准件（螺栓）检查、试验数据表（示例）

序号	名称	标准	规格	批次	垂直度检查		轴向载荷试验		批次使用情况	备注
					要求值	实测值	要求值/kgf	实测值/kgf		
1	螺栓	YC 017-88	M××××	××	××	××	××	××	20120409 至今的运载发动机	

表 4-20　CZ-××Y×火箭一、二级及助推器发动机标准件（自锁螺母）检查数据表（示例）

序号	产品名称	标准代号	牌号规格	批次	锁紧性能检查		批次使用情况	备注
					要求值/N·m	实测值/N·m		
1	自锁螺母	GB 1339	M8	××	M1≤4.93 M15≥0.392	M1：1.06～1.98 M15：0.49～0.69	20120216 至今的运载发动机	

4.12.2.4　功能性能数据表

产品功能性能数据表中内容包括：发动机及各组件的系统功能性能数据表，推力室、燃气发生器、涡轮泵、阀门功能性能数据表，总装直属件功能性能数据表等，见表 4-21。

表 4-21　CZ-××Y×一级、二级及助推器发动机产品性能功能数据表（示例）

| 序号 | 主要部（组）件名称 | 设计关键特性名称 | 设计关键特性数值（范围） | 确定为设计关键特性的依据 | 确定为设计关键特性的理由 | 对工艺设计的要求 | 对过程控制的要求 | 产品实测值 | 备注 |
| 1 | 转速线圈 | 组合输出电讯号 | ×× | 性能可靠性 | 经飞行试验验证 | 实测 | 记录实测值 | ×× | |

4.12.2.5　多媒体记录情况

为加强产品质量情况的可追溯性，按照精细化质量管理要求开展了液体火箭发动机多媒体记录，以表格化的形式明确了记录项目、产品图号、产品序号、用途、部位、内容、形式、数量、照片编号、记录日期、确认人等，详见表 4-22。

表 4 - 22　某型号液体火箭发动机装配过程多媒体记录表示例

序号	项目	产品图号	产品序号	用途	部位	内容	形式	数量	照片（影像）编号	记录日期	确认人
1	涡轮泵	××2-0	0	××-××Y×一级Ⅰ分机	密封组件装入，锁紧8件垫圈后	密封组件装入及锁紧垫圈锁紧情况	拍照	1			
2					止推螺母拧紧，冲点锁紧后	止推螺母、冲点锁紧情况	拍照	1			
3					螺母冲点锁紧后	螺母冲点锁紧情况	拍照	1			
4					锁紧轴端螺钉上的锁紧垫安装后	轴端螺钉锁紧情况	拍照	1			
5					齿轮箱对外接口	齿轮箱对外接口外观质量	拍照	1			
6					火药起动器	壳体组合件内部零件装配后状态照相	拍照	2			

4.12.3　产品数据包的形成

产品数据包的形成是在产品的生产阶段，通过对产品生产过程中产生的质量记录的梳理，包括原材料和元器件的采购及复验阶段、零组件投产阶段、产品装配阶段、试验和测试阶段、验收阶段等产生的各类质量记录，建立产品生产过程各阶段的产品数据包清单及记录表格，各产品的生产部门按相关要求传递到生产线，并由生产线各环节的操作者和检验人员在生产过程中实测数据进行记录。产品数据包在流转过程中，接收方应对上一工序的产品数据包填写情况进行检查，对检查结果不符合要求的，接收方有权拒绝接收。

生产部门的质量员或工艺人员将填写完整的产品生产阶段的产品数据包进行汇总，提交单位质量管理部门进行验收，单位质量管理人员将验收后的各生产部门产品数据包项目和内容进行汇总整合，提交设计师系统，并与设计师系统一起对产品数据包的相关数据进行分析，之后移交单位档案部门存档。产品生产过程产品数据包的形成过程如图 4 - 19 所示。

4.12.4　产品数据包应用

产品数据包最主要的应用是进行成功数据包络性分析。

成功数据包络是指已成功完成地面试验及飞行试验的航天产品（重点是指关键单机，零、部、组件及原材料等）各项参数的上下边界范围，包括产品本身参数包络和产品对飞

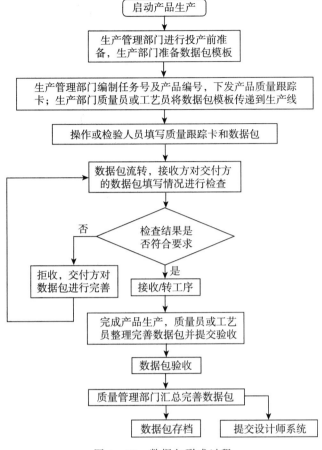

图 4 - 19　数据包形成过程

行任务剖面适应性包络。

在对多次成功地面试验和飞行试验产品各项参数进行统计、整理、完善的前提下，确认飞行试验产品各项参数是否在产品成功数据包络内，并对超出产品数据包络的参数展开技术风险分析，进而可以评估产品参加本次飞行试验的风险。通过对成功数据包络分析的不断完善，并优化关键特性数据，提升产品数据包的精细化程度，减小产品各项指标的离散程度，提高产品的一致性水平，是产品数据包持续改进的重要工作。

液体火箭发动机成功数据包络的内容主要包括：原材料包络、工艺包络和产品性能包络（包括推力室液流数据、燃气降温器液流数据、涡轮泵装配间隙控制、关重件关键特性数据等）。工艺包络统计表格式见表 4 - 23。

表 4 - 23　CZ - ×× Y× 火箭一级及助推器发动机产品关键工艺参数成功包络统计表（示例）

序号	所属组件	产品名称	产品图号	关键工艺参数名称	关键工艺参数要求值	关键工艺参数实测值	成功数据包络	包络情况
1	一级单机	推力室	××-×	头身对接焊缝焊接参数	焊丝规格：2.0 mm 电流范围：130～170A	2.0 mm 140～165 A	××～××	包络

4.12.5　产品数据包的保存

产品设计和研制生产单位是负责建立和形成内容完整、准确的产品数据包的主体，应将产品数据包管理制度纳入本单位的体系文件中。

对于有外协产品的单位，研制生产单位应向外协单位提出相关的产品数据包管理要求，并将相关要求纳入产品研制任务书、合同、技术要求、验收大纲和产品保证要求等技术和管理文件中，签署完整后发外协单位。在对外协产品进行验收时，外协单位应按相关要求提交合格的外协产品数据包项目内容。

单位的资料档案部门负责产品数据包文档的归档管理。

4.13　产品质量检查确认和验收评审

4.13.1　产品质量检查确认

产品质量检查确认工作是通过提供客观证据，确认产品已达到规定要求或证实规定要求已得到满足所进行的系统的、有计划的认定活动。

检查确认工作应坚持从源头抓起、分阶段进行、全过程控制的原则，以各单位自查为主（需外协单位协查的应书面反馈并提出要求，外协单位应按要求进行配合），全面核实产品实物、相关的质量记录、原始凭证和实测数据等，必要时应补做相应的检查或试验。对检查确认过程中发现的问题，责任单位应立即分析、解决，并按要求及时上报工艺和质量部门。

检查确认工作完成后，产品生产责任单位应编写具有明确意见和结论的检查确认结论报告，报告中必须具有可证明产品质量的准确、翔实的记录。该报告除用于组合件产品验收评审和整机产品交付时的验收评审外，责任单位须将产品质量检查确认报告交档案管理部门归档。

4.13.1.1　产品质量检查确认内容和方法

（1）工艺检查确认

工艺检查确认的内容一般包括：

1）采用工艺的科学性、合理性、可行性和有效性，与设计要求及规定的符合性，检验点设置的合理性；

2）工艺文件及签署的完整性；

3）关键工序工艺评审和工艺攻关成果的鉴定情况；

4）关键件、重要件工艺文件的编制情况；

5）特种工艺（特殊过程）的工艺文件质量的控制情况；

6）技术通知单、工艺通知单、更改单、质量信息反馈卡、质疑单中验收代表有特殊处理意见等在工艺文件上的落实情况；

7）对"九新"中新技术、新材料、新工艺、新状态等进行确认，工艺技术状态同上级文件指定的产品或上一发产品的变化控制情况；

8）完成制造工艺参数成功数据包络分析报告；

9）产品"测试不到验收到、验收不到工序检验到、工序检验不到工艺保证到、工艺保证不到人员保障到"（以下简称"五个环节"）项目检查情况；

10）质量问题技术归零情况；

11）设计部门或上级有关文件要求的检查确认工作。

工艺人员对用于首次试样产品生产的工艺文件应力求一次配套齐全，下发前应做好全面检查确认工作，一次不能配套发齐时，应发一部分就检查确认一部分，直到最后一部分发出前再进行一次全面检查确认；对已经过多次地面试车或飞行试验成功证明工艺稳定的型号产品，要重点关注和检查设计、工艺技术状态更改情况，并在产品生产、试验、装配等过程中随时对产品的技术状态进行监控。

在产品装配、测试完成后，工艺人员须根据产品的设计、工艺技术状态情况，按照上述内容要求编写《产品工艺检查确认结论报告》。

（2）原材料的检查确认

产品完成生产并准备交付时，物资部门应按型号产品交付的要求对产品使用的原材料进行检查确认，尤其是要对因不符合设计技术要求办理的原材料代料质疑单进行检查确认和分析，确认其在生产过程中的落实情况。

原材料检查确认的主要内容一般包括：

1）原材料订购合同中质量要求是否明确；

2）原材料供货单位是否在合格供方目录范围之内；

3）关键、重要原材料下厂监制验收情况；

4）原材料质量证明文件、入厂复验、检查情况；

5）原材料代料处理情况；

6）外购标准件、紧固件是否已按 QJ 3112《航天产品用标准紧固件入厂（所）复验规定》等要求进行了质量控制，出库发放是否进行了 100% 外观检查；

7）完成产品数据包要求的原材料成功产品数据包络线分析等内容；

8）设计部门或上级有关文件要求的检查确认内容。

检查确认后完成《原材料检查确认结论报告》，同时要根据不同型号确定的原材料参数包络数据，完成《原材料参数成功产品数据包络线分析报告》。

（3）量具、仪器仪表检查确认

检查确认结论报告内容一般包括：

1）在用量具、仪器仪表周期检定情况；

2）在用量具、仪器仪表的使用是否符合相关要求；

3）设计部门要求或上级文件要求的检查确认内容。

计量理化部门负责对各单位使用的计量器具、仪器仪表按周期进行检定，并在产品出厂前完成计量器具、仪器仪表的检查确认工作，编写计量器具、仪器仪表检查确认结论报告交质量管理部门。

（4）外包件（含元器件）的检查确认

检查确认的内容一般包括：

1）外包件订购合同中质量要求是否明确；

2）外包件供货单位与合格（定点）承制方目录是否符合，目录外单位进行质量保证能力认证或考察、审批情况及检查确认结果；

3）外包单位有无变化情况；

4）外包件下厂复验（监制）、入厂复验、质量证明文件、检查情况；

5）外包承制单位检查确认情况；

6）质疑单处理及落实情况；

7）设计部门或上级文件要求的检查确认内容。

生产计划部门应按照外包产品质量控制的相关要求，负责完成外包（含元器件）产品及其供方或协作单位的检查确认工作（此项工作可以在产品验收时完成），在产品出厂前编写外包产品检查确认报告交质量管理部门。

（5）主要组合件及发动机装配质量检查确认

各主要组合件及发动机装配生产质量检查确认内容一般包括：

1）产品检查、测试主要指标满足设计要求情况；

2）关键件、重要件及关键、重要特性质量控制情况；

3）生产、装配、试验过程中出现的质量问题及处理情况；

4）质疑单处理及落实情况；

5）焊缝质量档案建立及焊缝质量情况；

6）根据不同型号确定的包络分析项目，完成成功数据包络线分析，对于超出成功数据包络线的参数，应提请设计师系统或工艺师系统进行风险分析，做出后果评估，并给出结论；

7）对"九新"进行确认分析，重点是可能存在的风险及其控制措施的有效性；

8）多余物控制情况；

9）产品对外接口检查情况（翔实记录对外接口数据）；

10）产品数据包完成情况；

11）产品贮存期符合技术文件要求情况；

12）同批次试车考验或飞行验证情况；

13）涉及一、二类故障模式的单点故障点和不可测项目质量检查确认情况；

14）产品"五个环节"项目检查情况；

15）质量问题归零及其他型号质量问题在本型号举一反三的情况；

16）设计部门或上级文件要求的检查确认内容。

各组合件生产、装配完成后，由各组合件的生产单位组织工艺人员、操作者、检验和验收代表对产品质量进行检查确认，并完成组合件检查确认结论报告，作为组合件评审验收的产品质量分析报告。

对于组批生产的组合件产品，生产单位应在批次生产完成后，组织相关人员对该批次产品进行质量检查确认工作，并完成组合件检查确认结论报告，作为组合件批次产品评审验收的质量分析报告。

对于已完成厂内装配、试验工作，但在厂外仍需进行部分装配、试验工作方能交付的总装产品，生产（装配）单位可在产品出厂前完成厂内工作产品质量检查确认工作并编写检查确认结论报告。

（6）整机产品的生产质量检查确认

整机产品按设计图样、技术条件、工艺文件、有关标准、规范等文件要求完成装配、试验后，由产品生产单位进行产品生产质量的检查确认工作，并完成整机产品生产质量报告。

产品生产质量报告的主要内容包括：

1）产品生产过程质量的控制情况；

2）产品各项技术参数满足设计要求的情况（列表说明要求值及实际值）；

3）产品实物状态符合设计文件要求的情况，技术状态更改在产品上的落实情况；

4）工艺检查确认情况，包括：工艺文件是否满足设计文件要求，设计提出的更改单、技术通知单在工艺上的落实情况，工艺状态更改控制及验证情况，使用禁用、限用工艺情况；

5）在验收、检验、工艺和人员保障等环节控制情况，完成"五个环节"项目清理；

6）焊缝质量检查确认情况；

7）电子元器件、原材料、电线电缆等物资的质量控制情况；

8）外包、外购产品的质量控制情况，包括质量认证情况及验收情况；

9）关键件、重要件和关键工序的质量控制情况，特殊过程的质量控制情况；

10）更改单、技术通知单、质疑单在产品上的落实情况；

11）超差、代料的处理情况；

12）仪器、设备校验期及产品贮存期、校验期满足要求的情况；

13）非金属材料、零件符合保管、使用技术条件要求的情况；

14）产品研制中发生的质量问题的归零情况；

15）其他型号质量问题举一反三的情况；

16）产品数据包完成情况；

17）多媒体记录情况；

18）数据包络分析情况；

19）"九新"分析落实情况；

20）强制检验点落实情况；

21）质量记录及各项测试、试验记录的填写情况，产品证明书、产品质量履历书的填写情况；

22）紧急放行、例外放行文件是否处理完毕或有跟踪落实意见；

23）遗留问题及处理意见；

24）结论。

4.13.2　产品质量验收评审

产品质量验收评审是组合件和发动机按设计任务书、产品质量保证大纲、环境试验条件等文件要求完成产品的设计、生产、测试及试验，经质量部门检验合格后，由设计师系统或用户对各组合件生产过程、总装过程和发动机质量总体情况经过质量评审，有可交付使用结论的过程。

质量验收评审分为组合件验收评审和发动机验收评审两部分，由质量部门组织，以验收评审会的形式进行，验收评审会必须形成明确评审结论意见。

4.13.2.1　组合件验收评审

（1）组合件验收评审条件

参加验收评审的组合件产品必须具备以下条件：

1）已完成生产、组装、工序试验；

2）已完成相应的性能试验或结构考核试验，证明其满足使用要求，如已按要求完成了液（气）压试验、性能试验、典型试验等；

3）生产、测试过程的质量问题已归零；

4）组合件产品须检验合格，完成产品合格证明文件填写；

5）已按组合件验收要求准备好相关资料；

6）组合件生产单位已完成产品生产质量报告。

（2）基本要求及组织管理

组合件评审应在产品按设计、工艺技术文件要求完成生产、装配、试验及总检等工作，且产品已经过验收代表验收合格、生产单位按相关要求完成了产品质量检查确认后，由质量管理部门负责组织进行。未经评审或评审不合格的产品不允许参加产品总装。

组合件评审以会议审查形式进行，会议由设计师系统主持，评审组由设计师系统、生产计划、工艺部门、质量部门等相关人员组成。

（3）组合件评审的相关资料

组合件生产单位在参加组合件评审时应准备好相关的设计图样及文件、工艺文件、产品质量跟踪卡、有关质量检查、测试、试验记录和超差质疑单、产品数据包、产品生产质量检查确认结论报告等。

（4）组合件评审结论

组合件评审会在审议了组合件产品在生产过程中的质量控制情况、技术及质量问题处理情况、产品数据包完成情况、产品状态和实物质量满足设计文件要求情况之后，设计师系统应按组合件评审的相关要求完成《组合件验收评审结论报告》，明确待办事项并给出产品能否参加总装的意见。

4.13.2.2　发动机验收评审

发动机验收评审是在发动机生产、试验、装配完成并交付后，由用户对设计单位和生产单位的产品设计质量和生产质量进行验收评审的过程，以实现对最终产品质量的检查确认。

（1）验收评审条件

1）产品装配、试验完成并经设计师系统验收合格（或有不影响产品整机交付的结论）；

2）随产品交付的各种文件资料齐全；

3）产品经过批抽检试车考核合格；

4）产品在生产、试验、装配等过程中的质量问题已归零并举一反三；

5）产品数据包已完成；

6）产品验收评审所需的审查资料已准备齐全；

7）产品生产单位完成产品生产质量报告；

8）产品设计单位完成产品设计质量分析报告。

（2）基本要求及组织管理

在完成对整机产品的设计和生产质量检查确认后，确认产品各项技术、性能指标满足设计要求，并已完成各项准备工作达到验收评审条件的情况下，由质量管理部门负责组织，提请型号总体对整机产品进行验收评审。

评审以会议审查形式进行，会议由型号总体组成验收评审组，评审组成员由型号两总、总体院主管部门相关人员及型号总体单位人员、型号专家组代表组成。

（3）评审结论

验收评审组在对产品设计和生产单位提交的设计及生产质量报告等各项资料进行审议后，须给出明确的《验收评审结论》。对于在评审时提出的遗留问题，可要求交付方（设计或生产单位）在规定时间内根据落实情况填写"验收遗留问题落实情况检查表"提交验收方复验。

4.14　数字化质量管理

4.14.1　概述

数字化质量管理系统的核心是质量管理的数字化，它将现代信息技术、自动化技术、先进制造技术、现代测量技术和现代质量管理模式相结合，综合应用于企业的制造、管理、试验检测和使用维护等全生命周期质量管理的各个阶段，通过质量数据的自动实时采集、分析与反馈控制，以及质量信息资源的共享和质量管理协同，建立一套以数字化、集成化、网络化和协同化为特征，预警和报警相结合的企业质量管理新体系，通过数字化质量管理系统的实施，推动企业质量管理与控制技术的创新和质量管理模式的改革。

4.14.2 必要性

由于竞争和用户需求变化的加剧，促使了型号种类的增加、制造工艺的革新、交货周期的缩短，原有的质量管理方式已远不能适应目前的型号需求，需要进行变革。

（1）以质量管理为核心优化管理流程，提高工作效率

通过质量管理信息系统整合质量管理资源，优化质量管理流程，突破传统质量管理模式下的信息手工传递和人工处理，保证流程的科学、规范、严谨，提高质量管理业务的工作效率。

（2）产品全生命周期的质量管理，提升产品质量

质量管理信息系统打破传统单一的生产质量控制模式，实现从顾客需求管理、质量过程策划、产品的设计开发、采购、生产和服务提供及顾客满意度测量等全质量过程的管理和控制，确保产品实物质量得到保障，降低了质量损失。

（3）实现质量过程的可知、可控、可管，辅助进行决策

通过质量管理信息系统可以及时、全面、准确地掌控设计、生产、管理过程的实际质量状态，实现质量追溯与质量预防；通过规范的流程设置、预警和监控，实现过程的受控；通过大量数据的统计分析，为管理决策提供有效支持，真正做到让数据说话；通过制定质量计划，跟踪工作质量执行情况，为企业战略运营提供依据。

（4）充分挖掘质量数据价值，实现持续改进

传统质量管理模式下大量的质量信息纸质记录分散管理，数据的共享和利用率低下。质量信息管理系统在实现质量信息的网络化流转和资源共享的基础上，对数据进行处理和挖掘，系统地识别质量改进的机会，并对质量改进过程进行分析和评价，以实现持续改进的有效性。

综上所述，传统的质量管理方式已不能满足企业发展的要求，在内、外部条件不断变化的情况下，只有依靠数字化手段，创新管理，以零缺陷理念为指导，系统开展精益制造，按照过程控制和系统管理的质量管理新理念，建立数字化质量管理系统。推动产品实物质量由合格性把关型检验向生产过程的控制型检验转变；从质量的经验决策向以数字化为依托的质量管理转变；由定性的质量控制向量化的质量控制转变；由传统的质量数据手工记录向条码技术和嵌入式统计相结合的自动采集方式转变；质量监督由以抽查为主的管理方式向以网络化、可视化的实时监控为主的方式转变，最终实现企业核心竞争力的提升，提高用户的满意度。

4.14.3 实施原则

（1）总体规划、分步实施

数字化技术应用要充分考虑产品生产特点，结合航天产品生产技术的条件，将实用性、易用性放在第一位，兼顾先进性、实用性和经济性，同时要考虑新增设备和软件的兼容性，以适应长远发展的需要。

对于质量管理的诸多过程，根据企业目前的管理现状，一方面选择现场已具备实施条件的业务作为质量信息化的突破口，另一方面，选择企业当前比较关注的、能尽快带来效益的模块进行重点考虑，优先在这一过程进行信息化改造，并以此为基础建立系统基础平台。这样一方面首先解决实际问题；另一方面效果明显、容易产生示范作用。后期在见到效果的基础上，根据现场条件进行有序展开。

（2）流程优化、资源优化

数字化质量管理不仅仅是对原有管理电子化的过程，而且是对传统管理模式的信息化优化，是对原有的管理流程、资源进行进一步的优化。

流程优化首先应总结自身在管理实践中的优势和特点，对管理流程进行整合、合并和优化，提高运行和管理效率，并通过软件系统进行实现和固化。其次对于传统管理方式难以控制的过程进行识别，研究数字化的控制方式。

资源优化主要考虑网络资源、信息资源的优化，管理资源、人力资源的优化。为了提高资源的利用率和效率，主要要求信息系统数据的共享和利用。信息一次采集，多方利用。其他信息系统中的数据通过数据接口直接导入到质量管理信息系统中，进行利用和进一步处理。

（3）系统集成、协同共享

在系统平台的选择和搭建上，必须考虑质量管理信息系统平台要能够很好地与现有系统平台进行集成，例如 ERP 、MES 系统等，避免数据重复录入，提高数据在系统间的一致性的同时，充分利用现有数据资源，消除信息孤岛。此外，系统支持能够和以后规划的信息系统进行集成，因此应该选用国际上成熟的、主流的系统平台。

（4）持续发展、扩展升级

为了降低项目实施的风险和满足持续发展的需要，就要求系统有很好的可扩展性，并且在项目建设的过程中逐步完善和深化整个系统功能。通过使用组建化的模块设计，像搭积木一样逐步完成，并且为后续建设的模块预留接口，保证系统功能能够伴随着发展而不断完善。软件供应商不断地提供技术升级，来帮助系统进一步完善。

4.14.4　实施应用

以微软 Dynamics AX 2009 为平台，针对质量管理现状和质量信息实际，通过用户化定制和二次开发，与 ERP 和 MES 进行接口设计，构建适合液体火箭发动机研制生产的质量信息管理系统，实现整个质量管理过程的可知、可控和可管，保证产品全生命周期质量信息的系统性、完整性和可追溯性。

该系统以产品生产过程为依托，以质量跟踪卡、合格证为质量控制的数据采集主线，采用条形码跟踪技术，实现工序快速流转、库房交接，实时录入检测数据和在线开具合格证等功能。依据配套关系快速形成产品质量 BOM，实现方便、快捷地完成包络分析、数据包建立、数据统计查询。主要功能模块如图 4 - 20 所示。

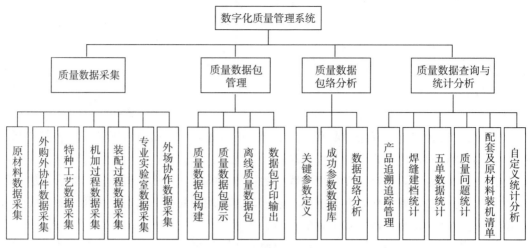

图 4 - 20   系统整体结构

（1）质量数据采集

首先支撑质量管理信息系统的核心之一是数字化的数据采集与反馈，目前生产车间在现有的局域网上与 MES 进行了集成，建立了分布式的检测终端网络和末端检测工位，使用新型的数字化测量器具、各类传感器系统、多媒体采集系统，自动化采集和手工输入相结合，适应各类检测设备和各类检测对象的需求，建立了一个基于网络数字化的闭环检测控制系统。

车间生产现场在接受数据采集任务后，依据不同的采集终端，采用测量仪器、条形码扫描、视频数据接口或手工数据采集等不同方式，对质量特性点进行质量数据采集和存储，结构化数据如零件特性参数等存储到相应的数据模型，非结构化数据如现场采集的视频或图片等多媒体数据等以源文件的形式存储到服务器数据库，通过后台数据处理机制，对采集的数据按照型号、阶段、批次、产品序号、工序、车间、采集人员及采集时间等结构进行组织，以便数据的分析、查询、导出等操作，实现采集质量数据的结构化管理。

其次原记录产品全生命周期信息的纸质质量跟踪卡改制成柔性的电子表单，实现模板和数据分离，数据由部分离散化和定性化转化为全面结构化和定量化。电子质量跟踪卡结构分为 3 部分，包括跟踪卡基本信息、跟踪卡工序信息、跟踪卡工序记录信息，具体结构详见表 4 - 24。

表 4 - 24   质量跟踪卡的结构

序号	项目	内容
1	跟踪卡基本信息	包括投产的图号、产品名称、产品代号、产品序号、阶段标记、生产批次、依据设计文件、依据工艺文件、制造更改依据、跟踪卡编号、投产数量、交付数量、派工时间
2	跟踪卡工序信息	包括工序号、工序名称、工序内容、执行单位或班组、关键工序标识、验收代表标识、主副岗、检验员、验收代表签署记录、产品验收情况（包括合格品、超差品、废品数量）

续表

序号	项目	内容
3	跟踪卡工序记录信息	跟踪卡相应工序会形成各种质量信息，包括领料记录、配套记录、工艺参数记录、产品性能参数记录、管理数据记录（如关键工序质量特性记录表、试验设备及压力检查确认表）等，需要设计各种表格来记录各种信息。分为两种，一种是跟踪卡工序附表，即专为某个工序服务的记录表格，如某道工序为电子束焊，相应表格为电子束焊接参数记录表；一种是跟踪卡附表，即不隶属于某个工序，是为整个跟踪卡服务的记录表格，如领料记录表、铅封领用控制表等

软件使用界面如图 4 - 21 所示。

图 4 - 21　质量跟踪卡数据填写页面

同时按照需要对产品在制造、试验过程中的部分关键质量数据能够快速分类汇总，实现数据打包、成功数据包络分析等功能。系统采取了嵌入式预设的方法，例如工艺员在编辑跟踪卡模板时通过预先枚举定义数据类型，如过程关键特性数据，成功数据包络线分析数据，Ⅰ、Ⅱ类单点故障关键特性分析数据等需要统计的数据类型，提前在记录表格中预定义填写的工艺参数或产品性能数据单元格的数据类型，最终实现数据的快速提取、分类统计，如图 4 - 22 所示。

图 4 - 22　质量跟踪卡数据记录附表填写页

（2）产品数据包模块

发动机整机、部组件装配结束时，系统能对特定产品从原材料、零件生产及外协、部组件装配、整机装配过程所有质量跟踪卡等质量信息进行下载打包提取，形成脱离系统的单独文件，可以脱离系统按照产品 BOM 逐级展开，查看跟踪卡相关信息；该单独文件还可以上传至预装数据包系统离线计算机，将所有数据还原至系统中，实现所有系统正常的查询、汇总、统计等功能，便于异地工作时，质量检查确认需要，如图 4 - 23 所示。

（3）数据查询和统计模块

产品实际质量数据通过原材料复验、零件生产及外协、试验、部组件装配、整机装配过程中进行采集。质量数据的采集是通过质量跟踪卡来完成的，并利用合格证通过产品配套清单将所有质量数据进行关联，形成整机型号的质量 BOM，自动读取所装配部件、零件的质量信息，形成统计清单，见图 4 - 23，统计时点击统计分析的所属选项即可，各种统计输出选项实现如下。

①产品特性数据统计输出

以跟踪卡模板为依托，工艺提前对需要采集的数据通过跟踪卡附表进行预定义，实现对产品性能实测数据、工艺过程参数灵活查询汇总，实现Ⅰ、Ⅱ类单点故障关键特性分析数据、强制检验点验收数据、三类特性数据的自动识别，分类统计。

图 4-23　产品数据包导出

②五单信息统计

对产品生产过程中涉及的技术通知单、设计更改单、质疑单、工艺通知单、工艺更改单等五单信息实现自动分类统计汇总。

③质量问题汇总

以跟踪卡质量问题处理记录和质疑单为依托，对相关的质量问题信息进行自动采集，实现问题处理过程中的现象描述、原因分析、处理措施、处理人员等信息的快速查询、统计分析、追溯。

④装机清单

发动机整机、部组件装配结束时，系统能自动按配套关系形成零件级及辅材配套装机清单。

⑤非金属零件和非金属材料汇总

发动机整机、部组件装配结束时，按发动机配套关系形成所有非金属零件和非金属材料配套装机清单，方便对发动机贮存期的控制。

⑥多媒体记录汇总

在生产完工后，系统能自动形成发动机质量多媒体记录档案，包括多媒体记录清单与多媒体文件，可以同步下载，输出独立文件。

⑦焊缝建档汇总

根据航天标准 QJ 3040《焊缝建档规定》，需要对发动机型号进行焊缝建档，系统能够自动汇总焊缝编号、部位、焊接方法、检验方法、焊接标准、接头等级、检测结论等属性信息。

⑧外协产品（工序）质量情况统计

发动机整机、部组件装配结束时，通过配套装机清单从跟踪卡外协工序自动汇总工序外协的产品名称、图号、外协工序、外协单位和协作质量。

（4）产品跟踪及追溯模块

质量数据的逆向追溯：当某一产品使用出现问题时，利用系统的配套关系，以结构树展开，能迅速追溯产品在物资采购、保管、发放、零件加工、组件装配等各个环节的信息记录与质量问题，方便问题的迅速定位。质量数据的正向跟踪：当某一产品或者某一物资质量发现问题时，通过利用系统的配套关系，以结构树展开，能迅速汇总同批使用的覆盖情况，对质量问题的影响范围进行定位，方便采取措施。

（5）包络分析模块

成功数据包络线分析方法是在飞行试验产品各项参数满足设计要求的前提下，确认飞行试验产品各项参数是否在产品成功数据包络内，并对超出数据包络的参数开展技术风险分析，成功数据线包络分析要求自动提取跟踪卡实测数据边界值，参考发动机飞行、试车情况形成包络线，并实时更新，超包络自动预警。

包络模块在系统后台设置了发动机飞行或地面试车产品确认功能，即当每次发动机飞行或地面试车产品成功后，由主管人员进行确认，确认后，系统即自动把该产品整机测试及配套零部组件的所有性能参数、工艺参数、关键原材料性能参数，纳入实测边界统计范畴，自动更新上下边界；同时系统支持手工对上下边界进行修正，即结合未进入数据包系统中的历史上下边界统计值进行修正。

第 5 章　计量管理及计量检测、校准技术

5.1　计量管理

5.1.1　概述

计量是实现单位统一、量值准确可靠的活动。而计量管理则是为了提供计量保证而开展的各项管理活动。

随着国家计量法制体系的建设，企业计量定级、升级工作和国防计量认可工作的开展，完善计量检测体系认证、测量管理体系认证工作的推行，以及质量管理体系认证工作的广泛开展，国防科技工业企业计量管理工作逐步得到深化和发展。

国防科技工业企业计量管理，应参照 ISO 10012 国际标准的要求，确立现代企业计量管理模式，建立企业计量管理体系，并将国家、国防计量法律、法规体系的要求及客户的计量管理要求体现在该管理体系之中。这是国防科技工业企业计量管理工作的发展趋势，是科学的管理方法。

5.1.2　计量法规体系

计量法规体系分为 3 个层次：第 1 层是计量法律；第 2 层是计量法规；第 3 层是计量规章。计量法规体系包括计量管理法规体系和计量技术法规体系。

5.1.2.1　计量管理法规体系

（1）计量法律

《中华人民共和国计量法》由全国人大颁布，是国家管理计量工作的基本法，是实施计量监督管理的最高准则，是我国计量领域唯一的计量法律。

（2）计量法规

计量法规是由国务院或地方各级人民代表大会制定或批准的各种条例、规定或办法。

（3）计量规章

计量规章是由国务院计量行政部门、地方人民政府及其所属计量行政部门制定的地方性计量管理办法、规定。

液体火箭发动机研制生产涉及的主要计量管理法律、法规及规章见表 5-1。

表 5 - 1　液体火箭发动机研制生产涉及的主要计量管理法规体系概况表

序号	法规名称	层次	审批机关
1	中华人民共和国计量法	法律	全国人大常委会
2	中华人民共和国强制检定的工作计量器具检定管理办法	法规	国务院
3	国务院关于在我国统一实行法定计量单位的命令	法规	国务院
4	关于企业使用的非强检计量器具由企业依法自主管理的公告	规章	国家技术监督局
5	关于印发《在实施计量法中有关计量检定规程问题的通知》	规章	国家计量局
6	关于印发《加强企业计量工作的若干意见》的通知	规章	国家技术监督局
7	国防计量监督管理条例	法规	国务院、军委
8	国防科技工业计量监督管理暂行规定	规章	国防科工委
9	国防科技工业计量标准器具管理办法	规章	国防科工委
10	国防科技工业专用测试设备计量管理办法	规章	国防科工委
11	国防科技工业计量检定人员管理办法	规章	国防科工委
12	国防科技工业计量监督实施办法	规章	国防科工委
13	国防计量技术机构管理办法	规章	国防科工委
14	关于进一步加强国防军工计量工作的通知	规章	国防科工局
15	武器装备质量管理条例	法规	国务院、中央军委

5.1.2.2　计量技术法规体系

计量技术法规包括计量检定系统表、计量检定规程和计量技术规范。它们是正确进行量值传递，确保计量基准、计量标准所测量值准确可靠，以及实施计量法制管理的重要手段和条件。

（1）计量检定系统表

计量检定系统表是用图表结合文字的方式，规定国家计量基准及其主要计量特性、各级计量标准及其不确定度、工作计量器具及其最大允许误差，以及进行量值传递的程序和方法，是国家法定技术文件。

一般建立一种基准，就有一个相应的计量检定系统表。

（2）计量检定规程

计量检定规程是为了评定计量器具的计量特性，规定了计量检定项目、检定条件、检定方法、检定结果的处理、检定周期、使用中检验的要求等，是作为确定计量器具合格与否的法定性技术文件。

国家计量检定规程由国务院计量行政部门制定，在全国范围内实施；省级人民政府计量行政部门制定的计量检定规程，在本行政区域内实施；国务院有关主管部门制定的部门计量检定规程，在本部门内实施。

（3）计量技术规范

计量技术规范是指国家计量检定系统表、计量检定规程之外的，计量工作中具有综合性、基础性并涉及计量管理的技术文件和用于计量校准的技术规范。

它不属于强制执行的法规性技术文件，但是为科学计量发展、计量技术管理、实现溯源性等方面提供了统一的指导性规范和方法。

5.1.3　计量管理标准体系

企业生产经营活动中必须执行的、涉及计量工作方面要求的标准，构成企业的计量管理标准体系。发动机研制生产涉及的主要计量管理标准见表 5-2。

表 5-2　发动机研制生产涉及的主要计量管理标准概况表

序号	标准代号	标准名称	执行性质	颁布机构
1	GB/T 19022	测量管理体系——测量过程和测量设备的要求	参照执行	质量监督检验检疫总局
2	GJB 9001B	质量管理体系标准	强制执行	总装备部
3	GJB 5109	装备计量保障通用要求　检测和校准	强制执行	总装备部
4	JJF（军工）2	国防军工计量校准规范编写规则	强制执行	国防科工局
5	JJF（军工）3	国防军工计量标准器具技术报告编写要求	强制执行	国防科工局
6	JJF（军工）5	国防军工计量标准器具考核规范	强制执行	国防科工局
7	JJF（军工）7	武器装备科研生产单位计量工作通用要求	强制执行	国防科工局
8	JJF（军工）8	武器装备科研生产单位计量监督检查工作程序	强制执行	国防科工局
9	JJF 1001	通用计量术语及定义	强制执行	质量监督检验检疫总局
10	JJF 1059.1	测量不确定度评定与表示	强制执行	国防科工局
11	GB/T 28001	职业健康安全管理体系　要求	强制执行	质量监督检验检疫总局
12	GB/T 17167	用能单位能源计量器具配备和管理通则	参照执行	质量监督检验检疫总局
13	Q/QJA 101.1	航天武器装备安全生产标准化考评细则	强制执行	中国航天科技集团公司
14	Q/QJA 101.10	航天武器装备安全生产标准化考评细则 第 10 部分：专用设备	强制执行	中国航天科技集团公司
15	Q/QJA 101.11	航天武器装备安全生产标准化考评细则 第 11 部分：通用设备与作业	强制执行	中国航天科技集团公司

5.1.4　计量技术机构

1992 年，国防科工委颁布的《国防计量技术机构管理办法》，将国防计量技术机构划分为三个层级。

一级国防计量技术机构：是指国防科工委批准设置的计量测试研究中心、计量一级站。

二级国防计量技术机构：是指国防科工委批准设置的区域计量站、专业计量站以及主管部门批准设置的部门计量站。

三级国防计量技术机构：是指军工产品研制、试验、生产、使用单位的计量技术机构。

5.1.5　测量标准

测量标准是具有确定的量值和相关联的测量不确定度，实现给定量定义的参照对象。一般可分为计量基准、计量标准、标准物质 3 类，如图 5-1 所示。

图 5-1　测量标准分类

（1）计量基准

计量基准指经国家权威机构承认，在一个国家或经济体内作为同类量的其他测量标准定值依据的测量标准。

（2）计量标准

计量标准指在给定组织或给定区域内指定用于校准或检定同类量其他测量标准或者测量设备的测量标准。

按法律地位，使用和管辖范围不同分为：社会公用计量标准、部门计量标准、企事业单位计量标准。

最高计量标准是指在给定地区或给定组织内，通常具有最高计量学特性的计量标准，在该处所做的测量均从它导出。最高计量标准分为 3 类：最高社会公用计量标准、部门最高计量标准、企事业单位最高计量标准，如图 5-2 所示。

图 5-2　最高计量标准分类

国防科技工业企事业单位建立的最高计量标准，应当经所在省、自治区、直辖市国防科技工业计量管理机构考核（或复查）合格后方可投入使用。

（3）标准物质

标准物质指具有足够均匀和稳定特性的物质，其特性被证实适用于测量中或标称特性检查中的预期用途。

标准物质分为：一级标准物质、二级标准物质，由国家质检总局负责鉴定、审批、管理。

5.1.6　计量溯源性

计量溯源性是通过文件规定的不间断的校准链，将测量结果与参照对象联系起来的特性，校准链中的每项校准均会引入测量不确定度。

企业所有测量设备均应溯源到国家或国际测量标准，溯源结果既可以为被测量对象赋值，又可以确定示值的修正值。同时，溯源也可以确定其他计量特性，如影响量的作用等。

量值溯源的方式包括：检定、校准、测试、比对等。检定和校准是企业最常采用的溯源方式。

（1）计量检定

计量检定是指查明和确认计量器具是否符合法定要求的程序，它包括检查、加标记和（或）出具检定证书。计量检定是一种法制行为，检定的依据是检定规程。计量检定包括强制检定和非强制检定两种。

1）强制检定，是由国家法定计量技术机构或者授权的计量技术机构执行，依据国家或地方、部门计量检定规程实施，须作出合格与否的结论，出具检定证书或检定结果通知书，按照国家检定规程要求或者相关国家计量管理要求给出检定周期。

经政府计量行政部门授权，企业计量技术机构可以对企业内部强制检定计量器具实施强制检定。

2）非强制检定，是由国家法定计量技术机构、授权计量技术机构、其他计量技术机构（如国防计量校准实验室），对非强制检定计量器具实施的检定。

企业有权对企业内部管理的非强制检定计量器具实施检定，但是不能对外开展计量检定。

（2）计量校准

计量校准是在规定条件下的一组操作，其第一步是确定由测量标准提供的量值与相应示值之间的关系，第二步则是用此信息确定由示值获得测量结果的关系，这里测量标准提供的量值与相应示值都具有测量不确定度。计量校准是市场行为，不是法制行为。校准的依据是国家、地方或部门颁布的校准规范，如果没有相应的校准规范，企业可以自行编制校准规范。

（3）比对

比对是在规定条件下，对相同准确度等级或指定不确定度范围的同种测量仪器复现的量值之间进行比较的过程。

5.1.7　计量确认

计量确认是为确保测量设备符合预期使用要求所需的一组操作。计量确认过程框图，如图 5 - 3 所示。

无论采取检定、校准、比对中的哪种溯源方式，完成溯源工作后，企业都应该将溯源结果与计量要求进行比较验证，确认其是否满足预期使用要求，并封印和标签。

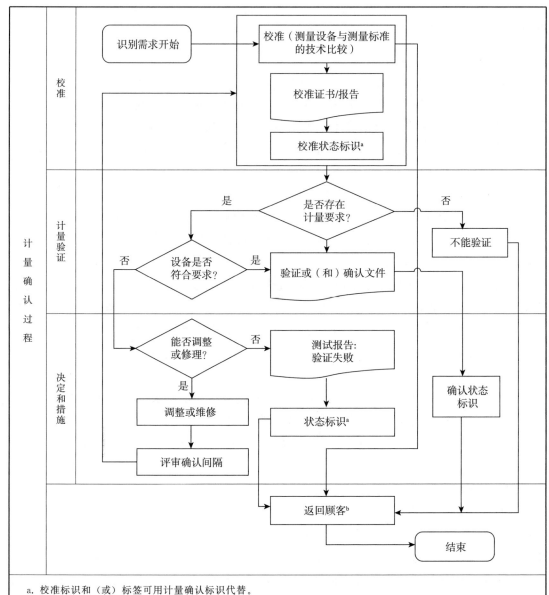

图 5 - 3　计量确认过程框图

5.1.8　计量检定、计量校准、比对与计量确认之间的关系

计量检定、计量校准、比对与计量确认之间有着紧密的关系，见表 5 - 3。

表 5-3　计量检定、校准、比对与计量确认之间的关系

	计量检定	计量校准	比对	计量确认
定义	查明和确认计量器具是否符合法定要求的程序。它包括检查、加标记和（或）出具检定证书	在规定条件下，为确定测量仪器或测量系统所指示的量值，或实物量具或参考物质所代表的量值之间关系的一组操作	在规定条件下，不同测量设备对同一技术指标进行测量，并将测量结果予以比较的活动	为确保测量设备符合预期使用要求所需的一组操作
目的	确定是否符合法定要求	对被测对象赋值或确定其示值	监控测量设备示值的可靠性	通过溯源和验证等活动，确定测量设备是否符合特定测量过程的计量要求
性质	具有法制性	不具有强制性	弥补无法溯源的一种措施，不具有强制性	不具有强制性
适用范围	强制检定计量器具或企业要求检定的非强检计量器具	非强检测量设备	非强检测量设备	需要确定测量设备是否符合特定测量过程的计量要求的测量设备
法制管理要求	检定部门必须建立计量标准、并经考核合格，在规定范围内工作	校准部门必须建立计量标准、并经考核合格，在规定范围内工作	无	无
依据	按照国家检定系统表、检定规程	计量校准规范	自行选择比对方法	计量确认文件

5.1.9　计量检定人员

国防科技工业计量检定人员是指经国防科技工业计量管理机构或其授权的机构考核合格，在国防科技工业计量技术机构从事计量检定和校准的人员。计量检定人员须持证上岗。

企业计量技术机构的几何量精密测试人员，也应取得国防计量检定人员资格证书。

企业中从事特殊测量设备校准的人员，不属于计量检定人员，允许企业自行培训考核，考核合格的由企业自行颁发校准员证书，持企业颁发的校准员资格证上岗。

5.1.10　ABC 分类

测量设备 ABC 分类管理方法，是根据测量设备在企业经营管理及科研生产中的作用，以及测量设备本身的可靠性等，结合企业测量管理的需要，将测量设备分为 A、B、C 三种类别，实行保证重点、兼顾一般、区别管理、全面监督的管理办法。

5.1.11　计量确认标签

计量确认标签反映的是测量设备的计量确认状态，包括可用、限制使用或者不可用。在计量确认工作结束后，由计量确认人员填发或者粘贴。计量确认标签的形式可以是粘贴在实物上的标签、代码、蜡封，也可以是文件规定的其他形式。

当计量确认标签不能全面地反映测量设备的计量确认状态时，可以通过粘贴标签与计量确认报告同时使用予以明示。

计量确认标签的颜色，应与测量设备的管理状态相适应，通过不同的颜色给管理人员、检定人员、使用人员以明显的提醒。

5.1.12　确认间隔

确认间隔是测量设备相邻两次校准的时间间隔，同检定周期。可以是时间间隔，也可以是使用次数的间隔。

（1）制定确认间隔的原则要求

1）强制检定计量器具的确认间隔，由检定部门依据国家计量检定规程以及相关法定管理文件确定，企业不得调整，必须按照检定证书规定的检定周期定期检定。

2）非强制检定计量器具的检定周期，企业可以本着科学、经济的原则自行确定和调整。

3）在企业经营管理和科研生产中，如果其他强制执行标准中对测量设备的确认间隔有要求的，企业应按标准要求执行。

4）确认间隔须由计量管理部门统一颁布文件予以规定。

（2）确认间隔的调整

确认间隔的确定和调整可参照 OIMLD 10：1984《检测实验室中使用的测量设备复校间隔的确定准则》标准进行。

5.1.13　封印

封印是用于防止对测量仪器进行任何未经授权的修改、再调整或拆除部件等的标记。封印的形式可以是标签、铅封、漆封等，应根据封印位置的不同状况，确定合适的封印形式。封印一旦损坏，应按不合格测量设备处理，不得使用。

5.1.14　不合格测量设备

不合格测量设备是对已确认的测量设备怀疑或已知：1）损坏；2）过载；3）可能使

其预期用途无效的故障；4）产生不正确的测量结果；5）超过规定的计量确认间隔；6）误操作；7）封印或保护装置损坏或破裂；8）暴露在已有可能影响其预期用途的影响量中（如电磁场、灰尘）。

发现不合格测量设备，应对测量设备进行处理，如修理、降级、报废、限用、标识等。同时更应该注意对其过去的测量结果进行评审，确定其不合格对产品的影响是否能接受，当不能接受时，应对该测量设备测量过的产品重新进行检测，这个过程简称为追溯。

5.1.15　测量设备的配置

工业企业的测量过程是复杂多样的，对于不同的测量过程，选配测量设备的基本方法是：如果有国家或部门标准规定的，则按照标准的规定选配测量设备；各类设备上固定安装的测量仪表，应按照设备要求进行选配；其他测量过程，应按照1/4准则选配测量设备。

测量设备选配的1/4准则指的是：选配的测量设备，其测量不确定度（或最大允许误差）应为被测对象最大允许误差的1/4～1/10倍。

5.1.16　测量不确定度

测量不确定度是根据所用到的信息，表征赋予被测量量值分散性的非负数，简称不确定度。由于测量误差的绝对性，测量值必定以一定的概率分布在测量结果附近的一个区域内，表征这个区域大小的参数就是测量不确定度。

5.1.17　过程的监视和测量

在计量管理工作中，应用统计技术来分析和监控测量过程、管理过程，可以实时监测到过程的波动情况，定量地评价测量过程和计量管理体系运行的有效性。

（1）测量设备周期受检率

测量设备周期受检率是指在某个时间段内，按期送检的测量设备数与周检计划数的百分比，是对测量设备周期送检过程的监视和测量。

（2）测量设备周检合格率

测量设备周检合格率是指在某个时间段内，周检测量设备的合格总数与周检测量设备总数的百分比值，是对测量设备使用过程的监视和测量。

（3）测量过程的监视和测量

通过对测量过程的监视和测量，可以对影响测量结果的要素加以控制，确保测量结果准确可靠。测量过程的监视和测量方法有很多种，对于重要的测量过程要严格控制，可以采取控制图的方法；对一般的过程应简单控制，可以只对测量设备进行定期校准（检定）。

5.1.18　计算机信息化技术的应用

计量管理工作中的突出问题是：

1）测量设备管理台账的动态更新问题；

2）检定记录的长期保存、查询与数据追踪问题；

3）周检合格率和周期受检率的统计分析问题；

4）周检计划的预警与监控问题等。

在发动机研制生产中，应用网络版计量器具管理信息系统，有效地解决了上述问题。基本做法如下：

1）实现测量设备计量业务的统一、闭环管理，业务模型如图 5-4 所示。

2）将测量设备的管理数据与计量检定记录无缝对接。

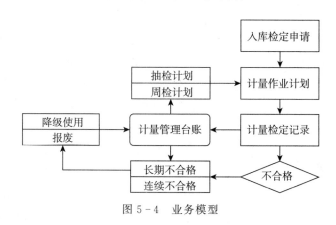

图 5-4　业务模型

3）数据关系模型。以虚拟的测量设备统一编号为唯一线索，关联测量设备台账数据、周检计划数据、检定记录数据和统计分析数据，实现测量设备管理数据与检定记录的无缝对接，从根本上保证台账与检定记录的关联关系，为检定记录信息与台账信息的同步处理及数据统计分析打下良好基础。

4）系统功能。计量器具管理信息系统的主要功能见表 5-4。

表 5-4　计量器具管理信息系统主要功能概述表

序号	功能	功能说明	图示
1	计量检定作业计划	根据管理信息系统收集到的检定需求，自动生成检定工作计划。该计划的数据来源于入库检定申请单、后续检定申请单、周期检定申请单、抽检申请单等送检申请单	—
2	计量检定记录	检定记录中记载了测量设备详细的检定信息，信息来源 3 个方面：检定作业计划、检定记录模板和检定结果	图 5-5
3	检定记录模板	系统对同类型测量设备设计了检定记录格式（模板），该格式规范了被检测量设备的检定项目、检定合格标准、环境条件等标准化信息，计量管理人员可以维护更改。针对不同模板，系统对检定项目的不合格类型作了详细划分。例如，在游标卡尺的检定记录模板中设定：测量面平面度不属于示值超差，刀口量爪的尺寸和平行度属于示值超差，避免了由于人为知识水平的不同，导致数据统计结果的错误	—

续表

序号	功能	功能说明	图示
4	周检合格率统计	提供以时间跨度、使用单位和测量设备分类多个纬度的合格率统计，统计结果以表格和柱状图的形式表达	图 5-6
5	周检率统计	将申请单接收日期与周检计划中的有效日期关联比较，自动判定是否超期送检，提供以时间跨度和使用单位两个纬度的周检率统计，统计结果以表格和柱状图形式表达	—
6	长期不合格测量设备统计	将长期处于不合格状态的测量设备筛选出来，有针对性地予以监督检查，确保这些测量设备受控	—
7	连续不合格测量设备统计	对连续周期检定不合格测量设备进行自动查询，发现那些量值不稳定的测量设备，予以强制报废，从而发挥预防管理的积极作用	图 5-7

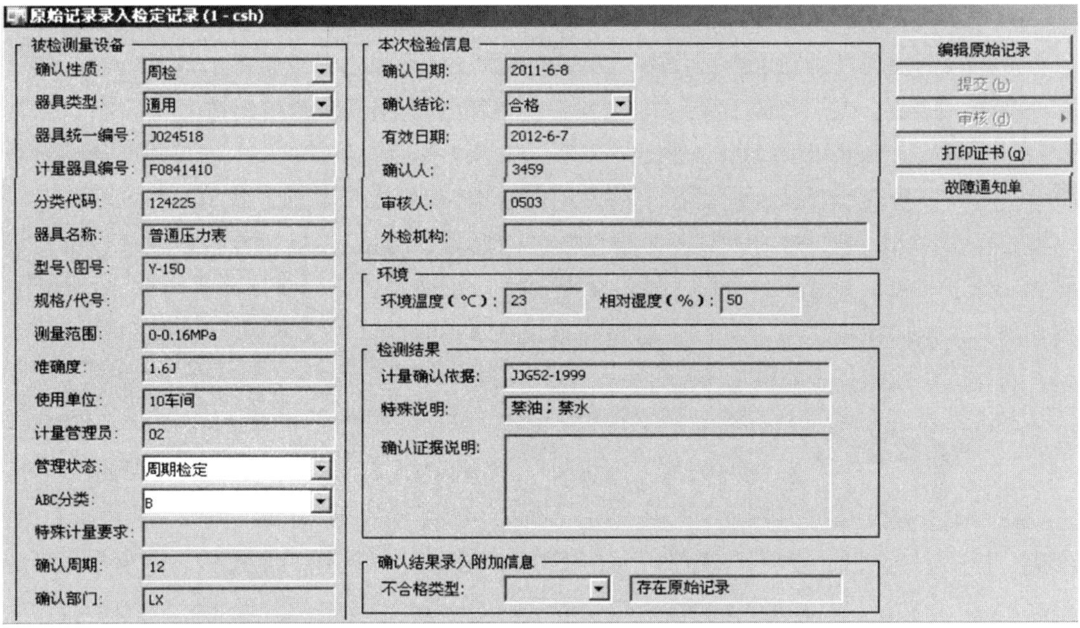

图 5-5　计量检定记录

图 5-6　周检合格率统计表

图 5-7　连续不合格测量设备统计表

5.2　计量校准检定技术

5.2.1　概述

液体火箭发动机研制生产过程中，涉及机械加工、焊接、钣金成型、表面处理、热处理、锻造、铸造、电加工及计量、理化、无损检测等专业，发动机制造过程复杂，周期长，生产现场大量使用卡尺、千分尺、量规、热工仪表、压力仪表、电学仪表等通用测量设备进行产品检测、试验过程监控。根据国防计量的要求，共建立 26 项最高计量标准，开展长、热、力、电计量时等专业测量设备的内部检定校准，自行校准/检定覆盖率达到92.9％以上。根据量具计量特性、使用频率、量具质量等情况，通用量具按照 4~6 个月周期纳入强制周期检定校准管理，周检合格率达到 95％以上，为发动机研制生产提供快速、高效、优质的计量保障服务。

5.2.2　通用量具计量

通用量具是发动机研制生产中普遍使用的长度量测量器具，包括游标类、微分类、角度类、指示表类、平直类、量块等，主要承担生产过程产品工序、总检环节简单几何尺寸的测量。

5.2.2.1　游标类量具

（1）游标类量具的分类、特点及原理

应用游标读数原理制成的量具有：游标卡尺、数显卡尺、高度游标卡尺、深度游标卡尺、游标角度尺（如万能角度尺）和齿厚游标卡尺等。此外，还有基于磁栅读数原理的数显卡尺。

此类量具结构简单，使用方便，精度适中，测量尺寸范围大，用于测量零件的外径、内径、长度、宽度，厚度、高度、深度、角度等。

游标读数原理是利用尺身刻线间距与游标刻线间距差来进行读数的。通常尺身上刻有间距为 1 mm 的刻线。如尺身刻线间距 9 格相对游标间距 10 格，则游标的刻度间距为

0.9 mm，与尺身刻线间距差 0.1 mm。根据这个原理，使游标尺身移动，即可使尺身与游标上的线对准，从间距差得出长度尺寸的小数部分。游标量具的分度值一般为 0.1 mm、0.05 mm、0.02 mm 三种。

（2）游标类量具的检定方法

游标类量具检定标准装置主要由 3 级或 5 等量块（5 块组、8 块组、12 块组）、1 级平板、0～25 mm 外径千分尺等构成，采用直接测量法的工作原理，检定游标类量具。主要检定项目包括外观、示值误差、零值误差、刀口型内量爪平行度、圆弧内量爪的基本尺寸偏差和平行度、示值变动性、示值漂移（数）和细分误差（数）等。

5.2.2.2　微分类量具

（1）微分类量具的分类、特点及原理

微分类量具应用螺旋副传动原理借助测微螺杆与螺纹衬套，作为一副精密螺丝偶合件将回转运动变为直线运动，结构设计符合阿贝原则，精度较高。读数机构由固定套筒和微分筒组成，固定套筒刻有纵刻线上下各有 25 个分度，可读 0.5 mm。微分筒刻有 50 个等分刻度，测微螺杆螺距 0.5 mm，故微分筒旋转 1 个分度测微螺杆移动 0.01 mm。

微分类量具按用途分为外径千分尺，杠杆千分尺，公法线千分尺，螺纹千分尺，内径千分尺，内测千分尺，三爪千分尺，测深千分尺等。

微分类量具的测量精度高于游标卡尺，多用于加工精度较高的产品测量。千分尺的分度值为 0.01 mm，杠杆千分尺的细分读数是在表盘上进行，其分度值分为 0.001 mm、0.002 mm，分别用于测量零件的外径、内径、深度、厚度以及螺纹的中径和齿轮的公法线长度等。

（2）微分类量具的检定

微分类量具检定装置主要由 4 等或 5 等量块 20 块组及平晶、刀口尺构成，采用直接测量法的工作原理，检定微分类量具。

5.2.2.3　指示表量具

（1）指示表量具的分类、特点及原理

应用杠杆、齿轮齿条或扭簧传动将直线位移转变为指针角位移的量具，称为指示表量具。按结构和用途分为：百分表、千分表、杠杆百分表和内径百分表等。

指示表量具测量范围最大至 100 mm，分度值最高 0.001 mm。主要用于调整零件的安装位置，检验零件的形状精度和相互位置精度，以及测量零件的内径等。

（2）指示表量具的检定

指示表量具检定装置主要由光栅式全自动指示表检定仪构成，利用光栅测长的原理，采用直接测量法，开展指示表量具检定。

5.2.2.4　角度量具

（1）角度量具的分类、特点及原理

应用游标读数原理测量角度的量具有游标量角器、万能角度尺等。

万能角度尺结构简单、使用方便，测量范围有 $0\sim320°$ 及 $0\sim360°$ 两种，分度值包括 $2'$ 及 $5'$，是用来测量精密零件内外角度或进行角度划线的量具。

万能角度尺是利用游标读数原理对两测量面相对移动所分隔的角度进行读数的量具，万能角度尺尺座上的刻度线每格 $1°$。由于游标上刻有 30 格，所占的总角度为 $29°$，因此，两者每格刻线的度数差（分度值）是 $2'$。万能角度尺的读数方法和游标卡尺相同，先读出游标零线前的角度值，再从游标上读出角度"分"的数值，两者相加就是被测零件的角度数值。

（2）角度量具的检定

角度量具检定装置主要由二级角度块，直角尺，千分尺，刀口尺，粗糙度样板组成。

工作原理：角度量具检定装置是以直接测量的方法进行测量的。将二级角度块放在角度尺测量面与直尺之间，保持均匀接触，从被检尺上读取数据，得出其误差。

5.2.2.5　平直量具

（1）平直量具的分类、特点及原理

应用液位水平的原理测量微小倾斜角度的量具称为平直度量具，主要包括水平仪等。

水平仪量具测量精度最高 $0.005\ \mathrm{mm/m}$，主要用于测量机械零件相互位置的水平位置和设备安装时的平面度、直线度和垂直度，也可测量零件的微小倾角。

框式、条式水平仪利用液位水平的原理，当水准泡位于中央时，为与大地水平位置。以水准泡的偏移直接显示角位移，测量相对于水平和铅垂位置微小倾斜角度。

（2）水平仪的校准

水平仪量具校准装置主要由水平仪检定器、水平仪零位检定器、量块、平面平晶、刀口尺、平板组成。

工作原理：水平仪校准装置采用直接测量法即将被检水平仪放在水平仪检定器的工作台上，调整水平仪检定器处于正确位置，使气泡对准水准管左边（或右边）的起始线上，同时使检定器的示值位于某一数值，然后依次改变水平仪检定器的示值，每次改变量为被检水平仪的分度值，待气泡稳定后，按气泡的一端进行读数 A_0，A_1，A_2，$\cdots A_n$，以同样的方法检定水准管的另一边。

5.2.2.6　量块

（1）量块的分类、特点及原理

量块是应用一对相互平行的高精度测量面确定标准尺寸的实物量具，主要以其长度的测量不确定度划分等别，以量块长度的偏差划分级别。

量块使用耐磨材料制成，它是机器制造业中控制尺寸的最基本量具，是从标准长度到零件之间尺寸传递的媒介，是长度计量的基准。

量块用一对相互平行的高精度测量面复现标准尺寸，通过对计量仪器、量具和量规等示值误差检定的方式，使机械加工中各种零件的尺寸溯源到长度基准，以达到长度量值的统一。

（2）量块的检定

量块检定装置主要由三等（$0.5\sim100$）mm 量块 91 块组、（$0.991\sim1$）mm 量块 10

块组、电脑量块检定仪（测微计）、平面平晶组成。四等量块的中心长度是以相同标称尺寸的三等量块作为标准，在电脑量块检定仪上用比较法测量。为使标准和被检量块的温度达到平衡，测量前先将两量块放在电脑量块检定仪的工作台上定温。测量时，先将测头对准中心长度为 L_s 标准量块中心，读数稳定后调零，再将测头对准被检量块中心，读数稳定后读取长度差值，即为量块示值误差。

5.2.3　温度计量

温度在产品生产中是一个重要的物理量，一切互为热平衡的物体都具有相同温度，这是温度计计量温度的基本原理。

温度计按测温原理分为膨胀式温度计、电阻式温度计、热电偶温度计和辐射式温度计等。温度计按照准确度等级分为基准、工作基准、一等标准、二等标准及工业用各种温度计。发动机生产中应用各类温度计实现（-200～2000）℃的测量。

5.2.3.1　温度仪表的检定

（1）膨胀式温度计的分类、特点、原理、检定

膨胀式温度计主要包括玻璃液体温度计、压力式温度计和双金属温度计等。检定标准装置由标准水银温度计、恒温槽等组成。

玻璃液体温度计是利用感温液体在透明玻璃感温泡和毛细管内的热膨胀作用来测量温度的。主要用于表面处理过程中各类腐蚀性槽液的温度测量。主要检定项目包括外观、示值稳定性和准确性等。

压力式温度计是按照封闭系统内部工作物质的体积压力随温度变化的原理工作的。主要用于准确度要求不高的场合的温度测量和控制。主要检定项目包括外观、绝缘电阻、允许误差、回差、重复性、接点动作误差和接点切换差等。

双金属温度计是由两种线膨胀系数不同的金属薄片叠焊在一起制成的。主要用于对准确度要求不高的场合的温度测量，如水温、油温和蒸汽温度测量等。主要检定项目包括外观、绝缘电阻、允许误差等。

（2）热电阻温度计的分类、特点、原理、检定

热电阻温度计由热电阻体（感温元件）、连接导线和显示或记录仪表构成。热电阻测温原理是基于导体或半导体的电阻与温度之间存在一定的函数关系，导体或半导体的电阻随温度变化而变化，通过显示仪表显示出被测对象的温度数值。

工业热电阻有铂热电阻和铜热电阻，测量范围为（-200～850）℃。检定标准装置由标准铂电阻温度计、恒温槽等组成。检定项目包括装配质量和外观检查、绝缘电阻、0 ℃时的电阻值 R_0、100 ℃时的电阻值 R_{100} 及其他温度时电阻值 R_t 的检定和稳定度检定。

（3）热电偶温度计的分类、特点、原理、检定

热电偶温度计是由热电偶、显示仪表和连接导线组成。热电偶是热电偶温度计的感温元件。热电偶测温的基本原理是金属导体的热电效应。即两种不同的导体两端接合组成回路，当两个接合点的温度不同时，会在回路内产生热电势，在由两种导体组成的闭合回路

中，如果两端结点的温度不同，则回路中就将产生一定大小的电流，这个电流的大小与导体材料的性质以及结点的温度有关。

工业用热电偶按照测量范围不同，大致分为廉金属热电偶和贵金属热电偶。热电偶温度计测量范围为（-200～2000）℃。

检定标准装置由标准热电偶、检定炉、恒温槽等组成。检定项目包括外观、热电偶清洗和退火、示值误差等。

（4）温度显示仪表的分类、特点、原理、检定

温度显示仪表是一种工业过程测量仪表。因为仪表本身不能单独测量温度，须与热电偶、热电阻等温度传感器相配，接受其信号才能测量温度，故也称温度二次仪表，主要包括自动平衡显示仪表、数字温度显示调节仪表等。检定时选用标准仪器及配套设备引入的扩展不确定度应不大于被检仪表最大允许误差的 1/4。

①自动平衡显示仪表

自动平衡显示仪表是用于指示和记录温度、压力、真空、流量、物位等参数的。当传感器或变送器把上述参数转换成仪表可以接受的电量（如电压、电流和电阻量）后，仪表即可通过对电量的测量来间接反映各种参数的变化。同样，仪表也可直接测量和记录直流电流、电压、电阻等参数。

自动平衡显示仪表的检定包括外观、绝缘电阻、绝缘强度、行程时间、指示基本误差、记录基本误差、回程误差、运行试验和记录质量等。

②数字温度显示调节仪表

数字温度显示调节仪表用于指示和控制温度、压力、真空、流量、物位等参数。配热电偶或热电阻用以测量温度，辅以相应的执行机构组成温度控制系统。接受标准化模拟直流电信号或其他产生电阻变化的传感器信号就可以测量和控制其他物理量。

数字温度显示调节仪表的检定包括外观、绝缘电阻、绝缘强度、基本误差、分辨率、稳定度等。

5.2.3.2 炉温均匀性测试

炉温均匀性是指热处理炉炉膛工作区内各处温度均匀一致的程度，即炉子在热稳定状态下，设定温度与工作区内各测试点温度之间相差的程度。通过对热处理炉的炉温均匀性进行测试，确定热处理炉合格的加热区间，保证热处理产品的质量。

炉温均匀性测试依据 GJB 509B《热处理工艺质量控制要求》、GB/T 9452《热处理炉有效加热区测定方法》进行。发动机研制生产中炉温均匀性测试方法主要有常规测试法、无线测试法、测温环测试法等。

（1）常规测试法

热处理炉有效加热区的检测，一般情况下采用空载试验，特殊要求时可以装载试验（半载试验或满载试验）。测试时，热处理炉应以常用升温速度升温，真空炉采用常用真空度。

热处理炉有效加热区温度检测点的数量和位置按照热处理炉的形式和假定有效加热区

的尺寸来确定。以常用的工艺规定温度为检测温度范围。

检测装置由测试热电偶、补偿导线、检测仪表、转换开关及测温架等组成，用适当的方法将热电偶牢固地绑扎在测温架的每个测温位置上。根据不同形式的热处理炉采取不同的安装方式。

（2）无线炉温测试法

无线炉温测试法是一种新型、高效的测温方法，其主要原理是通过发射、接收装置，把炉内热电偶测试的温度信号，通过无线方式传输到外部计算机分析系统，通过专用软件实时分析炉内温度。测试装置包括数据记录器、隔热箱、无线接收分析系统及热电偶。无线炉温测试法主要原理如图5-8所示。

将测试数据记录器与测试热电偶连接后放置于炉内测试架上，测试数据记录器采取隔热箱予以保护，测试完成后将测试数据记录器、测试热电偶和测试架整体从热处理炉内取出，无须等到热处理炉完全冷却到室温，可大幅提高测试效率。

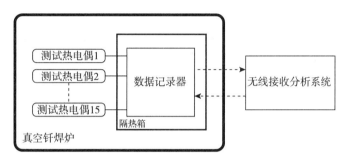

图5-8 无线炉温测试法原理图

无线测试法主要应用于：

1）真空炉、真空钎焊炉温度均匀性测试，解决真空密闭环境无法测试的问题。

2）井式炉温度均匀性测试，解决井式炉测试周期长的问题。

3）台车炉温度均匀性测试，解决需配置过长测试热电偶的问题。

4）热加工过程温度的测试，如真空电子束焊接工艺温度测试、喷管焊接过程中温度分布和变化情况测试等。

（3）测温环测试法

测温环是一种陶瓷温度指示器，应用于窑炉的测温。测温原理是根据其在工作温度范围吸收热量时即产生线性收缩，从而给出实际累积热量，通过外径尺寸变化对照换算表得出测试温度。

在液体火箭发动机研制生产中应用测温环测试方法，主要解决各类高温、真空、空间尺寸极大极小等真空炉的炉温均匀性采用其他方法无法测试的问题，如真空烧结炉、热震荡炉的测试。

在真空炉的温度均匀性测试中，注意测温环外径尺寸和温度对照分别在空气环境下和真空环境下的差异问题、测温环无应力平放和吊放条件下的差异问题。

5.2.4　力学计量

力学计量可分为质量、力值、扭矩、压力、真空、振动、冲击、转速、恒加速度、流量、流速、容量等。在发动机研制生产过程中开展的主要力学计量项目有压力、扭矩和质量等。

5.2.4.1　压力计量

（1）压力仪表的分类

依据工作原理压力仪器仪表可分为活塞式压力计、液体压力计、弹性式压力仪表及电子测量式压力仪表。

活塞式压力计的工作原理是根据帕斯卡定律和流体静力学原理。将专用砝码放置在活塞上，通过调节使活塞有效面积受到的压力与被测压力达到平衡状态，得到被测压力值。活塞式压力计的优点是其压力值由标准砝码产生，压力量值稳定，能够稳定地进行压力的量传与溯源，是一种最常用的压力标准器具。

液体压力计是根据流体静力学原理，利用液柱自重产生的压力与被测压力平衡的方法测量压力，如 U 形管压力计。

弹性式压力仪表是按照测压弹性元件形变与压力的线性关系，通过特定放大机构测量被测压力，如弹簧管压力表。

电子测量式压力仪表是将被测压力按一定规律转换成可用信号（通常为电信号）来测量压力，常见的有压力传感器。

（2）压力仪表的检定方法

压力仪表一般采用直接比较法进行检定，主要检定项目是外观检查、密封性检查、基本误差与回程差等。检定时将被测压力仪表与标准仪表相连通，按照设定的标准压力点，对测量系统造压；当标准仪表到达某个设定点且整个测量系统平衡时，得到被测压力值。被测压力仪表与标准仪表的压力值之差即为压力仪表的示值误差。

发动机研制生产过程中，常用的压力仪表有压力表、压力传感器等。这些仪表被大量应用在各类气密、流量试验台中，起到测试与监督作用。

5.2.4.2　扭矩计量

扭矩扳手、扭矩改锥是一种具有显示测量值或对扭紧过程实施监控的专用工具，它是通过扭矩平衡的原理进行工作的，主要用于发动机螺纹连接的装配过程中。通过扭矩计量检定，保证了扭矩扳手（改锥）扭矩输出的可溯源性与量值传递的准确性。

（1）扭矩扳手（改锥）的分类和检定

扭矩扳手按结构分为示值式和预置式。示值式又分为指针式和数字式；预置式又分为可调式和定值式。扭矩扳手准确度等级为 1 级到 10 级，扭矩改锥的准确度等级一般为 6 级。扭矩倍增器是大扭矩输出时配合扭矩扳手使用的一种辅助器具，是一种通过齿轮传递的扭矩放大器，通常准确度等级为 5 级。

检定扭矩扳手（改锥）的标准设备有扭矩扳子检定仪或标准扭矩仪，采用比较法检定，主要检定项目是示值相对误差与示值重复性。

（2）扭矩扳手头的正确选用与使用

扭矩是力与力臂的乘积，力臂长短的变化对扭矩输出值有直接影响，所以一般在使用扭矩扳手时，不允许使用加长杆、套筒等工具。但使用者往往忽略了扭矩扳手各类扳手头互换时力臂的变化对扭矩输出值带来的影响。

为了节约成本、扩展使用范围，一把扭矩扳手往往会配置一系列不同大小的扳手头，如图 5-9 所示。目前《扭矩扳子检定规程》中对检定时使用扳手头的种类、规格没有特别的控制要求，一般只对棘轮方头进行检定。实际使用中，当互换扳手头的开口尺寸跨度超过一定范围时，扭矩扳手输出时的力臂将产生变化，从而影响扭矩输出的大小。一般输出扭矩值越小，开口尺寸跨度的影响越明显。

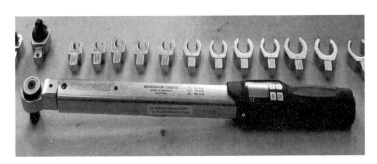

图 5-9　配置一系列不同大小开口头的扭矩扳手

为保证扭矩扳手量值传递的溯源性与准确性，保证各类扳手的互换性，在配置一系列不同大小的开口头时，应该选用与棘轮头受力点相近的扳手头互换，且数量以 5～6 个相邻尺寸的扳手头为佳，从而保证各类扳手头的互换性；同时在施加扭矩时，如因环境、使用状况、工件形状等原因，扭矩扳手需要使用加长杆、套筒、转接头等工具时，应计算修正值予以修正。

（3）扭矩扳手使用要求

扭矩扳手因准确度等级、操作方法（包括施力方法、位置、角度、速度等）、装配空间等因素，会影响扭矩扳手的输出值。

为了科学合理地使用扭矩扳手，延长使用寿命，需注意以下事项：

1）应正确选择相应量程的扭矩扳手，所需扭矩值应在选用扭矩扳手量程的 20%～100% 之间，不得超过扳手的最大扭矩值，以免扳手部件变形、损坏或失准。

2）扭矩扳手在正常使用之前应进行预压调整。一般选择其最大量程扭矩值在特定工装上输出 3 次，使其内部部件达到最佳工作状态。

3）输出扭矩时，施力方向应尽量与力臂垂直，角度变化不应大于 15°。

4）输出扭矩时，必须平稳地施加一个旋转扭矩，稳定施力速度，避免冲击拧紧、多次间歇拧紧。对预置式扭矩扳手，当扳手发出"咯噔"或报警声（同时有卸力感觉）后，应即刻停止施力。

5）输出扭矩时，不得用其他工具将螺纹拧紧后，再用扭矩扳手进行拧紧或测量，而应用手将螺纹拧到止动点后，再使用扭矩扳手拧紧及测量。

6）可调式扭矩扳手结束工作后，应将扭矩输出值调节到最小量程设定处，使扳手的调节构件处于放松状态。

5.2.4.3 质量计量

质量计量包括质量量值传递、天平检定和衡器检定三部分。其目的是建立质量标准，测量物体质量。

质量计量常用检定方法有直接衡量法、替代衡量法、交换衡量法等。

直接衡量法指先在天平空载时测定出平衡位置，然后在天平上放上被测物体与砝码进行测量。此方法测量速度快，但没消除天平的不等臂误差，准确度不高。

替代衡量法也叫波尔达衡量法、单次替代法。首先将被测物体放在秤盘一边，另一边放上配衡物，使天平实现平衡；然后把被测物体用标准砝码替换，使天平仍保持平衡，计算物体质量。此方法可以消除天平的不等臂误差影响，属于精密衡量法。

交换衡量法也叫高斯衡量法。将被测物体放在一边秤盘中，另一边放置相应等级标准砝码，使天平实现平衡；然后把被测物体与标准砝码替换，通过添加调节小砝码使天平仍保持平衡；将两次测量得到的结果通过计算，得到被测物体的质量值。此测量方法也属于精密衡量法，可以消除天平的不等臂误差影响。

（1）砝码的检定

质量量值传递是通过各等级砝码实现的，因此砝码需要进行周期检定。检定方法采用精密衡量法，即交换衡量法或替代衡量法。砝码检定应使用高一准确度等级的砝码作为标准。检定项目包括表面粗糙度、磁化率、永久磁性、密度或体积、折算质量等。

砝码在检定过程中应注意以下事项：

1）必须保证砝码完好无损，表面清洁，严防灰尘；不使用时必须放在砝码盒里。

2）砝码检定应在稳定的环境下，检定时温度变化应满足相应等级砝码的要求；实验室内的天平、砝码应避免阳光直接照射，不允许有振动和气流，应尽量远离振源和磁源。

3）如被检砝码进行空气浮力修正，则衡量仪器的合成标准不确定度应不超过被检砝码质量最大允许误差绝对值的 1/6；如被检砝码不进行空气浮力修正，则衡量仪器的合成标准不确定度应不超过被检砝码质量最大允许误差绝对值的 1/9。

（2）天平的检定

按工作原理，天平可分为利用杠杆原理的杠杆天平（即机械天平）、利用弹性变形原理的扭力天平、利用液压原理的液压天平、利用力-电转换原理的电子天平。发动机研制生产中常用杠杆天平和电子天平。

杠杆天平一般采用交换衡量法检定，检定项目包括空秤分度值、全载分度值、不等臂性误差、天平示值变动性误差、骑码标尺称量误差、机械挂码的称量误差。电子天平一般采用直接衡量法检定，检定项目包括置零与除皮装置的准确度、称量性能、偏载测试、鉴别力测试、重复性测试等。

（3）衡器的检定

衡器按照其示值方式和称量结果分为非自行指示秤（如台秤、案秤）、模拟指示秤（如弹簧度盘秤）、数字指示秤（如电子秤）等。

衡器的检定方法一般采用直接衡量法。检定项目包括外观、鉴别力、称量性能、重复性、偏载、回零测试等。

5.2.5　电磁计量

电磁计量就是应用电磁测量仪器、仪表和设备，采用相应的方法对被测量进行定量分析，保证电磁测量的统一和准确。

电磁计量的主要内容包括电磁基本量（电压、电流等）、电磁测量仪器与仪表（电压表、电阻表等）、比率标准与仪器、材料电磁特性（绝缘强度等）。

在发动机研制生产中，应用到的电学仪表主要包括交直流模拟仪表、交直流数字仪表、绝缘电阻表等。

5.2.5.1　交直流模拟仪表

（1）交直流模拟仪表的分类、特点及原理

交直流模拟仪表分为电流表、电压表、电阻表及电位差计，在结构上都是由测量机构（机械部分）和测量线路（电子部分）两部分构成的。被测量通过测量线路作用到测量机构上，驱动仪表的可动部分产生机械位移，以此模拟指示被测量的大小，并读出被测量的值。

（2）交直流模拟仪表的检定方法

交直流模拟仪表检定装置主要由多功能校准仪构成，采用直接测量法检定，检定项目包括外观检查、基本误差、升降变差、偏离零位、位置影响、功率因数影响、阻尼、绝缘电阻测量、介电强度试验等。

5.2.5.2　交直流数字仪表

（1）交直流数字仪表的分类、特点及原理

交直流数字仪表是以数字形式显示交直流电参数测量结果的仪表，可测量电学所有参量。常用的有交直流数字电压表、交直流数字电流表、直流数字欧姆表等。

交直流数字仪表原理是将被测量经衰减器和前置放大器规范为 A/D 转换器输入范围内的量，再经 A/D 转换器转换成数字量，技术译码显示电路完成对数字量的记录和显示。不同的被测量值与不同的数字量值一一对应，从而实现对模拟量的数字化测量。

（2）交直流数字仪表的检定方法

交直流数字仪表检定装置主要由多功能校准仪构成，采用直接测量法检定，检定项目包括基本误差、稳定误差、线性误差、分辨力、显示能力、输入电阻等。

5.2.5.3　绝缘电阻表

（1）绝缘电阻表的分类、特点及原理

绝缘电阻表主要有指针式仪表和数字式仪表两种，采用伏安法测量原理，即直接测量法。指针式绝缘电阻表内置发电装置，具有使用方便，不受地区和供电方式限制等优点，但需要使用人员长时间手摇发电，不便长时间使用。数字式绝缘电阻表需内置电池或连接外置电源，受供电方式限制，但可进行长时间测量，测量精度高。

（2）绝缘电阻表的检定

绝缘电阻表是强制检定仪器。绝缘电阻表检定装置主要由高阻箱构成，采用直接测量法。检定项目包括外观检查、初步试验、基本误差检定、端钮电压及其稳定性测量、倾斜影响的检验、绝缘电阻测量、绝缘强度试验、屏蔽装置作用的检查等。

5.3　液体火箭发动机精密检测技术

5.3.1　概述

现代精密测量技术是一门集光学、电子、传感器、图像及计算机应用为一体的综合性技术，测量仪器具有精密化、集成化、智能化的特点，在型号产品质量控制中得到了广泛的应用。在液体火箭发动机推力室、涡轮泵、阀门、喷注器等零部组件测量中，广泛采用了三坐标测量技术、光学影像测量技术、微小孔测量技术、形状误差与表面粗糙度测量技术，进行产品尺寸、形位公差的测量；叶轮、诱导轮、离心轮、涡轮转子叶片等部件具有复杂的自由空间曲面，采用了复杂轮廓曲面扫描测量技术进行逆向扫描测量；发动机装配对接、对外接口尺寸、型架调试等，采用了空间大尺寸测量技术，保证了发动机装配精度；同时对螺纹连接结构、渐开线花键及齿轮结构，采用了螺纹测量技术及齿轮测量技术，保证了航天产品螺纹连接质量和齿轮传动精度。

5.3.2　接触式三坐标测量技术

5.3.2.1　三坐标测量机组成、原理

三坐标测量机主要由机械系统、电气系统、软件系统组成，按结构可分为桥式、悬臂式、龙门式等。电气系统主要包括光栅系统、驱动系统、控制器、探测系统。软件系统从功能上分主要包括通用测量模块、专用测量模块、统计分析模块、各类补偿模块。

三坐标测量机的测量是基于空间点坐标的采集和计算，基本原理是建立一个三轴互相垂直刚性结构，每个轴向安装光栅尺和空气轴承或机械轴承，探测系统记录测量点任意时刻的位置。

三坐标测量常用的三种类型坐标系：直角坐标系、柱坐标系和球坐标系。

5.3.2.2　三坐标测量技术

（1）测量状态确认

使用三坐标测量机进行精密测量前，应进行测量设备状态确认（包括环境温度、有效期、运行安全等），检查、清洁被测零件，确认产品状态、测量项目。高精度及大型零件应进行恒温，一般情况下，尺寸在 100 mm 内的零件，恒温时间不少于 1 h；尺寸在 100～300 mm 之间的零件，恒温时间不少于 2 h；尺寸在 300～500 mm 之间的零件，恒温时间不少于 3 h；尺寸在 500 mm 以上的零件，恒温时间不少于 4 h，高精度零件在以上要求的基础上恒温时间增加 1 h。

（2）零件安装定位

根据零件的结构特征、被测元素分布情况，合理确定安装定位方法：

1）防止在测量过程产生偏移，产生粗大误差；

2）尽量减少使用测针种类、空间方位，提高测量效率；

3）测量要素尽量与机器坐标轴平行，防止测量深孔、深槽等较长元素时，发生测针干涉；

4）较大零件的安装定位，应考虑测头旋转空间，防止发生机器碰撞。

（3）测针选择

测量前应根据零件结构、安装位置及测量元素特征，确定使用的测针种类、直径、方向及测杆长度等，确保不发生干涉测量；测针使用前应进行校准，以保证测量数据的准确可靠。

（4）零件坐标系的建立

三坐标测量机测量首先应建立零件坐标系，基准要素应与图纸设计、加工基准保持一致，图纸基准无法满足测量要求时，应确定替代基准和转换方法。一般拟转换基准元素的形状误差应小于被测元素公差的 1/3，减小基准转换误差；拟转换基准元素的长度一般应大于被测元素长度的 2/3，避免发生短基准测量。

（5）被测要素测量

被测要素的测量原则：应根据被测要素的结构特征、尺寸大小、功能要求、加工精度、加工方法等因素，决定测量截面位置、测量点数目及其布点方法。当有特殊测量要求时，测量点数可适当增加。

（6）扫描测量

根据被扫描曲面轮廓结构，确定安装位置，尽量减少更换测头空间角度和数量；根据被扫描要素具体的结构特征、曲率半径、精度等确定扫描参数。

（7）自动测量

自动测量程序编制，分为无数模编程和有数模编程。无数模编程中，需要将图纸要求的被测要素理论值输入测量程序并构造元素；有数模编程中，可直接在数模上抓取理论值并构造元素。自动测量程序应设置相应的安全移动点或安全移动平面，保证运行程序时不发生碰撞；应充分考虑测量路径优化，提高测量效率；根据测量空间大小、测量精度要求、安装定位稳定程度，确定合理的触测速度、飞行速度、逼近回退距离、采点位置数目等。

（8）形位公差评价

形位公差参数评价时，应选择图纸规定的评定标准及方法。图纸未规定时，优先选用国家标准规定的评定标准及方法。

（9）测量结果处理

被测元素测量完毕后，为保证数据准确、可靠，应进行零件坐标系复测、标准器确认、测量结果再确认工作：

1）零件坐标系复测应与最初建立零件坐标系元素的测量方法、采点位置、采点数量基本一致，坐标系复测的偏移值一般应不大于三坐标测量机最大允许示值误差或（1/4～1/10）被测元素公差；

2）标准器确认值与理论值偏差一般应小于等于三坐标测量机最大允许示值误差；

3）零件测量结果超出允许公差值 1 倍及以上或超出历史数据包络线，应定义为异常数据并进行复测，以排除仪器设备异常、外界条件突变、误采点、干涉测量、零件定位偏移等产生的粗大误差；

4）若坐标系复测、标准器确认、测量结果再确认出现异常情况，应重新更换人员、设备对产品进行测量。

5.3.2.3　三坐标自动化测量技术应用

在发动机研制生产中，为了保证测量数据的一致性，提高测量效率，以三坐标测量机为平台，通过设计专用定位测量工装、编制数控测量程序，实现复杂空间结构产品、批量产品的自动化测量。

（1）自动化测量方案设计

根据不同产品的外形结构、尺寸分布、精度要求、加工基准的位置、测量部位表面质量等属性，进行自动化测量方案的设计。包括被测量项目的可测性、测量设备的选择、最佳测针选择、路径优化设计、最佳坐标系建立、元素测量方法、形位公差评价方法、重复性精度试验等。

（2）自动化测量工装的设计要求

1）实现高效、快速的安装定位；

2）实现一次装夹，完成可测量项目数量的最大化；

3）实现测量基准的精确建立和转换；

4）在自动测量过程中，产品不会发生位移、变形而影响测量精度；

5）测头空间方位、测针数量的最少化。

（3）自动化测量编程

自动化测量编程手动运行阶段：需先进行手动粗建坐标系，目的是定位产品位置以及装夹工装的位置，保证后续自动化测量正常运行。

自动化测量编程的自动运行阶段：第一步，编制自动精确建立坐标系程序，进一步精确定位产品、排除手动建立坐标系的误差；第二步，编制自动测量被测要素程序，主要分为无数模编程和基于 MBD 编程两种方法。

1）无数模编程基于设计图纸，在测量程序中构造被测元素并输入相应的图纸尺寸，设定安全移动点，规划测量路径。

2）基于 MBD 编程，在测量程序中直接从数模上抓取被测元素，相应的理论值会自动带入被测元素中，设置安全移动平面组，测量程序自动生成安全路径并模拟运行。

自动化测量程序编制应遵循测针种类、空间方位最少化原则，即选用一个角度的测针对该角度所有能测量的元素进行测量，再换下一个空间方位的测针进行测量；保证以最少的测针种类和最少的测针空间方位完成所有测量，减少测针转换空间姿态动作的次数，提高测量效率，降低测针做旋转动作中可能出现碰撞的风险。

（4）自动化测量编程的报告输出

报告的格式依据图纸，按照以下要求输出：

1）输出主视图尺寸、形位公差；

2）输出俯视图尺寸、形位公差；

3）输出其他各侧视图尺寸、形位公差；

4）按英文字母顺序 A～Z 依次输出各个剖视图的尺寸、形位公差；

5）同一视图内，同一种类参数，按照从左到右、从上到下、从外到内的顺序输出。

（5）自动化检测技术

主要应用于发动机涡轮泵关键零件（R 壳体、Y 壳体等）的检测。该类零件具有空间结构复杂，尺寸、形位公差数量多，不易安装定位等特点，实现自动化检测具有一定难度。R 壳体结构示意图如图 5 - 10 所示，Y 壳体结构示意图如图 5 - 11 所示。

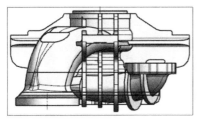
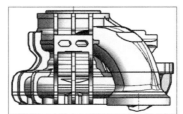
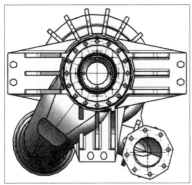

图 5 - 10　R 壳体结构示意图

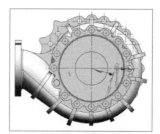
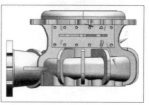

图 5-11　Y 壳体结构示意图

通过设计自动检测方案、专用安装定位工装，编制自动检测程序，实现 R、Y 壳体等产品的自动化检测，大大提高检测覆盖性、精度、效率。R 壳体自动检测图如图 5-12 所示，Y 壳体自动检测图如图 5-13 所示。

图 5-12　R 壳体自动检测图

图 5-13　Y 壳体自动检测图

5.3.3　液体火箭发动机小孔精密测量技术

5.3.2.1　概述

液体火箭发动机喷注器是发动机推进剂的混气形成系统，组织推进剂按所需的流量喷入、分布、雾化和混合，保证推进剂在规定的流量密度和组元混合比下燃烧，它在很大程度上决定了发动机的性能，使用中成对喷注孔的一致性及对称性至关重要，尤其是小孔的撞击角度、撞击精度等参数是喷注器盘加工质量的重要指标。发动机喷注器盘小孔按孔径分为两类，直径大于 1 mm 的为小孔；直径小于等于 1 mm 的为微小孔。小孔主要使用手工测量法和三坐标组合测量法，微小孔主要使用光纤组合测量法。

5.3.2.2　小孔手工测量技术

发动机小孔手工测量，采用将销棒插入喷注器环成对喷注孔中，通过使用专用工装、高度尺、百分表测量，如图 5-14 所示。

图 5-14　喷注器环手工测量示意图

测量两销棒的高度差，即为撞击精度。测量入口端面的法向与测量销棒轴线的夹角，即为撞击角度的半角，测量撞击孔的孔间距，计算求出撞击高度。

5.3.2.3　小孔三坐标组合测量技术

（1）液体火箭发动机小孔测量难点

发动机自击式喷注器由近 3 000 个小孔呈圆周分布的多套环组成，孔径范围 $\phi 1.1 \sim 2.8$ mm，公差为 $+0.018$ mm，成对的喷注孔中，夹角有 $30° \sim 60°$ 等角度；成对孔轴线撞击精度要求小于 0.10 mm，如图 5-15（a）、（b）所示。喷注器自动测量的难点有以下几个方面：

1）测量方案的设计：测量系统应满足复杂结构喷注孔的检测需求，精度应满足喷注器的公差要求；

2）专用测量工装设计：满足喷注器不同环小孔构造圆的同轴度、平行度要求；满足每一个小孔在测量坐标系下的精确定位；

3）干涉测量：保证沿小孔轴线进入测量，不发生干涉测量现象；

4）测量软件自动程序编制：通过编程保证程序正常运行，适应喷注器的加工误差；

5）测量效率要求：实现小孔参数的高效、精准测量。

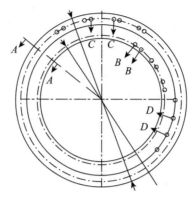

（a）喷注器环结构示意图

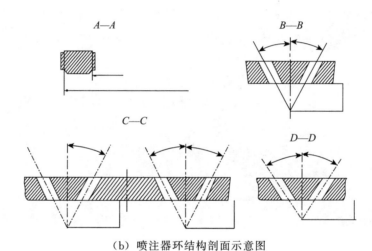

（b）喷注器环结构剖面示意图

图 5-15　喷注器环结构

（2）液体火箭发动机喷注器小孔测量系统组建

根据喷注孔呈空间各异且具有一定的规律分布的特点，利用三坐标测量机的柔性定位测量和高精度数控转台精确定位能力，设计小孔测量系统，包括高精度三坐标测量机、高精度数控转台、专用工装定位夹具、CNC 数控测量软件，实现自动、准确、高效测量，并且自动完成数据处理。

小孔测量系统选用设备具体参数如下：

1）三坐标测量机，精度为：≤（1.9＋3L/1 000）μm，测座空间分度≤5°；

2）高精度数控转台，分度精度为 1″，周向定位误差≤8 μm；

3）专用精密定位夹具，实现奇数环、偶数环、整盘分别装夹，具备调心、调平功能，调整精度≤0.02 mm；

4）组合测量系统精度≤5 μm。

（3）喷注器小孔测量方案

①喷注器状态确认

喷注器小孔测量前，应进行清洗、去毛刺处理，现场恒温不小于 2 h，保证具备测量条件。

②喷注器安装定位

喷注器奇数环、偶数环、整盘分别使用专用工装安装定位，保证环刻线与转台零位对齐。专用工装根据环中心偏移值可进行调整，保证与转台中心轴线同轴度小于 0.02 mm，与转台平面平行度小于 0.02 mm。

③测针选择

依据喷注器小孔孔径、角度、小孔实际截面长度，选择相适应的测针直径、测针空间角度，确保测针采点时测杆不发生干涉。本案例中，奇数环测量选择 $\phi 0.7$ mm 测针，偶数环测量选择 $\phi 1.0$ mm 测针。

④坐标系的建立方法

喷注器环以上端面和内圆建立零件坐标系进行测量、评价，喷注器环自身变形量较大时，采用上端面和圆周均布的 6 个孔构造圆建立零件坐标系。

⑤自动测量程序编制

考虑小孔的加工误差，实际位置与理论位置可能存在偏差，为了保证小孔自动测量顺利运行，必须进行小孔中心预定位（程序控制自动采集每个小孔与孔口平面的交点坐标），并赋于自动测量程序。使用大于孔径 2.5～3 倍的测针，对每个孔进行搜索定位，搜索范围设置不大于 3 mm。

小孔自动测量程序编制规则是：首先测头保持 1 个空间角度不变，让转台按照小孔空间分布角度旋转，通过 CNC 转台的准确定位能力，使每个小孔都转到与测头相切位置，按顺时针方向从第 1 个小孔开始，连续测量完 1 个分区的奇数小孔（1，3，5，7…）；然后更换另 1 个测头空间角度姿态，转台反转，按逆时针方向从倒数第 1 个小孔开始，连续测量完 1 个分区的偶数小孔（…8，6，4，2）；调取 1 - 2，3 - 4，5 - 6…成对小孔的测量数据，分别计算并输出成对小孔的孔径、圆柱度、撞击角度、撞击高度、撞击精度等数据到 EXCEL 文件。

如果按小孔空间顺序测量，测完一套环测头需要至少做 2 706 次旋转动作，而本程序设计的测量方法只需做 194 次旋转动作，大大提高了测量效率。

考虑到小孔的设计、加工状态，喷注环总厚度 3.8 mm，小孔一端出口倒角（0.5 mm×45°），因为是手工倒角，取极限值，为了减小加工变形、倒角、毛刺对测量数据准确性的影响，小孔两端测量位置各去除 0.5 mm，实际有效测量区域为小孔中间区域，既保证了测量结果全面、真实地反映元素特征信息，又保证了测量数据的稳定性。小孔测量位置示意图如图 5 - 16 所示。

根据加工原理，能够比较全面地反映元素特征信息和提高测量效率，程序中规定，小孔按照圆柱体测量，取 2 个截面、每个截面 4 个点；平面按照 6 个点均布采点。

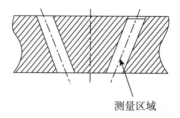

测量区域

图 5 - 16　成对撞击孔、分区孔测量位置示意图

自动测量程序由坐标系精建、小孔中心定位、小孔自动测量、数据处理、粗大误差复测程序五部分组成。

⑥粗大误差孔的复测

在喷注器小孔自动测量中，下列情况会产生粗大误差：

1）小孔内有毛刺、灰尘、油污等异物，出现圆柱度异常；

2）喷注器装夹时对线偏差太大，出现干涉测量；

3）喷注器自身平面度对撞击高度的影响；

4）装夹不稳定导致喷注器在测量过程中偏移。

由于上述不确定因素，喷注器小孔测量数据异常，为了保证测量数据的可靠性，需使用粗大误差复测程序对异常数据进行复测。

⑦数据处理、输出

通过数据处理程序，自动处理、分析测量数据，包括：测量项目评价、合格判定、合格率统计、数据值输出等。

采用三坐标组合测量方法，实现了发动机喷注器小孔的全尺寸自动测量，测量方案科学、合理，测量效率大幅提升、测量精度有较大提高，消除人为影响因素，测量数据的一致性、可信度高，为机械、化工、石油等行业的小孔测量提供借鉴。

5.3.2.4　微小孔光纤组合测量技术

（1）喷注盘空间微小孔测量技术难点

喷注盘呈回转体结构，微小孔呈空间周向均布，径向延伸。喷注盘如图 5 - 17 所示，微小孔孔径范围 φ（0.21～0.55）mm，空间角度范围 20°～50°，成对孔轴线撞击精度要求不大于 0.03 mm。常规接触式测头最小直径 φ0.30 mm，无法进入微小孔测量，需要通过使用具有特殊能力的高精度光学测量仪器，同时配置高精度双轴转台，才可以完成相关参数的测量。喷注盘自动测量的关键点有以下几方面：

1）测量方案的设计：测量系统应满足复杂结构微小孔的检测需求，精度应满足公差要求；

2）专用工装装夹定位：满足喷注盘与转台装夹同轴度、平行度要求，实现每一个微小孔在测量坐标系下的精确定位；

3）微小孔的定位及空间找正：实现自动调整、定位微小孔的空间位置并适应光纤测针的测量；

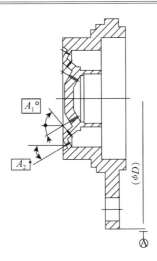

图 5 - 17　喷注孔分布图

4）测量软件自动程序编制要求：实现微小孔参数的高效、精准测量。

（2）喷注盘微小孔测量系统的组成及原理

①测量系统的组成

测量系统由光纤系统、接触式测头系统、光学 CCD 影像测量系统、精密两轴 CNC 转台、专用精密定位夹具组成。光纤测头最小直径 $\phi 0.03$ mm，如图 5 - 18 所示。

微小孔测量系统选用设备具体参数如下所示：

1）复合式坐标测量机，光学 CCD 精度为：$\leqslant$（$1.5+L/400$）μm；光纤测量精度：$\leqslant$（$1.5+L/300$）μm；机械测头测量精度：$\leqslant$（$1.8+L/300$）μm；

2）精密两轴 CNC 转台，带旋转补偿功能，定位精度 $\leqslant 3.6''$；

3）专用精密定位夹具，夹具的回转中心与双轴转台的回转中心同轴。

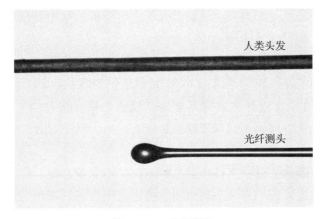

人类头发

光纤测头

图 5 - 18　光纤测头

②光纤测量原理

单色光光源通过单根单模管线传至远离光源端的光纤球，然后通过光纤球外层的占有超半球面积的反射膜在光纤球内部进行反射，从接近接收光纤束端面的小半球表面射出，再进入外围的接收光纤束，然后经过光学系统后至图像探测器（CCD），再通过数字图像处理技术来识别接收来的光斑。如果前端光纤球触碰到被测物，则会导致发射光纤在接收光纤束端面处的部位发生微小的弯曲变形，从而导致反射回来的光强发生变化，反映到光斑图像上是光强分布的变化，然后从光斑图像变化信息提取被测物的空间几何量信息。该方法将非接触式测量中的光学原理与接触式触发原理相结合，如图 5-19 所示。

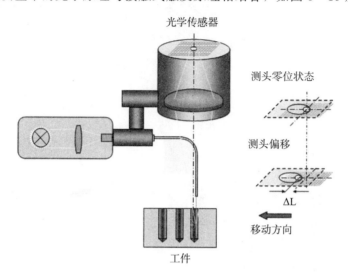

图 5-19　光纤测量原理图

（3）喷注盘微小孔测量方案的设计

①测量状态确认

喷注盘微小孔测量前，应进行清洗、去毛刺处理，现场恒温不少于 2 h。

②喷注盘安装定位

喷注盘安装定位采用专用夹具，保证装夹不发生变形，专用夹具回转中心与精密双轴转台回转中心同轴，同轴度不大于 $\phi0.01$ mm。

③喷注盘找正

微小孔测量空间找正及定位是通过 CCD 光学系统宏观找正的，初步实现微小孔轴线平行于 CCD 光轴；进一步选择更大的光学倍率镜头，精确测量喷注孔，通过程序控制，将所测量喷注孔的法线方向摆正到与光纤测头竖直探测方向平行。

④喷注盘微小孔自动测量程序的编制

使用机械式测头测量并建立工件定位坐标系，调用光学系统对喷注盘上所有微小孔定位；通过调用空间摆正子程序将微小孔的轴线进行空间摆正，调用光纤测头对微小孔进行测量。测量时，需要人为对光纤移动位置的正确性进行确认，确保光纤自动测量的准确性及安全性；检查坐标系的坐标位置及轴线方向的正确性，将光纤探针移动至距离微小孔固定高度的位置，观察光纤测头是否在圆心位置，在确认坐标位置准确无误的情况下，进行微小孔的测量；测量完成后，进行数据的自动统计、分析并输出报告。光纤测量图如图 5-20所示。

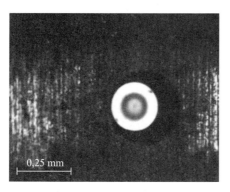

图 5 - 20　光纤测量图

基于复合式坐标测量机，采用光纤、CCD、探针的组合测量技术，实现了发动机喷注盘微小孔的全尺寸自动测量，改变了只能依据液流试验数据判断产品质量的状态，为其他行业的微小孔测量提供借鉴。

5.3.4　非接触式光学影像检测技术

5.3.4.1　概述

非接触光学影像检测技术是利用光学透镜来扩大物体影像，成像于投影屏或电脑显示屏，利用精密刻度尺或光栅尺基准，可对物体的几何尺寸进行精确的测量。适用于薄壁、软体、小型工件的测量。目前用于影像检测的方法有很多，最常用的是投影仪检测法、万能工具显微镜检测法、全自动光学影像仪检测法等。

5.3.4.2　投影仪检测法

投影仪检测法是利用光学投射原理，将光源发出的光束，透过聚光镜后变成平行光照射于被测工件轮廓上，将被测工件的轮廓或表面形状准确地放大成像于荧屏上进行检测。

投影仪检测分为绝对测量法和比对测量法。绝对测量法是利用投影屏上的刻线或标准玻璃尺测量工件影像，或利用投影屏上的刻线瞄准被测件影像，用工作台移动或转动的相应读数机构进行测量；比对测量法是按物镜放大倍率绘制被测件放大图，再与工件影像进行比对测量。

投影仪检测直观、方便、效率高。适用于开展以二维尺寸测量为目的的复杂工件的轮廓、截面和表面形状的精密检测。发动机研制生产中，大量用于 K 型密封环、3 型密封环、密封圈、电极等零件轮廓、尺寸的测量。

5.3.4.3　万能工具显微镜检测法

万能工具显微镜检测法是一种传统光学检测技术，其检测方法可分为影像法、轴切法及干涉法 3 种。

万能工具显微镜检测原理是由物方远心照明系统光源发出的光，照明放置于仪器工作台上的被测工件，通过中央显微镜物镜成像于分划板上；分别移动仪器纵向或横向滑座，并利用目镜分划板上的米字线进行瞄准定位；最后借助纵横向读数显微镜来确定被测工件的坐标位置，从而达到测量目的。

在发动机研制生产中，万能工具显微镜检测法大量应用于各种样板状成型零件、螺纹、刀具的简单外廓尺寸测量，以及阀芯、阀座、壳体等产品内部尺寸的剖切测量。

5.3.4.4　全自动光学影像仪检测法

全自动光学影像检测将传统的光学投影测量提升到了依托于数位影像的计算机屏幕测量，具有数控测量功能。其检测原理是由光学放大系统对被测物体放大，经过 CCD 摄像系统采集影像特征，将光信号转化为电信号，由测量软件处理后在电脑显示器上成像并分析测量。通过数字图像处理技术提取各种复杂形状工件表面的坐标点，再利用坐标变化和数据处理技术转化成坐标测量空间中的各种几何要素，从而计算得到被测工件的实际尺寸、形状和相互位置关系。

全自动影像仪的检测方法有 3 种：手动测量、数控编程测量、自学习测量。

1）手动测量是人工设定测量参数，手动控制 CCD 摄像采集系统来寻找边界、采点，对采集的元素进行属性提取、计算，实现测量；

2）数控编程测量是通过编制数控测量程序，在程序中配置测量参数，包括起始及结束点坐标、自动采点模式、聚焦参数等，仪器就可在程序驱动下，自动寻找边缘、测量、输出结果；

3）自学习测量是基于机器视觉与过程控制的自动学习功能，来模拟操作员的所有实操过程，结合其自动对焦和区域搜寻、目标锁定、边缘提取、理匹选点的模糊运算实现自动测量。

全自动光学影像检测是目前较先进的光学检测技术，因其具有的数控编程测量能力，通过设计专用工装，可实现同种类批量零件的自动化测量，提高检测效率。在发动机研制生产中，全自动光学影像检测应用于批量膜片、电极片、限流圈、样板等零件的自动化测量。

5.3.5　复杂轮廓曲面扫描测量技术

复杂轮廓曲面扫描测量技术是通过测量设备扫描获取工件表面点云数据，再将点云数据组合成曲面模型进行分析、处理。该技术主要分为两种：接触式扫描测量技术和非接触式扫描测量技术。

5.3.5.1　接触式扫描测量技术

常用的接触式扫描测量技术是三坐标测量机扫描测量，是利用测针对被测物体表面的特定区域进行扫描，传感器系统获取三维坐标点信息，经专用软件对所有数据点进行测针自动补偿、光顺、拼接等处理后生成仿真模型。

（1）三坐标扫描测量特点

三坐标扫描测量获得的物体表面点的坐标数据精度很高，因此主要用于精度高的产品轮廓曲面的扫描测量。这种方法对软质物体测量效果不佳，对测头无法触及的表面无法测量，在扫描前需要规划测量路径，扫描速度较慢，扫描获取的数据点较少。

（2）三坐标扫描测量方法

1）被测物体的安装定位：应合理规划被测物体装夹位置，装夹时尽量使测头能一次完成全部被测轮廓曲面的扫描测量；

2）测头直径、测头方位选择：根据被测物体轮廓曲面的结构、加工基准的位置、测量空间等，选取尽量少的测头数量及测头方位完成扫描测量，同时避免干涉扫描现象发生。

3）扫描路径规划：根据被测物体轮廓曲面的结构、加工基准的位置、测量空间等，合理规划扫描测量路径，实现快速、全覆盖扫描测量；

4）扫描参数设置：根据被测物体精度要求、加工方式、曲率半径变化，合理设置扫描参数。一般在曲率变化较明显的部位适当增加测量点，如圆弧倒角、凸起等位置。一般选用的扫描步距应小于零件的轮廓精度要求；对于曲面轮廓精度要求较高的测量，应选择较低的扫描速度和较小的扫描步距。

发动机研制生产中，三坐标扫描测量大量应用于精度要求高、对型面数据点要求较少的复杂轮廓扫描测量，如电极、涡轮盘、模具、高压壳体等零件。

5.3.5.2　非接触式扫描测量技术

非接触式测量技术主要是指不直接接触被测物体的表面以获取其复杂轮廓曲面的三维坐标数据，该技术应用最多的是基于光学三角法原理的三维激光扫描测量技术。

（1）三维激光扫描测量系统组成及原理

三维激光扫描系统由激光发射器、激光反射镜、激光探测器及软件处理系统等组成，其工作原理是由激光发射器发射激光信号，经过激光反射镜射向被测物体表面，通过激光探测器接收反射回的激光信号，并由记录器记录，最后转换成能够直接识别处理的数据信息，经过软件处理生成三维模型。

（2）三维激光扫描测量技术特点

三维激光扫描测量不需要接触物体便可实现对物体轮廓的测量，可以避免软质物体产生变形。它可以快速获得物体表面的大量三维坐标点数据，效率更高，能够更加真实地反映物体表面轮廓的情况。相比接触式扫描测量技术，它测量效率高、信息量大、精度较低。

5.3.5.3　数据处理

利用三坐标测量机和三维激光扫描仪获取的点云数据，是模型重建的前提。后续经数据处理并构建三维模型，具体步骤如下：

1）去除明显噪声点：测量过程中，人为或随机因素引起的误差有可能导致产生坐标异常点，称之为噪声点。常用的剔除噪声点的方法是将点云显示在图形界面上，根据实际测量情况，删除明显噪声点。

2）数据光顺：去除明显噪声点后的点云数据生成三角网格模型，光顺过程就是消除三角网格的局部扰动和噪声，获得离散曲面更高阶的光滑性。

3）点云的拼接处理：由于视角的限制，一个旋转体往往要经过多次扫描才能获得物体表面的完整信息。为了不漏扫数据，相邻两点云之间必有一部分重叠区域。通过重叠区域内的数据点进行拟合拼接。

4）真实图形生成：通过对处理好的点云模型进行纹理映射、纹理合成、表面着色等给模型表面赋予颜色、光泽度和透明度等属性值，生成具有真实感的三维物体。

5.3.5.4 三维激光扫描测量技术的应用

发动机研制生产中三维激光扫描测量技术主要应用于复杂轮廓型面尺寸测量、型面比对等。

以发动机中的涡轮泵叶轮为例，以前的工艺过程：根据设计零件的三维模型，进行产品铸造、加工，进行水力试验获取性能数据。依据设计经验修正设计模型，然后再次新制产品、水力试验验证，往往需要多个回合才能满足设计性能要求。

采用三维激光扫描测量方法扫描叶轮产品，将扫描测量生成的产品模型与设计模型比对，依据偏差数据修正设计模型和工艺参数，可快速实现研制定型，缩短研制周期。

叶轮叶间通道为复杂的弯扭型腔，叶片薄且面积大，因型面空间结构复杂、特征点数据量大，常规三坐标测量机无法快速获取足够的点云数据，测量覆盖性不足。采用三维激光扫描，对叶轮的轮廓进行精确、快速扫描测量，获得海量点云数据（如图 5 - 21 所示）；经专业软件进行曲面重建，并与理论三维模型进行比对，分析型面加工误差（如图 5 - 22 所示），指导设计、加工参数优化过程。

图 5 - 21 叶轮三维扫描模型图（见彩插）

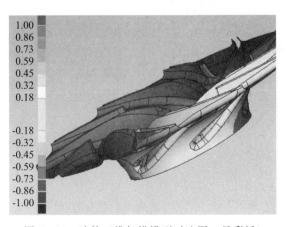

图 5 - 22 叶轮三维扫描模型对比图（见彩插）

5.3.6　空间大尺寸测量技术

5.3.6.1　概述

大尺寸测量是指被测产品的空间尺寸较大，超出常规测量手段的测量范围。发动机研制生产中的大尺寸测量需求包括：发动机的推力线测量及调整、对外接口空间尺寸测量、机架焊接型架的安装调试等。这些产品的空间测量范围达到十几米以上，产品无法移动，需要在现场进行测量。

目前应用较多的大尺寸测量方法主要有激光跟踪仪测量法、经纬仪测量法、三坐标与激光跟踪仪组合测量法及三维数字摄影测量法等。

5.3.6.2　激光跟踪测量技术

（1）激光跟踪仪系统组成及原理

激光跟踪仪主要由跟踪头、目标反射镜、控制电箱和测量软件构成。跟踪头内部有一套激光干涉系统、两套角度编码器、电机及光电接收器件等，是实现跟踪仪精度、功能的关键部件。

激光跟踪仪是一个球坐标测量系统，其工作原理是激光干涉仪发出的激光束经过偏振分光棱镜分为两路，一路作为参考光束经角锥棱镜反射后按原路返回进入激光干涉仪，另一路作为测量光束经过跟踪转镜反射后射入在测量目标点处反射镜的中心，该光束沿原路返回进入激光干涉仪，在激光干涉仪内测量光束与参考光束发生干涉，从而测出被测目标点和测量基点的长度变化量，最终得到空间测量点的长度信息。两套角度编码器作为角度传感器测量反射器的空间方位角，再利用测得的长度与角度信息可得到被测点的坐标值。

激光跟踪仪测量原理如图 5-23 所示。图中 P 为被测点，通过测量极径 L 和两个方位角 α 和 β（即为水平角和垂直角），然后按球坐标或极坐标测量原理就可以得到空间点的三维坐标（x，y，z），即被测点 P 的空间坐标。在球坐标测量系统中，设跟踪器的旋转中心为 O 点，被测靶镜的中心为 P 点，用两个角度编码器分别测量出 P 点的垂直角 β 和水平角 α，用激光干涉仪测量 O 点到 P 点的距离 L，则 P 点坐标（x，y，z）很容易由 α，β 和 L 计算得出

$$\left.\begin{array}{l} x = L \sin \beta \cos \alpha \\ y = L \sin \beta \sin \alpha \\ z = L \sin \beta \end{array}\right\} \tag{5-1}$$

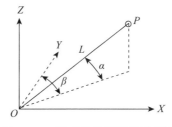

图 5-23　激光跟踪仪测量原理图

　　激光跟踪仪具备空间三维坐标测量、便携可移动功能，且适合于动态目标的检测，它的测量精度高、测量速度快、成本低。

　　（2）激光跟踪测量技术在发动机机械零位测量中的应用

　　①推力线定义

　　发动机理论推力线为推力室喉部内圆中心和喷口内圆中心的连线。实际测量采用喷管出口截面圆中心与头部圆柱段中心的连线代替推力线，如图 5-24 所示。

　　以发动机机架对接面为基准面，过推力线作平行于摇摆轴中心线的平面，该平面与基准面垂直时，发动机处于零位。该平面与基准面的垂直度称为发动机机械零位偏差，简称机械零位。

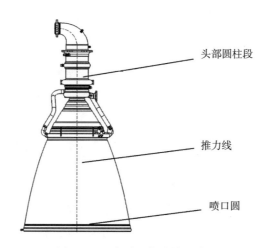

头部圆柱段

推力线

喷口圆

图 5-24　发动机推力线示意图

　　②测量方法

　　1）机械零位的测量：通过多个站位测量发动机机架对接面、喷管出口截面圆与头部圆柱段，建立机架坐标系，构建推力线，计算发动机推力线在摆动方向与机架对接面的零位偏差角，当零位偏差超出技术要求时，需要进行调整。

　　2）机械零位的调整：在发动机机架坐标系不变的情况下，通过调整推力线的空间方位来控制零位偏差。将推力线空间方位与某固定靶标点的坐标值关联，利用激光跟踪仪实时跟踪监测的功能，进行发动机机械零位动态调整。

　　（3）激光跟踪仪联机测量技术的应用

　　①联机系统组成及测量原理

　　联机系统由多台激光跟踪仪和隐藏点测量装置组成。

　　测量原理是多台激光跟踪仪在各自的坐标系下分别测量同一公共转站站位（不少于 3 个站点组成），将多台激光跟踪仪的测量结果统一到同一个坐标系下，即可实现所有元素在同一坐标系下的联机测量。激光跟踪仪用于可见点的测量，隐藏点测量装置用于凹槽、曲面及内孔等隐藏点的测量。

②联机测量技术的应用

并联发动机尺寸大、结构复杂、管路多，零部件的安装遮挡了几何元素的大部分测量位置，激光跟踪仪在同一个位置上无法完成所有位置的测量，而多次转换站位会引入较大的误差，降低了发动机的测量精度。在并联发动机测量中，通过联机测量技术的应用，优化测量过程，避免测量转站，提高测量精度和效率，如图 5 - 25 所示。

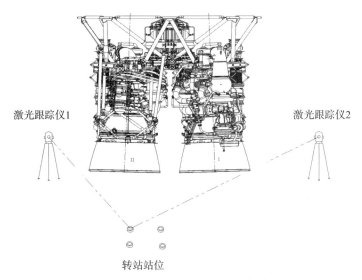

图 5 - 25　发动机联机测量示意图

5.3.6.3　组合测量技术

某型号发动机上安装了精测镜装置，在发动机与舱体进行对接时，通过多台经纬仪联机互瞄测量精测镜的十字刻线，作为发动机系统调整的基准。在发动机与舱体对接前，需要测量精测镜与发动机对接面的坐标关系，通过坐标转换，得到发动机推力线在精测镜坐标系下的坐标位置。精测镜与发动机头部的位置关系如图 5 - 26 所示。

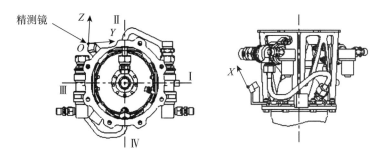

图 5 - 26　精测镜与发动机头部关系示意图

（1）精测镜的特点

精测镜是一个立方体，材料为 K9 光学玻璃，精度要求高，5 个抛光表面的平行度/垂直度小于 3″；5 个抛光面镀铝膜后刻十字中心对称刻线，线宽 0.03～0.05 mm 之间，刻线的对称度≤0.03 mm，刻线与侧面的平行度≤0.02 mm。

（2）发动机测量要求

1）在发动机推力室身部与喷管焊接时，会产生对接误差、焊接变形，造成发动机对接面与推力线不垂直，需要测量偏斜量（发动机推力线与对接面夹角）、横移量（推力线与对接面交点至对接面中心距离），为后续推力线修正提供依据，发动机结构如图 5 - 27 所示；

2）测量发动机对接面坐标系和精测镜坐标系的空间位置关系；

3）计算出热标推力线在对接面坐标系、精测镜坐标系中的位置。

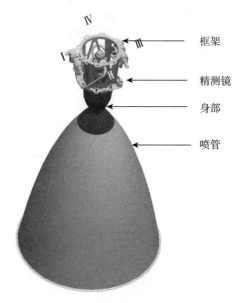

图 5 - 27　发动机结构示意图

（3）发动机组合测量方法

根据现场条件及测量精度要求，采用激光跟踪仪和三坐标测量机两种测量设备，实现发动机的推力线修正及精测镜的准确组合测量。

①发动机推力线测量

以发动机框架平面、内圆建立对接面坐标系，测量发动机理论推力线相对于框架对接面的偏斜量和横移量，测量数据用于指导后续框架的精加工，修正推力线。发动机推力线测量时，由于发动机装配在固定工位，产品无法移动，而且一些尺寸在装配过程中需要调整，因此选用激光跟踪仪进行测量。

②热标试车后精测镜测量

对发动机进行分解，在框架上安装精测镜，用三坐标测量机对发动机框架及精测镜进行测量，建立发动机对接面坐标系和精测镜坐标系，标定出对接面坐标系和精测镜坐标系的空间位置关系。

③发动机热标推力线在对接面坐标系与精测镜坐标系之间的定义、转换

1）热标推力线的定义：发动机通过热标试车测量出来的推力矢量，定义为发动机热标推力线，也叫实际推力线。

在发动机进行热标试车后，得到发动机的实际推力线数据包，包含 OO_1 距离，α，ε，θ 四个数据，如图 5-28 所示，其中 $OXYZ$ 坐标系为框架对接面坐标系，X 轴指向推力矢量方向，$O_1X_1Y_1Z_1$ 坐标系为框架对接面坐标系的平移坐标系，O_1 点为推力线与对接面交点，X_1 轴指向推力矢量方向，直线 O_1A 为实际推力线。

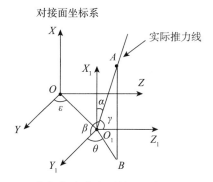

图 5-28　热标推力线在对接面坐标系下的示意图

2）热标推力线转换数学模型的建立：通过热试车，可以得到如图 5-28 所示的实际推力线与对接面坐标系的关系，使用 OO_1 距离，α，ε，θ 来表征。

通过空间几何关系

$$\begin{cases} \cos\gamma = \sin\alpha \cdot \sin\theta \\ \cos\beta = \sin\alpha \cdot \cos\theta \\ \cos^2\alpha + \cos^2\beta + \cos^2\gamma = 1 \end{cases} \tag{5-2}$$

依据 α，θ，可以得到：β、γ。

根据空间推力线方程

$$\begin{cases} X = X_0 + A \cdot \cos\alpha \\ Y = Y_0 + A \cdot \cos\beta \\ Z = Z_0 + A \cdot \cos\gamma \end{cases} \tag{5-3}$$

式中　(X_0, Y_0, Z_0) ——O_1 点坐标；

　　　A——常量，定为 100。

$$\begin{cases} X_0 = 0 \\ Y_0 = OO_1 \cdot \cos\varepsilon \\ Z_0 = OO_1 \cdot \sin\varepsilon \end{cases} \tag{5-4}$$

通过推力线方程及矢量 A 得到空间直线另一点坐标 (X_1, Y_1, Z_1)。

由以上数据可在推力室对接面坐标系下将热标推力线通过两点的坐标值 (X_0, Y_0, Z_0)，(X_1, Y_1, Z_1) 连线模拟出来。

3）发动机推力线与坐标系位置关系的输出：通过软件计算可以得到，发动机热标推力线相对于对接面坐标系与精测镜坐标系的平移量 OO_1，发动机热标推力线与对接面坐标系和精测镜坐标系 3 条坐标轴的夹角（α，β，γ），以及发动机推力线在对接面坐标系与精测镜坐标系的投影角（θ，ε），如图 5-28 和图 5-29 所示。

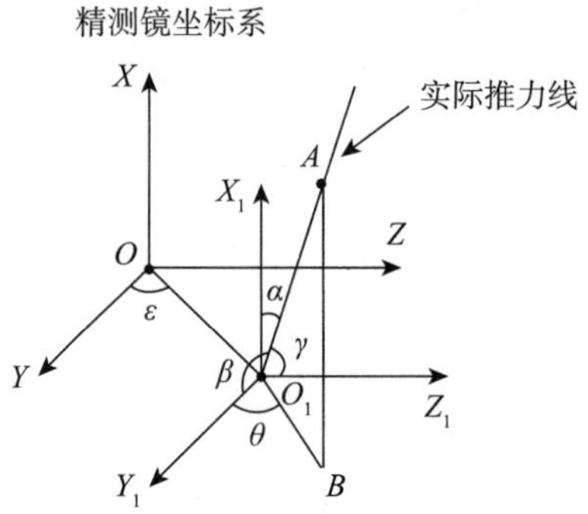

图 5-29　热标推力线在精测镜坐标系下的示意图

5.3.6.4　经纬仪测量技术

（1）经纬仪工作原理介绍

经纬仪是利用光栅盘或光学码盘进行水平和垂直角度的测量，用光电转换元件（光电管或光电池）接收信号，经数据处理后实现水平角和竖直角读数自动显示和自动记录，目前工业测量常用的经纬仪的测量精度为 0.5″、1″，测量距离不小于 0.3 m。经纬仪是常用的非接触式大尺寸测量仪器，它以其实时性、非接触、机动性及高精度的优势在发动机研制、生产过程中得到广泛应用。

（2）经纬仪在零位测量中的应用

测量方法：利用单台经纬仪、自动安平水准仪、内径千分尺等传统的测量器具进行零位测量。

将发动机机架对接面与大地调平行，以发动机机架对接面为基准面，将经纬仪中心轴线调整到发动机机架中垂面上，读出经纬仪水平角度（中心角），测量并读出发动机左、右喷口边缘的角度，调整发动机拉杆使发动机左、右喷口边缘的中心角等于经纬仪中心角，即将推力作用线调整到基准面的垂面内，发动机处于零位。

5.3.6.5　三维数字摄影测量技术

三维数字摄影测量系统包括 1 台控制器、动态摄影专业测量软件、2 台相机、基准尺、标志和测量棒等。

三维数字摄影测量的基本原理是通过 1 台（或者多台）高分辨率的数字摄像机对被测物在不同空间位置摄影，通过回光反射标志得到物体的数字影像，获取图像的信息，经图像处理后得到空间物体的三维坐标值。

三维数字摄影测量技术以其精度高、工作量小、快速的特点，可应用于大型零部件的自动装配对接、大型焊接结构件变形的监控测量、大型面复杂轮廓的快速测量及外形尺寸等的测量。

5.3.7　螺纹检测技术

5.3.7.1　概述

螺纹是发动机产品结构中一种重要零件，其制造精度直接影响连接的可靠性。所以，对螺纹进行检测分析，可以预防连接失效。螺纹的基本几何参数定义在螺纹的牙型面上，如图 5-30 所示。

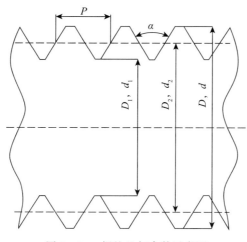

图 5-30　螺纹几何参数示意图

1）螺纹的外径 D、d：与外螺纹牙顶或内螺纹牙底相重合的假想圆柱的直径。

2）螺纹的内径 D_1、d_1：与外螺纹牙底或内螺纹牙顶相重合的假想圆柱的直径。

3）螺纹的中径 D_2、d_2：一个假想圆柱的直径，该圆柱的母线通过牙型上的沟槽和凸起宽度相等的地方，此假想圆柱为中径圆柱。

4）螺距 P：相邻两牙在中径线上对应两点间的轴向距离。

5）牙型角 α：在螺纹轴线平面内，相邻两牙侧间的夹角。

以上几项是螺纹最重要的几何参数，决定了螺纹在实际使用中能够保持互换性。螺纹工作时都是内外螺纹成对使用，故对螺纹的互换性提出了很高的要求。在螺纹的基本几何参数中，中径误差、螺距误差及牙型角误差是主要的影响因素。

5.3.7.2　螺纹检测的方法

按照检测方式的不同，螺纹的检测方法可分为接触式和非接触式。接触式检测包括综合检测法、量针法和接触式扫描法。非接触式主要是利用被测物件的图像来测量螺纹的参数。

（1）接触式螺纹检测方法

①综合检测法

螺纹的综合检测是使用与被测螺纹工件的形状相反的螺纹量规以旋合法检验，通规与止规配对使用。此方法只能判断螺纹是否合格，不能给出螺纹的几何参数。其合格是指止端量规不能完全旋合或不能旋合，而通端量规则能顺利地与被检验螺纹零件在全长上旋合。螺纹量规主要分为3种类型。

1）工作量规：生产现场在制造内、外螺纹工件的过程中检验螺纹尺寸正确性的量规，一般都成对使用。

2）验收量规：检验部门检测螺纹工件尺寸正确性所用的量规。

3）校对量规：计量部门用来校准螺纹环规正确性的量规。

②量针法

量针法是应用特定尺寸的三针付来检测外螺纹的中径参数，包括三针法、两针法和单针法，其中三针法是相对比较常用的一种方法。使用三针法时，将与螺距相对应的三根量针放置在外螺纹的牙型槽内，然后再使用精密量具如杠杆千分尺、光学计、测长仪等测量出尺寸，减去三针的修正值即可得到螺纹的中径。

③接触式扫描法

接触式扫描法是通过对螺纹表面多位置扫描反映螺纹的外形、几何参数、碰伤、变形等综合情况。目前较典型的此类仪器是螺纹综合测量仪，它类似于一台二坐标测量机。

螺纹综合检测仪在工作时，首先需要对仪器进行主标准器和中间标准器校准。完成校准后，选择所需要测量的螺纹量规类型并且输入测量长度，测量时测针实时接触螺纹牙型，在被测螺纹轴向母线的上、下轮廓表面连续扫描。由光栅测量系统实时记录扫描针尖水平方向与垂直方向上的位移量，扫描完成后，通过测量软件进行数据处理、计算，实现螺纹的全参数自动测量。

（2）非接触式检测法

非接触式检测螺纹主要是使用影像法，通过工具显微镜对被检测螺纹参数的影像进行测量。它主要用来检测外螺纹的螺距、牙型角和中径。

测量前调整仪器工作台，使被测螺纹轴线与工具显微镜的导轨横向移动方向一致。旋转分划板，使目镜中的米字线与螺纹投影牙型的两侧面分别重合，两次目镜角度读数差即为牙型角；调节分划板并横向移动工作台，使目镜米字中心线在相邻同侧螺纹轮廓影像中径线位置压线，工作台两次横向读数差即为螺距。将工具显微镜立柱顺着螺旋线方向倾斜一个螺纹升角，纵向移动工作台，使米字线中心与螺纹同牙侧轮廓影像中部位置重合，两次纵向读数差即为中径。

由于测量时需要使用显微镜的米字线对准螺纹牙型影像，因此检测精度与仪器的放大倍率、操作者的瞄准误差及熟练程度等因素有关，检测结果以多次的平均值为准。

5.3.8　形状误差及表面粗糙度检测技术

零件在加工过程中，由于机床-夹具-刀具系统存在几何误差，以及加工中出现受力变形、热变形、振动和磨损等影响，使被加工的零件的几何要素不可避免地产生误差。通常把这种表面几何形状偏差分解为形状误差（宏观的）、表面波纹度（中间的）和表面粗糙度（微观的），分别进行评定与控制，形状误差对零件的使用功能有较大的影响。

5.3.8.1 形状误差测量技术

(1) 形状误差的定义

形状误差是指实际形状对理想形状的变动量，指零件上的点、线、面等几何要素在加工时产生的几何形状上的误差，是保证零件实现互换，满足使用性能的一项重要指标。其包括直线度、平面度、圆度、圆柱度、线轮廓度和面轮廓度。

(2) 形状误差测量方法及原理

①形状误差的测量方法

1) 传统测量法：利用测量平台的平面基准、偏摆仪的回转轴线基准、万能工具显微镜的直线基准等，采用高度尺、百分表、光栅等测量设备，测量轮廓形状大小变化，实现直线度、平面度、圆度、圆柱度等形状误差的简单测量。该测量方法选用的测量设备精度相对较低，需要测量人员参与判读，测量覆盖性不足、效率较低，应用场合逐渐减少。

2) 空间坐标测量法：利用三坐标测量机的柔性坐标测量能力，采集被测零件各截面一定数量轮廓点的坐标值，通过专业测量软件、标准算法，拟合出几何元素，按照形状误差的标准定义计算出形状误差。该方法存在一定的补偿、拟合误差，当被测的形状公差≤3倍的三坐标测量机的测量精度 MPE_E 时，一般不建议采用三坐标法测量，而应选用专业仪器测量。

3) 专业仪器法：以圆柱度测量仪等专业仪器为代表，可以完成直线度、平面度、圆度、圆柱度、不连续表面圆柱度等形状误差项目的高精度测量。

②圆柱度测量仪的原理

圆柱度测量仪具有精密的旋转轴线和平行于旋转轴线的精密直线导轨基准，能形成高精度的基准圆柱面。测量零件时，将被测工件放在工作台上，零件随转台一起回转，利用精密调心、调平机构进行找正，测头安装在横臂上，测量圆柱面上若干等距截面，分析出工件的圆度、圆柱度、平面度、直线度等误差，如图 5-31 所示。

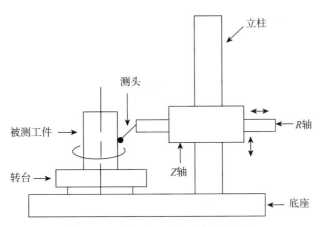

图 5-31 圆柱度测量仪工作原理图

③圆柱度测量仪的测量工艺参数设置

1）滤波器的选择：用圆柱度测量仪测量到的被测表面是由若干个不同频率波形合成的波形，包含形状偏差、表面波纹度、表面粗糙度，这三者的波形频率依次增大。评价形状误差时需使用一个低通滤波器，将高频的表面波纹度成分、表面粗糙度成分滤去，只剩下低频成分。高斯滤波是具有平滑性能的低通滤波器，就其目前来说，高斯滤波是形位误差和表面粗糙度测量中应用最广的滤波方法之一。

2）滤波频率的选择：圆柱体测量后经过高斯滤波，随着截止频率（upr）的减小，表面越光滑。在圆度测量中滤波器的滤波数选择与零件直径、零件表面状况有关。因而滤波器的高频截止值与该零件的加工方法相关，如精密磨削零件，在测量其圆度时，我们取滤波器的高频截止值 0.8 mm，因此滤波器的波纹数就是零件表面每周有多少个滤波器高频截止值，即 upr＝$D/0.8$。可根据被测零件直径计算出波纹数，当选择了这个波纹数后，数据分析是以两个选定值之间的表面波纹数的范围为基础，超出此界限的数据被抑制。在 ISO 12181—2 标准中，依据 upr＝$D/0.8$ 有如表 5 - 5 所示的滤波器频率选择参考。

表 5 - 5　滤波器频率选择

零件直径/mm	滤波频率（upr）
$D \leqslant 8$	1～15
$8 < D \leqslant 25$	1～50
$25 < D \leqslant 80$	1～150
$80 < D \leqslant 250$	1～500
$D < 250$	1～1 500

3）零件测量截面数设置

根据形状误差评定原则，实际圆柱面要素与理想圆柱面比较时，应根据实际圆柱面确定最小包容区域。因此，需要根据圆柱的长度及图纸要求圆柱度的精度，设置相应的截面数，要确保测量范围包含整个实际圆柱面，建议不少于 3 个截面。

5.3.8.2　表面粗糙度测量技术

（1）表面粗糙度的定义及评定参数

①表面粗糙度的定义

表面粗糙度是指加工表面具有的较小间距和微小峰谷不平度。其两波峰或两波谷之间的距离（波距）很小（在 1 mm 以下），用肉眼是难以区别的，因此属于微观几何形状误差，如图 5 - 32 所示，图中 λ 为波距，h 为波高。

②表面粗糙度的评定参数

通常采用下列参数之一来定量评定表面粗糙度。

1）轮廓算术平均偏差 Ra：在取样长度 l 内轮廓偏距绝对值的算术平均值

$$Ra = \frac{1}{l} \int_0^l |y(x)| \, \mathrm{d}x \qquad (5 - 5)$$

或近似为

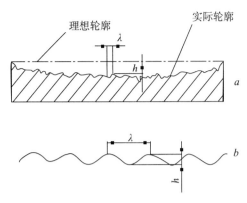

图 5 - 32 表面粗糙度

$$Ra = \frac{1}{n}\sum_{i=1}^{n}\mid y_i \mid \tag{5-6}$$

式中，轮廓偏距 y 指在测量方向上轮廓点与基准线之间的距离。基准线为轮廓的最小二乘中线。这条线划分轮廓并使其在取样长度内轮廓偏离该线的平方和为最小。

2）微观不平度十点高度 Rz：在取样长度 l 内 5 个最大的轮廓峰高的平均值与 5 个最大的轮廓谷深的平均值之和，如图 5 - 33 所示。

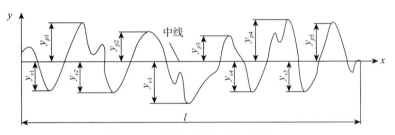

图 5 - 33 微观不平度十点高度 Rz

$$Rz = \frac{\sum\limits_{i=1}^{5} y_{pi} + \sum\limits_{i=1}^{5} y_{vi}}{5} \tag{5-7}$$

式中 y_{pi}——第 i 个最大的轮廓峰高；

y_{vi}——第 i 个最大的轮廓谷深。

3）轮廓最大高度 Ry，在取样长度 l 内轮廓峰顶线与轮廓谷底线之间的距离，如图 5 - 34 所示。

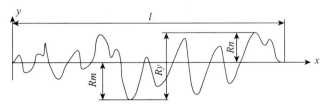

图 5 - 34 轮廓最大高度 Ry

$$Ry = Rm + Rn \tag{5-8}$$

中国国家标准 GB 1031—83 对表面粗糙度参数 Ra、Rz 和 Ry 分别规定了数值, 分为两个系列, 一般应优先选用轮廓算术平均偏差 Ra 的数值。在 3 个评定参数中, Ra 最能客观反映工件的表面实际情况, 常用来表示零件表面粗糙度。

（2）表面粗糙度测量方法

1）比较法：比较法是将被测表面对照粗糙度样板, 用肉眼判断或借助于放大镜、显微镜比较, 此方法一般用于粗糙度参数较大的近似评定。

2）干涉法：干涉法是利用光波干涉原理来测量表面粗糙度, 主要用来测量 Rz 参数, 常用仪器是干涉显微镜。

3）光切法：光切法是利用光切原理测量表面粗糙度, 常用仪器是双管显微镜, 属于非接触测量方法, 可用作 Ry 与 Rz 参数评定。

4）针扫法：针扫法是利用触针直接在被测表面上轻轻划过, 从而测出表面粗糙度 Ra 值, 适用于加工纹理规则的零件表面, 是目前机械加工零件表面粗糙度测量中使用最广泛的测量方法, 典型的测量设备是粗糙度轮廓仪。

①粗糙度轮廓仪测量原理

粗糙度轮廓仪采用的是针扫法, 触针与被测表面接触, 当传感器以匀速水平移动时, 被测表面的峰谷使触针产生上下位移, 使敏感元件的电感发生变化, 从而引起交流载波波形发生变化。此变化经由电器箱中放大、滤波、检波、积分运算等功能模块处理以后, 直接得到工件的表面粗糙度。

②粗糙度轮廓仪的滤波过程

被测轮廓数据的滤波是一个多阶段的过程, 从原始轮廓数据通过使用滤波器得到粗糙度轮廓。滤波过程如图 5-35 所示。

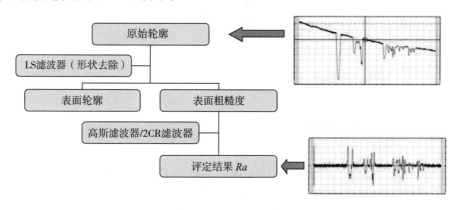

图 5-35　滤波过程框图

③粗糙度轮廓仪的测量工艺参数设置

（a）滤波器的选择

滤波的目的是从轮廓数据中剔除轮廓信号的低频成分, 选择高通滤波器, 使表面粗糙度所引起的高频（相对于波度引起的低频而言）信号能自由通过。经过滤波以后, 剩下来的就是与被测表面粗糙度成比例的信号，从而得出 Ra 值。因此，选择不同的滤波器对表面粗糙度的测量结果会有比较明显的影响。

当工件表面为平面时，可选取直线型滤波；当工件表面为圆弧或不规则型面时，则应选取圆弧型滤波。值得注意的是，当一段连续的曲面，例如锥面、R 倒角以及外圆柱段的连接，此时，表面粗糙度是需要分段测量的，应选取直线型、圆弧型进行分段滤波。

（b）影响表面粗糙度评定的两个特性长度

取样长度：依据表面粗糙度的不同，应选取与之相适应的取样长度。

评价长度：应选取 5 倍的取样长度，若表面加工不均匀，应取大于 5 倍。但当工件的测量面较小，无法满足 5 倍取样长度，评定长度过短会造成无法真实反映工件表面粗糙度状况。

（c）测量方向对表面粗糙度测量的影响

表面粗糙度是指工件表面的横向实际轮廓，即与加工纹理方向垂直的截面上的轮廓。因此，垂直于加工纹理的测量才能正确、充分反映出零件表面粗糙度的状况。对于磨削及其他机加工的工件，触针必须垂直于加工纹理方向进行测量，对于抛光研磨的工件，表面无固定方向纹理，可沿任意方向进行测量。

5.3.9　齿轮综合测量

5.3.9.1　齿轮测量的原理

齿轮是依靠啮合传递扭矩的轮状机械零件。齿轮通过与其他齿状机械零件（如齿条、蜗杆）配合，可实现改变转速和扭矩、改变运动方向和改变运动形式等功能。我国对齿轮规定了 13 个精度等级，其中 0 级精度最高，12 级精度最低。齿轮按齿廓形状分为：渐开线齿轮、摆线齿轮和圆弧齿轮等，其中在传动上应用最广的是渐开线齿轮。

渐开线是与一圆（基圆）相切的直线（母线）沿该圆纯滚动时，直线上一点所形成的轨迹。如图 5-36 所示，当直线 BK 沿半径为 r_b 的圆作纯滚动时，该直线上任一点 K 的轨迹就是该圆的渐开线。

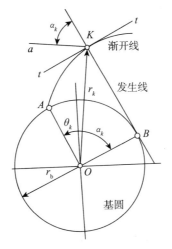

图 5-36　齿轮渐开线形成图

渐开线齿轮中应用最多的是圆柱齿轮，其主要用来传递两平行轴之间的运动，其啮合参数的定义如图 5-37 和表 5-6 所示。

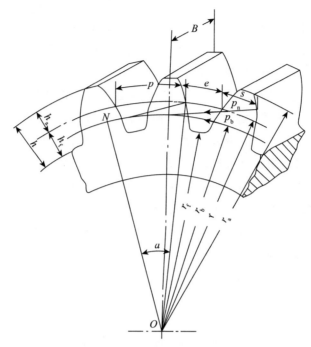

图 5-37　齿轮参数示意图

表 5-6　齿轮参数的定义

序号	名称	代号	定义	备注
1	齿数	Z	齿轮的牙齿数量	
2	模数	m	齿轮每个齿在分度圆直径上所包含的长度	
3	压力角	α_k	齿形上任一点 K 的压力角为该点运动方向与正压力间夹角	如图 5-36 所示
4	齿顶圆半径	r_a	齿轮外圆半径	
5	齿根圆半径	r_b	连接齿根面的圆的半径	
6	齿顶高	h_a	齿顶圆到分度圆间径向距离	如图 5-37 所示
7	齿根高	h_f	齿根圆到分度圆间径向距离	
8	全齿高	h	齿顶圆到齿根圆间径向距离	
10	齿宽	B	在轴线方向的轮齿宽度	

5.3.9.2　齿轮测量的方法

（1）齿轮测量的主要参数

1）齿形误差：实际齿形用两条理论渐开线来包容的最小法向距离；

2）齿向误差：在分度圆柱面上，齿宽有效部分（端部齿面部分除外）范围内，包容实际齿向线的两条设计齿向线之间的端面距离；

3）齿圈径向跳动：齿轮一转范围内，测头在齿槽内与齿高中部双面接触，测头相对于齿轮轴线的最大变动量；

4）齿距累积误差：任意两个同侧齿廓间的实际弧长与公称弧长的最大差值（取绝对值）；

5）分度圆齿厚：一个齿两侧齿廓之间的分度圆弧的长度。

（2）齿轮测量的方法

齿轮测量的方法主要有单一工具测量法、三坐标测量法、齿轮测量中心测量法等。

①单一工具测量法

单一工具测量法只能测量齿轮的单一参数。比如：径向误差使用双面啮合检查仪测量；齿圈径向跳动使用齿圈径向跳动检查仪测量；齿距累积误差使用齿轮周节仪测量；齿轮齿厚使用专门测量齿厚的游标卡尺测量。这种方法测量效率低、精度不高。

②三坐标测量法

三坐标测量法是利用三坐标测量机获取齿轮外廓坐标点的功能，通过专用软件对数据点与理论点坐标进行比对，分析得出齿形误差、齿向误差、齿圈径向跳动等多项参数。三坐标测量法相对单一工具测量法的测量效率和精度均比较高。

③齿轮测量中心测量法

齿轮测量中心被广泛应用于各种齿轮的测量，它能综合测量齿轮的全部参数，测量效率和精度均高于单一工具法和三坐标法。

（a）齿轮测量中心的原理

齿轮测量中心是（θ，x，y，z）四轴联动测量系统，由安装于机座上的回转工作台带动测量工件实现 θ 坐标位移、安装于（x，y，z）轴向直线导轨上的滑架带动电感式测头实现（x，y，z）坐标位移。测量软件系统通过数控单元驱动测针以展成法（测球与齿轮表面瞬心线相互作纯滚动）扫描齿轮外廓，计算机把实时采集的数据通过适当的坐标变换生成被测齿轮实际廓形上的一系列坐标点（即实测曲线）。再将实测曲线与理论曲线（软件根据被测齿轮基本参数自动生成）进行比较，最后得到被测齿轮的所有参数。

（b）齿轮测量中心测量齿轮的方法

1）测量基准的建立：齿轮测量中心测量齿轮之前，需确定被测齿轮的基准轴线。多数情况下可以参考设计图纸，根据图纸确定齿轮零件的基准轴（轴颈参考）的位置。轴类外齿轮测量，通常以轴两端顶尖孔中心形成的轴线为基准轴；内齿轮测量，以齿轮定位内孔的轴线为基准轴。当被测齿轮使用的基准轴加工不理想时，也可以使用两个齿顶圆、分度圆或齿根圆圆心连线作为基准轴，这样可以消除不理想的基准轴带入的误差。

2）未知齿轮的测绘：齿轮实际测量中，对于啮合参数不全的产品，可以对其进行测绘。通过齿数，测绘出齿轮的齿顶直径和齿根直径。通过齿面宽度，测绘出分度圆直径、模数和压力角。

5.3.10　超声波测厚技术

5.3.10.1　测量原理

超声波测厚是根据超声波脉冲的反射原理来进行厚度测量的。当探头发射的超声波脉冲通过被测物体到达材料分界面时，脉冲被反射回探头，通过精确测量超声波在材料中传播的时间，声波在试样中的传播速度乘以通过试样的时间的一半而得到试样的厚度。超声波测厚仪就是利用这一原理的测量设备。

$$H = \frac{vt}{2} \tag{5-9}$$

式中　H——试件厚度；

　　　v——声速；

　　　t——超声波在试件中往返一次的传播时间。

5.3.10.2　测量方法

（1）探头选择

超声波测厚仪一般配置不同直径大小的多个测头，以适应不同的测量需求。探头的测量范围应覆盖被测材料的厚度尺寸；探头适用温度范围应覆盖被测材料的温度；测量表面为曲面时，选择直径较小的探头；测平面工件时一般尽量选择直径大的测头，数据稳定、易操作。

（2）仪器参数的设置

超声波测厚有多种测量模式选择：扫描模式、单点测量模式，最小值模式、最大值模式等，根据测量需求选择相应的模式。

根据测量准确度要求选择合适的测量分辨率。

（3）仪器的校准

1）测量前必须对仪器进行校准。根据被测材料厚度变化的大小，选择校准方法。被测材料的厚度为固定值或厚度变化小于 5 mm 时，选择单点法校准；厚度变化大于 5 mm 时，选择两点法校准。

2）仪器的校准应尽量直接在被测零件上进行，当被测零件的厚度无法准确测量时，需使用与被测零件厚度相近（厚度差小于 2 mm）和材料相同（成分和处理过程相同）的平面试块进行校准。

（4）测量

选择合适的耦合剂，涂抹于被测部位。测头测量面尽量垂直放置于被测物表面，通过轻微晃动测头，确保耦合、贴合良好，以获得最佳测量结果（最大值、最小值）。

5.3.10.3　使用注意事项

1）工件表面粗糙度过大，造成探头与接触面耦合效果差，反射回波低，甚至无法接收到回波信号。对于表面锈蚀，耦合效果极差的工件，可通过砂、磨、挫等方法对表面进行处理，降低粗糙度，同时也可以将氧化物及油漆层去掉，露出金属光泽，使探头与被检物通过耦合剂能达到很好的耦合效果。

2）工件曲率半径太小，尤其是小径管测厚时，因常用探头表面为平面，与曲面接触为点接触或线接触，声强透射率低（耦合不好）。可选用小管径专用探头（≤φ6 mm），能较精确地测量管材等曲面材料。

3）被测面与底面不平行，声波遇到底面产生散射，探头无法接收到底波信号。

4）铸件、奥氏体钢因组织不均匀或晶粒粗大，超声波在其中穿过时产生严重的散射衰减，被散射的超声波沿着复杂的路径传播，有可能使回波湮没，造成不显示。可选用频率较低的粗晶专用探头（2.5 MHz）。

5）探头接触面有一定磨损。常用测厚探头表面为丙烯树脂，长期使用会使其表面粗糙度增加，导致灵敏度下降，从而造成显示不正确。可选用 500♯砂纸打磨，使其平滑并保证平行度。如仍不稳定，则考虑更换探头。

6）材料内部存在缺陷（如夹杂、夹层等）时，测量值与理论值相差较多。此时可用超声波探伤仪进一步进行缺陷检测。

7）温度的影响。一般固体材料中的声速随其温度升高而降低，有试验数据表明，热态材料每增加 100 ℃，声速下降 1%。对于高温工件，应选用高温专用探头（300～600 ℃），切勿使用普通探头。

8）层叠材料、复合（非均质）材料。因超声波无法穿透未经耦合的空间，而且不能在复合（非均质）材料中匀速传播，测厚时要特别注意，测厚仪的示值仅表示与探头接触的那层材料厚度。

9）耦合剂的选择。耦合剂是用来排除探头和被测物体之间的空气，使超声波能有效地穿入工件达到检测目的。如果选择种类或使用方法不当，将造成测量误差或耦合标志闪烁，甚至无法测量。应根据实际情况选择合适的耦合剂种类，当使用在光滑材料表面时，可以使用低黏度的耦合剂；当使用在粗糙表面、垂直表面及顶表面时，应使用黏度高的耦合剂；高温工件应选用高温耦合剂。其次，耦合剂应适量使用，涂抹均匀，一般应将耦合剂涂在被测材料的表面，但当测量温度较高工件时，耦合剂应涂在探头上。

10）应力的影响。固体材料的应力状况对声速有一定的影响。当应力方向与传播方向一致时，若应力为压应力，则应力作用使工件弹性增加，声速加快；反之，若应力为拉应力，则声速减慢。当应力与波的传播方向不一致时，波动过程中质点振动轨迹受应力干扰，波的传播方向产生偏离。根据资料表明，一般应力增加，声速缓慢增加。实际测量时，应加以修正使用。

11）金属表面氧化物或油漆覆盖层的影响。金属表面产生的致密氧化物或油漆防腐层，虽与基体材料结合紧密，无明显界面，但声速在两种物质中的传播速度是不同的，从而造成测量误差，且随覆盖物厚度不同，误差大小也不同。

12）测量面为圆柱（管子、管道），当使用平面双晶探头时，使串扰屏蔽与被测件长轴成直角放置，确保声波反射路径反映实际需要测量的厚度。

5.3.10.4　超声波测厚仪的应用

　　由于超声波处理方便，并有良好的指向性，使用超声技术测量金属、非金属材料的厚度，既快速又准确，无污染，尤其是在只允许一个侧面接触的场合，更能显示其优越性。发动机研制生产中，超声波测厚仪大量应用于板材原材料入厂验收，旋压喷管、气瓶、贮箱厚度测量，缺陷部位剩余厚度测量，气瓶箍带焊点质量的检测等。

参 考 文 献

[1]　廖理．热学计量．北京：原子能出版社，2002．

[2]　洪宝林．力学计量上册．北京：原子能出版社，2002．

[3]　李宗杨．计量技术基础．北京：原子能出版社，2002．

[4]　元玥坤，徐向超．电磁学计量4．北京：原子能出版社，2002．

[5]　刘宝兰．电学计量．北京：计量出版社，1985．

[6]　孙俊人．新编电子电路大全．北京：中国计量出版社，2001．

[7]　贺志宏，张小雪，薛阳．精密测量与逆向工程．北京：电子工业出版社，2015．

[8]　何贡．计量测试技术手册．北京：中国计量出版社，1997．

[9]　朱正辉．几何量计量．北京：原子能出版社，2002．

[10]　杨文彬．激光跟踪仪与电子经纬仪在大尺寸工件测量中的比较．锅炉制造，2008，(6)：60．

[11]　张春富．基于激光跟踪仪的固体火箭发动机推力线测量技术研究．哈尔滨：哈尔滨工业大学，2007．

[12]　高延新．螺纹精度与检测技术手册．北京：机械工业出版社，2012．

[13]　黄福芸，等．计量知识手册．北京：中国林业出版社，1987．

[14]　张小梅，等．高精度圆柱度测量方法．计测技术，2007，27 (B11)：51-55．

[15]　黄清渠．长度计量手册．北京：科技出版社，1979．

第6章 材料理化检测管理与分析技术

6.1 理化检测质量管理

6.1.1 概述

材料理化检测是指按照规定程序和确定的试验方法，对给定试样或产品的一种或多种理化特性进行测试或分析的管理与技术活动。理化检测结果可为数据、图表、曲线、文字等形式。科学严谨、准确可靠、客观公正、快捷高效是理化检测工作质量的根本宗旨。理化检测结果即检测报告的可信度是理化检测单位公信度要求的基本目标，为了不断提升理化检测的质量管理及技术能力，理化检测实验室主要工作是：依据国际或国家实验室认可准则，对于服务国防的实验室还应依据国防科技工业实验室认可准则，建立完善的质量管理体系并接受能力认可评审；应用计算机网络技术，建立专业化的理化检测信息管理系统，实现理化检测的质量管理和检测数据或结果的信息化管理。

6.1.2 理化检测质量管理体系的建立、运行与改进

6.1.2.1 理化检测实验室认可的意义及认可准则

按照液体火箭发动机质量管理要求，材料理化检测结果是产品生产、试验及交付的重要技术数据。实验室依据有关认可标准开展检测活动，取得权威机构的审核认可，可确保理化检测结果的准确可靠和公信度，不断地提升实验室的管理、技术及服务工作，对于航天型号产品研制生产的质量保证都具有重要的意义。

目前国家实验室认可依据的标准是 CNAS - CL01：2006《检测和校准实验室认可准则》，国防实验室认可依据的标准是 DILAC/AC01：2005《检测实验室和校准实验室认可准则》。国防实验室认可准则是在涵盖国家实验室认可准则的基础上，突出了国防科技工业对实验室的特殊要求。

6.1.2.2 理化检测质量管理体系的建立

理化检测质量管理体系的建立分为管理体系认可准备和管理体系的建立两个阶段，其流程及各阶段的主要工作如图 6-1 所示。

6.1.2.3 理化检测质量管理体系的运作与改进

（1）认可申请

按照 CNAS 及 DILAC 有关文件要求，实验室认可体系在有效运行 6 个月以上才可提出认

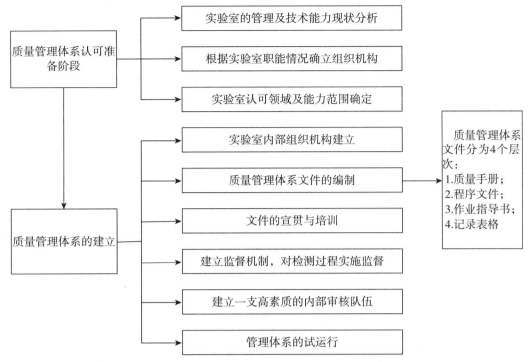

图 6-1 质量管理体系的建立流程及各阶段的主要工作

可申请。申请单位应按照认可委要求的格式、内容等如实填写申请书，并申报认可委审核。

（2）现场评审

1）准备好现场使用的文件、资料，确保现场使用的文件、资料内容的一致性和最新有效性。

2）认真做好认可文件及检测方法的查新，及时做好文件修订及检测方法的确认工作。

3）申请的检测能力范围所涉及的检测人员、设备必须经过授权，环境要求必须与制定的程序文件、作业指导书等文件相符。计量器具、标准物质、标准溶液等必须在有效期内。

4）认可项目的检测过程原始记录、设备使用保养记录、检测报告以及内部比对、实验室比对记录等资料应齐全。

5）现场验证某项认可能力的检测全过程时，检测人员应依据作业指导书和相关标准进行严格的操作，并能积极回答专家的提问。陪同人员应认真记录发现的问题，以便整改。

6）对于外审出具的不符合项，实验室应积极制定整改计划和整改措施，举一反三，按期落实整改，并形成整改材料交给审核组长审核至合格。对于外审提出的建议整改项，实验室同样应积极整改。

（3）认可文件资料的查新

实验室管理体系文件必须最新有效。质量负责人或技术负责人应定期负责跟踪技术文件和管理文件的变更。当确认有文件资料变更时，实验室应及时组织相关人员进行学习理解，必要时对实验室管理体系的相关文件进行更改，保证实验室管理体系各类文件的时效性。特别是当认可检测方法有变更时，实验室应进行检测方法的确认程序。

（4）内部质量控制

内部质量控制，包括质量监督员的质量监督、对新员工的质量监督、实验室比对和人员比对、留样复测、用标准物质考核等。检测仪器设备、标准物质的期间核查也是内部质量控制的重要环节。

（5）能力验证与实验室外部比对

按照 CNAS－AL07《CNAS 能力验证领域和频次表》，实验室每个认可领域至少每年有一个项目参加能力验证。利用能力验证结果对实验室的技术能力进行质量评价。实验室外部比对是本实验室与其他取得 CNAS 或 DILAC 认可的实验室进行的认可项目检测结果的比对。在无适当、适时的能力验证计划时，可按认可领域进行每年至少有 1 个项目的实验室外部比对。当能力验证或实验室外部比对结果不满意或有问题时，应执行不符合工作纠正措施。

（6）内部审核

实验室质量管理体系内部审核是验证实验室管理体系运作是否持续符合管理体系文件和认可准则的要求，也是实验室的一种自我评价、自我完善、自我改进的系统活动。内审的着眼点在于及时发现管理体系运行中的问题，并对发现的不符合项，要组织力量采取相应的措施加以纠正或预防。质量管理体系运行问题的发现，可从认可能力项目为切入点，从人、机、料、法、环、记录、结果、报告等多要素切入，检查追踪认可项目的管理与操作是否符合体系文件和认可准则的要求。

（7）注重管理体系的持续性培训

实验室应建立培训机制和考核模式，制定年度培训计划，保证培训的持续性及其效果。不断提高员工执行管理体系文件的意识和自觉性。

（8）不断扩展认可项目，扩大认可能力范围

扩项的工作过程为扩项论证、方法确认、文件编写或更改、认可评审等。扩项是提升实验室检测技术能力的有效途经之一，不但可扩大实验室认可能力范围，而且有利于质量管理体系的完善和提升。

（9）提高服务意识，改进服务质量

实验室可通个客户满意度调查、随时记录客户意见、定期客户随访等多种方式，积极征求客户意见，并作为管理体系改进的重要输入内容。

（10）管理评审

管理评审可确保管理体系持续适应和有效，并进行必要的变更或改进。管理评审主要评价管理体系的适应性、充分性和有效性。

6.1.3　理化检测信息化管理

理化检测的信息化管理就是以信息化为手段，将传统的理化检测管理方式转换为以计

算机网络为基础，符合实验室认可和质量体系要求的管理系统。系统主要由人员及权限、申请单、计划派工、样品交接、检测报告、生产看板等部分组成。系统利用数据库的唯一性原则实现谁的数据谁负责；通过关键数据（材料牌号）的标准化，减少信息的输入性错误；依据材料模板（模板中规定了材料的检测项目及标准值范围、允许差范围等信息）自动进行检测项目及数据的判定和异常数据的报警，从而降低传统模式中的报告差错率，提高理化检测管理质量。

6.2　金属材料化学成分分析技术

6.2.1　概述

金属材料化学成分分析分为化学分析法和仪器分析法。化学分析法是以物质的化学反应为基础而建立的成分分析方法，是经典的分析方法，如称量分析法、滴定分析法、分光光度法等。仪器分析法是以物质的物理或物理化学性质为基础而建立的成分分析方法，如原子发射/吸收光谱法、金属中气体元素分析法、X 荧光分析法等。仪器分析法具有快速、灵敏、准确、操作简单、自动化程度高的优点。

6.2.2　化学分析

6.2.2.1　称量分析法

称量分析法是将待测元素与其他元素分离，并转化为一定的称量形式，然后称量以测定被测元素含量的定量分析方法。称量分析包括：沉淀法、电解法、汽化法等。称量分析结果的计算公式为

$$c = \frac{mF}{m_s} \times 100 \tag{6-1}$$

式中　c——被测元素的百分含量（%）；

　　　F——换算因数；

　　　m——称量形（g）；

　　　m_s——称样量（g）。

称量分析适用于不锈钢、高温合金中高含量元素 Si（>0.5%）、W（>1%）、Ni（>2%）、Mo（>1%）等，纯铜中 Cu 的测定。称量分析可直接分析，不需引入标准物质，是一种绝对的分析方法。进行称量分析时，要求沉淀形溶解度小，确保被测元素沉淀完全；称量形必须有确定的化学组成，化学性质稳定。

6.2.2.2　滴定分析法

滴定分析法是将标准溶液滴加到待测物质的溶液中，到达滴定终点，依据消耗标准溶液的体积，求得待测元素的量。标准溶液使用前用化学标准物质或基准物质标定，计算出滴定度 T

$$T = \frac{m}{V} \qquad\qquad (6-2)$$

式中　　T——滴定度（g/mL）；

　　　　m——化学标准物质所含被测元素的质量或基准物质的质量（g）；

　　　　V——消耗标准溶液的体积（mL）。

　　　　通过滴定度计算待测元素的含量 C

$$C = \frac{TV}{W} \times 100 \qquad\qquad (6-3)$$

式中　　C——待测元素的含量（%）；

　　　　V——滴定试样所消耗的标准溶液体积（mL）；

　　　　W——称样量（g）。

　　滴定分析分为酸碱滴定法、络合滴定法、氧化还原滴定法和沉淀滴定法。滴定分析适用于常量分析，准确度高，常用于不锈钢、高温合金中的 Cr（0.1%～30%），Ni（2%～30%），Mn（0.1%～30%），V（>0.1%）等元素的分析。

6.2.2.3　分光光度法

　　分光光度法是通过被测溶液选择性吸收可见光或紫外光而定量测定被测成分的分析方法。分光光度法基于朗伯-比尔定律

$$A = acl \qquad\qquad (6-4)$$

式中　　A——吸光度；

　　　　a——吸光系数；

　　　　c——被测元素浓度（mg/mL）；

　　　　l——液层厚度（mm）。

　　在实际应用中，用系列化学标准物质制作工作曲线，利用工作曲线计算试样中待测元素的含量。分光光度法检出限低（10^{-3}%～10^{-4}%），一般用于微量组分的测定，常用于不锈钢、高温合金中的 Ti（0.01%～3%），Mo（0.1%～5%），Nb（0.01%～5%），Al（0.05%～1%），P（0.001%～1%）等元素的分析。

6.2.3　仪器分析

6.2.3.1　原子发射光谱分析

　　（1）基本原理

　　原子发射光谱分析包括定性分析和定量分析。光谱定性分析，是依据试样中被分析元素发射的特征谱线来判断该元素是否存在，并且可根据特征谱线的强度估计出元素的大致含量。光谱定量分析是根据样品中被测元素分析谱线的强度来确定被测元素含量。元素谱线强度与元素含量的关系可用如下经验公式表示

$$I = kC^b \qquad\qquad (6-5)$$

式中　　I——谱线强度；

　　C——元素含量（%）；

　　k——发射系数；

　　b——自吸系数。

若对式（6-5）取对数，则得

$$\lg I = b \lg C + \lg k \tag{6-6}$$

上式即为光谱定量分析的基本关系式。以 $\lg I$ 对 $\lg C$ 作图，在一定的含量范围内为直线。

　　光谱定量分析一般采用工作曲线法。用一组（3~5 个）含有已知元素含量的标准物质制作工作曲线，然后在分析条件下测定试样中被测元素的分析谱线强度，通过工作曲线计算被测元素的含量。为了降低光源的波动性对分析结果的影响，提高定量分析的精密度，通常使用内标法，即在被分析元素中选一根谱线为分析线，在基体元素或定量加入的其他元素的谱线中选一根与分析谱线性质相似的谱线作为内标线，组成分析线对，进行测量分析。

　　原子发射光谱分析具有选择性好、分析速度快、可多元素同时分析、灵敏度高、分析范围宽、精密度好等特点，火花源光电直读发射光谱法的重复性一般在 5% 以下，ICP 电感耦合等离子体发射光谱法的重复性一般在 3% 以下。原子发射光谱分析广泛应用于液体火箭发动机使用的多品种、多基体、复杂化学成分金属材料的快速定性及定量分析。

　　（2）主要分析方法

　　①摄谱法

　　1）工作原理：摄谱法是用感光乳剂作为光谱接收器的原子发射光谱分析，又称为照相光谱分析。由激发光源激发产生的试样辐射经摄谱仪分光并聚集在摄谱仪的焦面上，形成按波长顺序排列的光谱线，位于该焦面上的感光板乳剂将受到这些谱线辐射的照射。感光乳剂经显影、定影处理后，在感光板上形成光谱，根据感光板上光谱线的黑度分析试样中被测元素的含量。图 6-2 所示为摄谱仪的工作原理图。

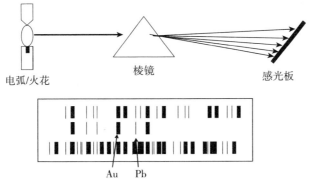

图 6-2　摄谱仪的工作原理图

　　2）特点及适用范围：摄谱分析具有能够采集试样全谱信息的特点，常应用于发动机耐高温涂层原料纯金属粉体材料中杂质元素的定性或半定量分析；合金钢及不锈钢材料常量及微量元素定量分析。

　　3）分析的一般要求：对于导电的块状材料，可采用火花光源激发，对电极采用相同材料的自对电极激发或采用高纯铜、高纯石墨电极作为对电极。非导电的试样、颗粒、粉末样品置于光谱纯石墨载电极中，使用交流电弧或直流电弧激发，直流电弧的检出限更低。含有机物、铵盐等低沸点、易分解物质的试样需要先经灼烧灰化，否则弧烧时会出现试样飞溅损失。当试样组成复杂时，采用分段曝光有助于减轻组分的光谱干扰和降低背景。

②火花源光电直读原子发射光谱法

1) 工作原理：金属块状试样直接作为放电电极，在光源的作用下发光，通过入射狭缝进入帕邢龙格结构光学系统，经凹面光栅色散得到含有不同波长谱线的光谱，元素分析谱线入射到光学系统罗兰圆上排列的光电倍增管（PMT）或固态检测器（CCD）上，经光电转换所产生的电信号，经放大后输入计算机处理，通过工作曲线计算给出试样中被测元素的含量。火花源光电直读原子发射光谱仪通常是固定多通道，使用的激发光源为模拟光源或数字光源。图 6-3 所示为火花源光电直读原子发射光谱仪的工作原理图。

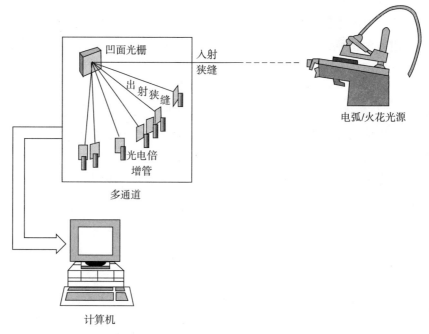

图 6-3　火花源光电直读原子发射光谱仪的工作原理图

2) 特点及适用范围：火花源光电直读原子发射光谱分析具有试样无需化学溶解、分析速度快、精密度好、自动化程度高等特点。应用于多基体复杂化学成分块状金属材料，如钛合金、铌合金、合金钢、不锈钢和高温合金等分析；也应用于发动机铸造工艺进行炉前快速分析。

3) 分析的一般要求：试样激发面必须是新磨制，表面平整，纹路一致，不能有污染。试样尺寸过小或过薄会对分析结果造成影响，通常要求板材的厚度 δ 不小于 1 mm，块状样品一般不小于 $\phi15$ mm。类型标准化样品的基体及合金元素含量范围、金相组织与待测试样相近。激发面不能有裂纹、气孔等缺陷，保证激发过程为凝聚放电，尽量避免扩散放电。试样在激发过程中不能漏光漏气，否则会使分析结果产生偏差。

③ICP 电感耦合等离子体原子发射光谱法

1）工作原理：电感耦合等离子体原子发射光谱仪由气路系统、蠕动泵进样系统、雾化系统、等离子体光源系统、分光系统、检测系统及计算机处理系统 7 部分组成，其工作原理如图 6-4 所示。

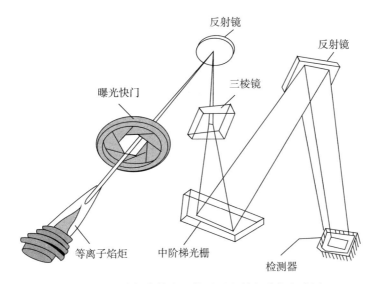

图 6-4　电感耦合等离子体原子发射光谱仪光路图

ICP 氩等离子体光源所产生的焰炬温度可达 6 000～7 000 K，其高温区温度高达 10 000 K，而尾焰则在 5 000 K 以下，焰炬温度分布示意图如图 6-5 所示。当载气携带试样气溶胶进入等离子体焰炬被原子化或离子化后，经激发产生发射光谱。由于焰炬温度高，能够提供高的激发能量，因此，电感耦合等离子体光源的激发能力强，化学干扰小。

2）特点及适用范围：ICP 电感耦合等离子体原子发射光谱分析兼顾了化学分析试样湿法处理的灵活性和发射光谱分析的灵敏、快速、多元素同时检测的特点，特别是它可以利用种类较多的化学标准物质，或者合成与分析试样相匹配的工作标准溶液，拓宽了仪器的测试范围，提高了分析的灵活性，并且可减小基体效应，提高分析的准确度。适用于发动机中多种材料分析，特别是丝状、粉状等化学成分组成复杂材料的分析，如不锈钢丝网、锰基合金钎焊料粉等。

3）分析的一般要求：溶解选用酸的参考顺序为：盐酸→硝酸→王水→高氯酸→磷酸→硫酸，尽量降低物理干扰。若使用氢氟酸，应在聚四氟乙烯烧杯中进行，并使用高沸点的酸（高氯酸或硫酸）驱赶残余的氢氟酸，之后还应加入过量的硼酸，避免进样系统被腐蚀。为避免谱线干扰、第三元素干扰及基体干扰，分析中注意标准溶液与待测样品溶液的匹配。分析谱线的选择要参考同种分析条件下对标准物质溶液的测试结果，选取谱线干扰小，且该谱线的测定结果与标准值最接近的谱线作为分析谱线。高含量（一般超过 40%

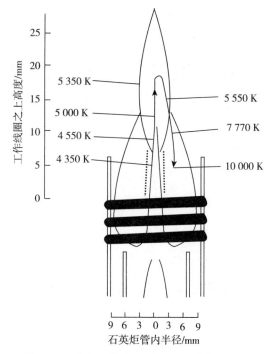

图 6-5　等离子体光源焰炬温度分布示意图

～50％）元素的测定，应对试液进行稀释，工作曲线至少取 3～ 5 个点，必要时还应引入内标，以提高分析的准确度。

④辉光放电发射光谱分析法

1）工作原理：辉光放电属于低压气体放电，将光源内部抽真空至 10 Pa 左右，充入放电气体（通常为 Ar）并维持压力 100～1 500 Pa；在电极之间施加一定的电压（500～1 500 V），使得体系里的气体被击穿，形成等离子体。在电场的作用下，正离子加速撞向阴极，其动能传递给阴极（样品）表面的原子，产生二次电子或使中性原子逸出阴极（样品）表面，进入等离子体的中性原子经历一系列碰撞并发射特征谱线。通过控制适当的放电参数，可以对试样进行逐层剥离，进行表面和深度分析。图 6-6 所示为辉光放电装置示意图。

2）特点及适用范围：辉光放电可分析导体与非导体样品，样品分析前处理简单，对于粉末样品可直接压成片状，块状样品仅需加工成适合阴极的形状即可。此外，辉光放电还可以对涂镀层样品进行深度和剖面分析。常用于发动机零件渗碳层含量深度分布分析，镀层、高温抗氧化涂层的分析。

3）分析的一般要求：在辉光放电过程中被溅射出来的原子有相当一部分还未扩散到阴极负辉区就受电场的作用返回阴极，溅射效率降低，影响分析的灵敏度，可采用气体喷射装置增加溅射率。此外通过施加磁场可以增加电子或其他粒子在放电等离子体内的停留时间，增加离子化和激发，提高发光强度，减少溅射物质重新沉积在样品上，提高溅射效率，改善溅射的均匀性，有利于提高逐层分析的层间分辨率。

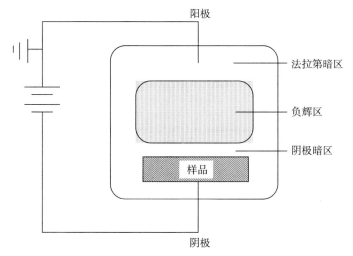

图 6-6　辉光放电装置示意图

6.2.3.2　原子吸收光谱分析

（1）基本原理

原子吸收光谱所用辐射光源的波长通常在紫外和可见区，当辐射光通过自由原子蒸气时，若入射光的频率（能量）等于原子中的电子由基态跃迁至激发态的能量，就可能被基态原子所吸收。由于原子中的电子能量是量子化的，原子吸收光谱波长 λ 由产生该原子吸收谱线的能级间的能量差决定

$$\Delta E = \frac{hC}{\lambda} \tag{6-7}$$

式中　ΔE——原子吸收谱线能级间的能量差；

　　　h——普朗克常数；

　　　C——光速（m/s）；

　　　λ——检测到的波长（nm）。

由于吸收具有选择性，因此处于基态的待测原子对光辐射的共振吸收程度取决于吸收光程内基态原子的浓度 N_0。

$$A = \lg \frac{I_0}{I} = RN_0 L \tag{6-8}$$

式中　A——吸光度；

　　　I_0——入射光强度；

　　　I——透射光强度；

　　　L——光程长；

　　　R——原子蒸气对特定频率的光吸收系数。

（2）仪器装置

原子吸收光谱仪主要由光源、原子化器、单色器、检测系统 4 部分组成。光源发出的光谱经过火焰，其中的共振线部分被火焰中待测元素的原子蒸气吸收，透射光进入单色器经过分光后，再照射到检测器上。空心阴极灯是目前应用最广泛的光源，属于锐线光源，光强度高而稳定，谱线宽度窄，每测定一个元素需要更换相应的待测元素的空心阴极灯。原子化器有火焰原子化器和非火焰原子化器（石墨炉），前者简单、快速，对大多数元素有较高的灵敏度和检测限，而非火焰原子化器的原子化效率更高，检测限更低。图6-7所示为双光束原子吸收光谱仪光路示意图。

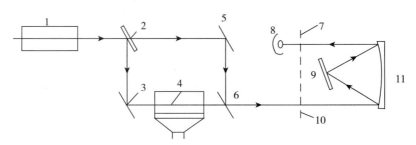

图6-7　双光束原子吸收光谱仪光路示意图

1—空心阴极灯；2—旋转反射镜；3，5，9，11—反射镜；4—原子化器；6—半反射镜；

7—出射狭缝；8—检测器；10—入射狭缝

（3）定量分析方法

1）标准曲线法。配制一系列浓度的待测元素的标准溶液，测定它们的吸光度，做出浓度与吸光度的工作曲线，测定试样溶液的吸光度后，根据工作曲线确定试样的浓度值。

2）标准加入法。若试样基体组成复杂，且基体干扰明显，则在一定浓度范围内工作曲线呈线性关系的情况下，使用标准加入法。取若干份体积相同的试样溶液，从第2份开始分别按比例加入不同量的待测元素的标准溶液。分别测定其吸光度，以吸光度对浓度作图，得到曲线，外延曲线与横坐标的截距即为被测元素的含量。使用标准加入法一定要彻底校正背景。

（4）特点及适用范围

原子吸收法常用于纯金属中碱金属或碱土金属等微量杂质元素的分析，可用于表面处理工艺的槽液中Cu、Fe、Zn、Pb等杂质元素的分析。

6.2.3.3　X射线荧光分析

（1）基本原理

原子中的内层（如K层）电子被X射线辐射电离后在K层产生一个正孔穴。外层（L层）电子填充K层孔穴时，会释放出一定的能量，当该能量以X射线辐射释放出来时就可以发射特征X射线荧光，图6-8所示为X射线激发电子驰豫过程示意图。高能X射线（一次X射线）轰击样品，将待测元素的原子内层电子逐出，使原子处于受激状态。随即在$10^{-12} \sim 10^{-15}$ s间，原子内的电子重新配位，内层电子的空位由较外层的电子补充，同时放出荧光X射线（二次X射线）。

荧光X射线波长λ与原子序数Z间有一定关系

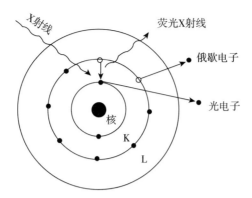

图 6-8　X 射线激发电子驰豫过程示意图

$$\sqrt{\frac{1}{\lambda}} = k(Z - S) \tag{6-9}$$

式中　k，S——常数；

　　　λ——特征 X 射线波长；

　　　Z——被测原子序数。

式（6-9）即 X 射线荧光光谱定性分析方法的依据。

当元素和实验条件一定时，特征 X 射线（二次 X 射线）强度 I_i 与被测元素的质量分数 w_i 的关系可用下式表示

$$I_i = \frac{K w_i}{\mu_{\mathrm{m}}} \tag{6-10}$$

式中　μ_{m}——吸收系数；

　　　K——常数。

式（6-10）为荧光 X 射线的定量分析提供了理论依据。

（2）仪器装置

图 6-9 是波长色散型 X 射线荧光光谱仪结构原理图。仪器由 4 部分组成：X 射线源（光源），荧光 X 射线分光系统，荧光 X 射线检测记录系统及仪器的控制系统。X 射线源

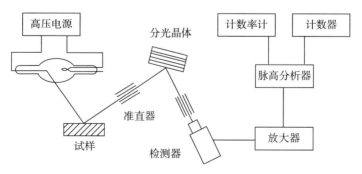

图 6-9　波长色散型 X 射线荧光光谱仪结构原理图

通常用功率较大的 X 光管。分光系统由入射狭缝、分光晶体，晶体旋转机构，样品室和真空系统组成，可使二次 X 射线准直后透射到分光晶体上，然后由晶体旋转机构使各元素不同波长的 X 射线按布拉格定律衍射分开，经色散产生荧光光谱。检测记录系统常用比例计数器、闪烁计数器和半导体探测器。

（3）分析方法

1）定性分析。不同元素的荧光 X 射线具有各自的波长值，几乎与化合状态无关，可根据试样辐射的荧光 X 射线波长确定其元素组成。

2）定量分析。元素的荧光 X 射线强度与其在试样中的含量成正比，可采用标准曲线法、增量法、内标法等进行定量分析。

（4）特点及适用范围

X 荧光光谱分析对金属或非金属的高含量元素都可以进行精确分析。常用于发动机中高合金钢中高含量元素的精确分析，高温抗氧化涂层的主含量元素的精确分析，也可用于油脂、塑料、胶黏剂、石墨制品等非金属材料中金属杂质元素的分析。

6.2.3.4　金属材料气体元素分析技术

（1）氧、氮、氢气体元素分析

①基本原理

金属材料中微量氧、氮、氢气体元素含量测定的现代技术有惰性气体熔融红外吸收法（氧、氢）和热导法（氮、氢）。其基本原理是：氧释放后与碳反应生成 CO_2 和 CO，氢释放后经氧化生成 H_2O。CO_2、CO、H_2O 均具有红外活性，使用非色散红外吸收检测。根据朗伯-比尔定律，将被测元素检测信号强度与标准物质的信号强度进行比较计算得出被测元素含量。氮和氢以 N_2 和 H_2 形式释放，在热导池中检测，通过导热系数的变化来确定试样中氮和氢的含量。氧氮氢分析仪的工作流程如图 6-10 所示。

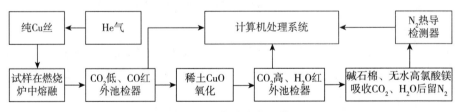

图 6-10　氧氮氢分析仪工作流程

②特点及适用范围

氧氮氢分析仪分析检出限低、准确度高、分析速度快。常用于发动机中钛合金、铌合金中氧、氮、氢元素的分析，焊接材料中氧、氮元素的分析，铸造及增材制造的原料及成品件中氧、氮、氢元素的分析，酸洗、电镀件吸氢量的分析。

③分析的一般要求

试样表面应打磨干净，打磨时不能过热。分析操作时尽量采用自动进样装置，每次燃烧后炉头必须清理干净。为了保证试样充分熔融，应当通过试验选取 1 g 或 1.5 g 的镍篮助熔剂，必要时使用高温坩埚或添加辅助助熔剂。排气功率、分析功率、载气压力等分析条件的优化选择对分析结果影响较大，应通过试验优化。

（2）碳硫元素分析

①基本原理

金属材料中 C、S 在富氧气氛中经高频炉加热燃烧，生成 CO_2、CO 和 SO_2 进入红外吸收池，这 3 种气体均具有红外活性，在特定波长产生红外吸收。利用朗伯-比尔定律，将被测元素检测信号强度与标准物质的信号强度进行比较计算得出被测元素含量。碳硫分析仪的工作流程如图 6-11 所示。

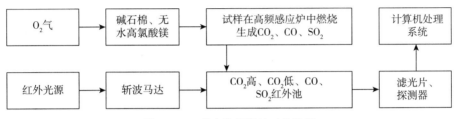

图 6-11 碳硫分析仪的工作流程

②特点及适用范围

碳硫分析仪分析检出限低、准确度高、分析速度快。常用于发动机金属材料、陶瓷材料中碳硫含量的精确分析；测量范围：碳 0.000 1%～10%，硫 0.000 1%～0.35%。

③分析的一般要求

在分析不同种类的材料时，应当选择最佳的燃烧功率，分析高含量样品时，可通过控制高频功率释放速度，提高分析结果的精度。分析低含量样品时，通过程序升温功能有效地处理样品表面吸附及坩埚空白。

6.3 金属材料力学性能与工艺性能检测技术

6.3.1 概论

材料力学性能是材料在力的作用下所显示的与弹性和非弹性反应相关或涉及应力-应变关系的性能。材料力学性能高低，表征材料抵抗各种损伤作用能力的大小，是评定材料质量的主要判据，也是材料制件设计时选材和进行强度计算的主要依据。

进行力学性能试验的目的有：

1）为结构和零部件的设计提供材料的力学性能数据；

2）为材料的成分选择和热处理工艺的选择提供依据；

3）研究材料在给定条件下的力学性能变化规律；

4）评定原材料的冶金质量及热加工后的产品质量。

材料的工艺性能包括成型性、可加工性（含磨削性和研磨性）、连接性能（焊接、铆接、粘接)、热处理和表面处理等。在实验室中，工艺性能试验就是检验金属材料是否适用于某种加工工艺，其目的仅仅作为定性地检验在指定试验条件下，试样经受某种形式的塑性变形的能力。

6.3.2　金属材料常规力学性能检测技术

6.3.2.1　金属拉伸试验与应用

（1）概述

拉伸试验是测定材料在轴向、静载下的强度和变形的一种试验，是在指定温度下，材料处于一种单向、均匀的拉应力状态下的试验方法。它可以测定金属材料的弹性、塑性、强度、韧性及硬化指数等许多重要性能指标。在工程应用中不仅是金属材料结构静态强度设计的主要依据，而且又是评定和选用金属材料及加工工艺的重要参数。

（2）拉伸图

载荷-伸长曲线，称为拉伸图或拉伸曲线，该曲线全面体现了金属材料在单向拉应力作用下，从开始变形直至断裂全过程中的各种特征。

图 6 - 12 是退火低碳钢的拉伸图，每一点都反映载荷和在该载荷作用下的变形规律。试样在拉伸过程中可以分以下几个阶段：

Op——比例伸长阶段。力与变形成正比，符合虎克定律，变形完全是弹性的，卸载与加载路线一致。

pe——弹性阶段。力与变形不完全成正比，但变形是弹性的，卸载与加载路线不一致。

s——屈服阶段。在力不增加或增加很小或略有降低的情况下变形大量产生。变形是不能恢复的，卸载与加载路线不一致。

sb——强化阶段。随变形增加，载荷增大，此阶段产生的变形是弹塑性变形，其塑性变形是均匀的。卸载与加载路线不一致。

bk——颈缩阶段（断裂阶段）。载荷达到最大值 F_m 以后，随变形增大，载荷下降，产生大量不均匀变形，且集中在颈缩处。卸载与加载路线不一致。颈缩是韧性金属材料在拉伸试验时形变集中于局部区域的特殊现象，它是形变强化与截面减小共同作用的结果。

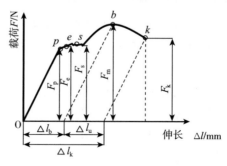

图 6 - 12　低碳钢的拉伸图

（3）工程应力-应变图

工程应力也称为标称应力，即用试样原始截面积 S_0 去除拉伸载荷 F 所得的商；工程应变，即以试样的标距长度 L_0 去除绝对伸长 ΔL，得到相对伸长。

图 6-13 为低碳钢的工程应力-应变曲线，直接给出材料的力学性能指标，如屈服强度、抗拉强度、断后伸长率。

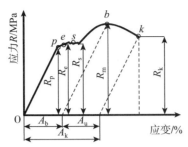

图 6-13　低碳钢的应力-应变曲线

（4）弹性模量

弹性是指物体去除外力后，其变形以声速恢复的现象。其物理特性是应力与应变成正比例，符合虎克定律，在应力-应变图上表现为一段直线，即 $R=Ee$。弹性模量 E 按式（6-11）计算

$$E=\frac{R}{e} \qquad\qquad (6-11)$$

式中　R——弹性阶段应力；

　　　　e——弹性阶段应变。

E 表示原子间结合力的程度，E 大的金属原子结合力大，它表征材料的刚度，即材料抵抗弹性变形的能力，在工程上，以产生单位弹性变形所需要的应力作为刚度的量度。弹性模量是用于发动机零件仿真旋压胀形的重要指标。

弹性模量的检测方法有静态法和动态法。液体发动机所用材料的弹性模量的常用检测方法为静态法，一般采用拉伸方法，用引伸计测定。也可采用直接在试样上贴电阻应变片，通过电阻应变仪来测量相应的试样弹性伸长或应变量。检测方法有图解法和拟合法两种。

（5）屈服强度

①上、下屈服强度

如图 6-14 所示，R_{eH} 和 R_{eL} 分别为材料的上、下屈服强度。R_{eH} 定义为首次下降前的最大力值对应的应力；R_{eL} 定义为不计初始瞬时效应时屈服阶段中的最小力所对应的应力。R_{eH} 和 R_{eL} 可以从力-延伸曲线图或峰值力显示器上测得。

②规定塑性延伸强度（R_p）

发动机上所用金属材料主要开展规定塑性延伸强度（R_p）检测。规定塑性延伸强度（R_p）为塑性延伸率等于规定的引伸计标距 L_e 百分率时对应的应力，R_p 通过力-延伸曲线图测得。例如，$R_{p0.2}$ 表示规定塑性延伸率为 0.2% 时的应力，如图 6-15 所示。由微机控

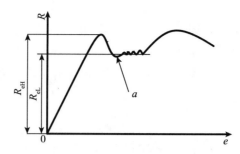

图 6-14　曲线的上屈服强度和下屈服强度

注：e—延伸率；R—应力；R_{eH}—上屈服强度；R_{eL}—下屈服强度；a—初始瞬时效应

制类试验设备的控制软件可自动计算得出 R_p。如力-延伸曲线图的弹性直线部分不能明确地确定，以致不能够准确得出 R_p 时，可采用滞后环法和逐步逼近法。

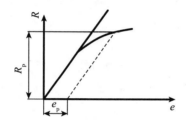

图 6-15　规定塑性延伸强度 R_p

（6）抗拉强度（R_m）

抗拉强度是表征金属材料对最大均匀变形的抗力，是材料在拉伸条件下所能承受的最大载荷下的应力值。它是设计和选材的主要依据之一。抗拉强度 R_m 为相应最大力 F_m 对应的应力。按式（6-12）计算。抗拉强度 R_m 可用指针法、图解法和峰值力显示器测定

$$R_m = \frac{F_m}{S_0} \tag{6-12}$$

（7）拉伸塑性指标

断后伸长率和断面收缩率表示金属材料的塑性变形能力，断后伸长率和断面收缩率的数值越高表示金属材料的塑性越好。

①断后伸长率 A

断后伸长率为断后标距的残余伸长（$L_u - L_0$）与原始标距（L_0）之比的百分率，用符号 A 表示。按式（6-13）计算

$$A = \frac{L_u - L_0}{L_0} \times 100\% \tag{6-13}$$

式中　L_0——原始标距（mm）；

　　　L_u——断后标距（mm）。

对于比例试样，若原始标距不为 $5.65\sqrt{S_0}$（S_0 为平行长度的原始横截面积），符号 A 应附以下脚注说明所使用的比例系数，例如，$A_{11.3}$ 表示原始标距为 $11.3\sqrt{S_0}$ 的断后伸长

率。原则上只有断裂处与最接近的标距标记的距离不小于原始标距的 1/3 时为有效。但断后伸长率大于或等于规定值时，不管断裂位置处于何处测量均为有效。如断裂处与最接近的标距标记的距离小于原始标距的 1/3 时，可采用规定的移位法测定断后伸长率。

②断面收缩率 Z

断裂后试样横截面积的最大缩减量（$S_0 - S_u$）与原始横截面积 S_0 之比的百分率，用符号 Z 表示。按式（6-14）计算

$$Z = \frac{S_0 - S_u}{S_0} \times 100\% \qquad (6-14)$$

式中　S_0——平行长度部分的原始横截面积（mm^2）；

　　　　S_u——断后最小横截面积（mm^2）。

圆形试样，在颈缩最小处两个互相垂直的方向上测量其直径，取两者算术平均值计算 S_u；矩形试样，则用颈缩处的最大宽度 b_u 乘以最小厚度 a_u 求得 S_u。

（8）拉伸试验的应用

①室温拉伸试验在发动机上的应用

发动机用金属材料规格种类繁多，有棒材、板材、管材、带材、丝材等，各类原材料、锻铸件、焊接件、紧固件等均需要检测室温拉伸性能，主要依据 GB/T 228.1 开展拉伸试验工作。测试金属材料的强度、塑性指标，测试项目包括抗拉强度 R_m、屈服强度（R_{eH}、R_{eL}、$R_{p0.2}$）、弹性模量 E、断后伸长率 A 及断面收缩率 Z 等。

②高温拉伸试验在发动机上的应用

根据使用环境的不同，发动机用金属原材料、锻铸件等零组件需测试材料的高温拉伸性能。依据 GB/T 228.2 主要测试材料在 100～2 000 ℃ 温度下的强度、塑性指标。测试项目包括高温抗拉强度 R_m、屈服强度（R_{eH}、R_{eL}、$R_{p0.2}$）、弹性模量 E、断后伸长率 A 及断面收缩率 Z 等。

室温到 300 ℃ 的拉伸试验在环境试验箱内进行，300～1 000 ℃ 的拉伸试验在大气炉内进行，可以在普通的拉伸试验机上配备环境试验箱和电阻丝加热炉即可实现高温拉伸试验，操作简单易于实现。涡轮转子（盘、轴）等锻件材料在普通的拉伸试验机上即可实现 800～900 ℃ 的拉伸检测。

1 000～2 000 ℃ 的拉伸试验可在抽真空和气体保护的超高温炉内进行。超高温炉以钨合金板为加热体，采用钨合金板和钼合金板为隔热层，通过循环水实现对炉体的冷却，利用机械泵和分子泵实现 10^{-3} Pa 的真空度要求，采用红外测温仪和钨铼偶实现双向控温。具备超温、超载、断水报警、保护功能。可实现铌合金、钼合金、陶瓷基复合材料等超高温的检测要求。

③低温拉伸试验在发动机零件上的应用

根据使用要求，部分材料需要检测低温拉伸性能。依据 GB/T 13239 主要测试材料在 -196～10 ℃ 温度下的强度、塑性指标。试验所用冷却介质为气态或液态，为气态时用热电偶测量温度；为液态时用热电阻测量温度。当试验温度为 -196 ℃ 时，直接用液氮浸泡。通过控制液氮喷射汽化的速度和压强来实现不同温度点的控制。

6.3.2.2　金属的硬度试验与应用

（1）概述

金属的硬度，是反映金属材料抵抗局部变形，特别是塑性变形、压痕或划痕的能力，是衡量金属软硬程度的一种性能指标，也是决定金属材料力学性能的主要指标之一。

根据受力方式，硬度试验方法可分为压入法和刻划法，在压入法中，按照加力速度不同又可分为静态力试验法和动态力试验法。其中以静态力试验法应用最为普遍，布氏硬度、洛氏硬度和维氏硬度均属于静态力试验法。

（2）布氏硬度

对一定直径的钢球或硬质合金球施加试验力将其压入试样表面，经规定保持时间后，卸除试验力，测量试样表面的压痕直径。按式（6-15）计算

$$HB = 0.102\frac{F}{S} = 0.102\frac{2F}{\pi D\left(D - \sqrt{D^2 - d^2}\right)} \tag{6-15}$$

式中　F ——试验力（N）；

　　　S ——压痕球形表面积（mm^2）；

　　　D ——球体直径（mm）；

　　　d ——压痕平均直径（mm）。

试验原理如图 6-16 所示。

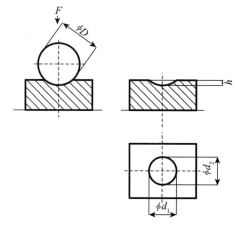

图 6-16　布氏硬度试验原理

注：d_1，d_2——在两相互垂直方向测量的压痕直径（mm）；h——压痕深度（mm）

（3）洛氏硬度

将压头（金刚石圆锥、硬质合金球）按图 6-17 分两个步骤压入试样表面，经规定保持时间后，卸除主试验力，测量在初试验力下的残余压痕深度 h。按式（6-16）计算洛氏硬度

$$洛氏硬度 = N - \frac{h}{S} \tag{6-16}$$

式中　N ——给定标尺的硬度数；

S——给定标尺的单位（mm）；

h——残余压痕深度（mm）。

当采用金刚石压头时，$N=100$；当采用钢球压头时，$N=130$。

试验原理如图 6 - 17 所示。

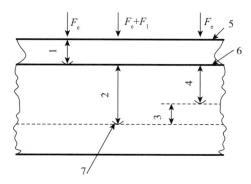

图 6 - 17　洛氏硬度试验原理图

注：1—在初试验力 F_e 下的压入深度；2—由主试验力 F_1 引起的压入深度；

3—卸除主试验力 F_1 后的弹性回复深度；4—残余压入深度 h；

5—试样表面；6—测量基准面；7—压头位置

洛氏硬度的表示方法，在洛氏硬度符号 HR 前为硬度数值，在 HR 后面为使用的标尺。

（4）维氏硬度

将顶部两相对面具有136°规定角度的正四棱锥体金刚石压头用一定的试验力压入试样表面，保持规定时间后，卸除试验力，测量试样表面压痕对角线的长度。维氏硬度值与试验力除以压痕表面积的商成正比，压痕被视为具有正方形基面并与压头角度相同的理想形状，按式（6 - 17）计算

$$HV = 常数 \times \frac{试验力}{压痕表面积} = 0.102 \frac{2F \sin \frac{136°}{2}}{d^2} \approx 0.189\,1\frac{F}{d^2} \qquad (6-17)$$

其中

$$常数 = \frac{1}{g} = \frac{1}{9.806\,65} \approx 0.102$$

式中　d——压痕两对角线长度 d_1、d_2 的算术平均值（mm）。

试验原理如图 6 - 18 所示。

维氏硬度的表示方法，在 HV 前面为硬度值，HV 后面按试验力和试验力保持时间的顺序用数值表示试验条件，当试验力保持时间为 $10 \sim 16$ s 时不标注。

6.3.2.3　金属冲击试验与应用

（1）概述

冲击试验是根据许多机器零件在工作时受冲击载荷作用提出来的，冲击性能是反映材料抵抗变形和断裂的能力，即在塑性变形和断裂过程中吸收能量的能力，是一项重要的性能指标。

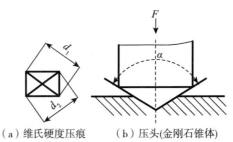

（a）维氏硬度压痕　　（b）压头(金刚石锥体)

图 6-18　维氏硬度试验原理

注：α—金刚石压头顶部两相对面夹角（136°）；F—试验力（N）；

d—两压痕对角线长度 d_1 和 d_2 的算术平均值（mm）

冲击试验对材料的缺陷很敏感，它能灵敏地反映出材料的宏观缺陷、显微组织的微小变化和材料品质，因此冲击试验是生产上用来检验冶炼、热加工、热处理工艺质量的有效方法。

冲击试验主要用途：

1）评定原材料的冶金质量及热加工后的产品质量。

2）评定材料在不同温度下的脆性转化趋势。

3）确定应变时效敏感性。

4）缺口敏感性指标。

（2）金属冲击试验原理

冲击试验是利用能量守恒原理，将规定几何形状的缺口试样置于试验机两支座之间，缺口背向打击面放置，用摆锤依次打击试样，测定试样的吸收能量。由于大多数材料冲击值随温度变化，因此试验应在规定温度下进行。当不在室温下试验时，试样必须在规定条件下加热或冷却，以保持规定的温度。

1）对试验温度有规定的，应在规定温度±2 ℃范围内进行。如果没有规定，室温冲击试验应在（23±5）℃范围进行。

2）常用的冷却介质主要有冰水混合、酒精-干冰、液氮，实现−196～0℃试验温度范围。对于试验温度不超过 200 ℃的高温试验，可在液池中加热试样。对于试验温度超过 200 ℃的试验，试样需在高温装置内加热至规定温度。

3）当试验不在室温进行时，试样从高温或低温装置中移出至打断的时间应不大于 5 s。

4）转移装置与试样接触部分应与试样一起加热或冷却。试样端部和对中装置的间隙或定位部件的间隙应大于 13 mm，否则，在断裂过程中，试样端部可能回弹至摆锤上。

6.3.3　金属材料工艺性能检测技术

6.3.3.1　概论

工艺性能试验就是检验金属材料是否适用于某种加工工艺。工艺性能试验的特点是：试验过程与材料的使用条件相似；试验结果能显示材料的塑性和韧性及其部分质量问题；试样加工容易；试验方法简便，无须复杂的试验设备。

6.3.3.2　金属弯曲试验

金属弯曲试验是将一定形状和尺寸的试样放置于弯曲装置上，按规定尺寸的弯心，将试样弯曲至规定的角度后，卸除试验力，检查试样承受变形的能力。弯曲试验时，试样两臂的轴线保持在垂直于弯曲轴的平面内。弯曲试验主要检测发动机上焊接结构件的焊缝质量，喷管延伸段、机架的板材冷成型质量等。

6.3.3.3　金属杯突试验

金属杯突试验是常用的一种工艺性能试验方法，其目的是在给定试验条件下，检验金属板材试样适应拉胀成型的极限能力。采用端部为球形的冲头，将夹紧的试样压入压模内，直至出现穿透裂纹为止，所测量的杯突深度即为试验结果。

杯突试验主要检测发动机的喷管内壁外壁、蒸发器、发生器、三通半管、机架、总装直属件等零件所用材料适应拉胀成型的极限能力，为旋压胀形、拼焊胀形的工艺方案、工艺优化提供依据。

6.3.3.4　金属线材扭转试验

金属线材扭转试验用于检验直径（或特征尺寸）为 0.3～10 mm 的金属线材，在单向或双向扭转时承受塑性变形的能力及显示金属线材的不均匀性、表面和内部缺陷。

试样绕自身轴线向一个方向均匀旋转 360°作为一次扭转至规定次数或试样断裂的试验为单向扭转。试样绕自身轴线向一个方向均匀旋转 360°作为一次扭转至规定次数后，向相反方向旋转相同次数或试样断裂的试验为双向扭转。

发动机用弹簧材料主要开展扭转试验。

6.3.3.5　金属反复弯曲试验

金属反复弯曲试验是检验金属线材、薄板和薄带在反复弯曲中承受塑性变形的能力并显示其缺陷。反复弯曲试验是将试样一端固定，然后绕规定半径的圆柱支座使试样弯曲 90°，再沿相反方向弯曲的重复弯曲试验，直至到达相关产品标准规定的次数，或出现肉眼可见的裂纹为止。

发动机用弹簧材料主要开展扭转试验。

6.3.3.6　金属线材缠绕试验

金属线材缠绕试验用于检验直径（异形线材的公称尺寸）等于或小于 10.0 mm 的有镀层和无镀层金属线材，承受缠绕变形后显示的表面缺陷及表面镀层结合的牢固性。缠绕试验是将线材围绕有关标准所规定直径的芯棒缠绕规定的圈数，以便形成紧密缠绕的螺旋。

线材缠绕可分为自身缠绕，芯棒缠绕，缠绕松懈，缠绕、松懈再缠绕，缠绕拉伸 5 种方式。主要用于发动机上的弹簧所用材料的检测。

6.3.3.7　金属管工艺性能试验

（1）金属管扩口试验

金属管扩口试验是检验在给定条件下管的塑性变形的极限能力。扩口率在一定程度上反映金属管壁在管径扩大时的均匀变薄能力。适用于外径不超过 150 mm，壁厚不超过 10 mm 的圆形横截面金属管扩口塑性变形能力的测定。发动机上的蛇形管、引压管、燃料导管、氧化剂导管等零件开展扩口检测试验。

（2）金属管压扁试验

压扁试验是检验金属管在给定条件下压扁变形而不出现裂纹缺陷的极限塑性变形能力。试样应为管产品的全截面管段。管试样的两端面应垂直于管的轴线，其长度约为外径的 1.5 倍，但不小于 10 mm，且不超过 100 mm，通常试样长度为 40 mm。发动机上的蛇形管、引压管、燃料导管、氧化剂导管等零件开展压扁检测试验。

6.4　金相分析技术

6.4.1　宏观检测技术

6.4.1.1　概述

用肉眼或不大于 30 倍的放大镜观察样品表面、剖面和断口的宏观组织形貌的检测称为宏观检测。宏观检测作为液体火箭发动机产品质量检测的常用手段，是控制金属材料和产品质量、研究铸造和加工工艺的一种重要而简便的方法。

6.4.1.2　断口检测

在材料或零件的断口上，可能呈现白点、过烧、过热、夹杂和气孔等材料缺陷，通过对这些缺陷的检查，评估材料或零件的质量。发动机产品质量检测中常见的断口缺陷有以下几种。

（1）结晶状断口

肉眼观察，结晶状断口常呈金属银灰色，为具有金属光泽的结晶颗粒状组织断口。该类缺陷常出现于发生氢脆的弹性垫圈、发生应力腐蚀的不锈钢零件断口。

（2）肉眼可见的非金属夹杂物及夹渣

断口非金属夹杂常与金属基体色泽不一致，多以各类氧化物夹杂出现，常见浅黄、黄绿色等，分布也没有一定的规律性。该类缺陷常见于铸铝锭断口、铜合金断口。

（3）分层

分层缺陷在板材中较为常见，在断口上可见明显的分离结构，甚至可分离成多层。分层缺陷破坏了金属基体的连续性，喷管旋压、胀形过程常暴露出原材料板材的分层缺陷。

6.4.1.3　低倍检验

低倍检验又称酸浸试验，在宏观检测技术中，其是检测金属材料缺陷，评定金属质量的常用方法。低倍检验的常见缺陷及评级原则：

（1）一般疏松

特征：在横向酸浸试片上表现为组织不致密，在试片整个断面上呈分散分布的小孔隙和小黑点。

评级原则：主要根据孔隙和黑点的数量和大小，适当地考虑树枝状晶的粗大明显程度。

（2）中心疏松

特征：在横向酸浸试片上，呈现为中心部位的组织不致密，集中分布在中心区域的空隙和小黑点。

评级原则：根据空隙和黑点数量及大小，适当考虑空隙和黑点的分布面积。

（3）方形偏析

特征：在横向酸浸试片上，方形偏析呈现为腐蚀较重的密集暗色小点组成的方框或圆框形的偏析带，其形状与锭模形状有关。

评级原则：主要根据偏析框带与基本组织腐蚀程度差别的大小及暗色斑点的连续程度，同时考虑框带的明显程度和颜色深浅。

6.4.1.4　塔形发纹检验

钢中的夹杂物或气泡、疏松等缺陷在钢材轧制过程中沿变形方向延伸拉长形成发纹。发纹会降低材料力学性能，尤其是疲劳性能。经过车削加工的塔形试样上的发纹缺陷经酸浸后呈现细小的线状纹缕。塔形试样的检验面为 3 个平行于钢材轴线的同心圆柱面。塔形发纹检测过程主要注意在辨别时，不要把发纹与钢材本身的变形流线混淆。

6.4.2.5　晶间腐蚀检测

晶间腐蚀检测主要是检测奥氏体、奥氏体-铁素体不锈钢在腐蚀性溶液中的晶间腐蚀倾向，发生晶间腐蚀的不锈钢，强度大幅下降，当受到应力作用时，会沿晶界断裂，是一种很危险的破坏形式。

晶间腐蚀检测包括不锈钢在草酸溶液、硫酸-硫酸铁溶液、硝酸溶液、硝酸-氢氟酸溶液、硫酸-硫酸铜溶液中的腐蚀倾向。硫酸-硫酸铜溶液腐蚀试验时在烧瓶底部铺铜屑，发动机常用的 1Cr18Ni9Ti、1Cr21Ni5Ti 等材料使用该方法。特定规格的 1Cr21NI5Ti 板材仍执行试验过程在烧瓶底部铺玻璃棒。检测过程主要注意以下两点：

1）在 10 倍放大镜下观察弯曲后的试样表面有无晶间腐蚀裂纹，当难以判定时，则需要采用金相法，即制取金相试样，经浸蚀后在金相显微镜 100～500 倍下观察判断。

2）烧瓶里允许放多个同一钢种的试样，应采取措施避免试样之间相互接触而影响试验结果。

6.4.2　显微检测技术

6.4.2.1　概述

显微检测技术，指利用光学系统或电子光学系统设备，观察肉眼不能分辨的物体微观形态结构及特性的技术，它包含了各类显微镜的基本原理和应用技术、显微样品的制备技术以及观察结果的记录、分析和处理技术。

6.4.2.2　非金属夹杂物检测

非金属夹杂物是在冶炼过程中进入钢液的炉渣、耐火材料及反应产物等。钢中的非金属夹杂物会破坏金属基体的连续性，在夹杂物聚集分布位置容易造成局部应力集中，对钢的力学性能、物理性能及工艺性能等将产生不利的影响。

非金属夹杂物检测是控制原材料冶金质量的重要手段，一般合金钢、不锈钢、部分铝合金等对夹杂物提出了严格的要求。常见的非金属夹杂物有以下几种：

1) 氧化物，常见如钢中 Al_2O_3、FeO、Fe_2O_3、（$FeO \cdot Cr_2O_3$）等。

2) 硫化物，如 MnS、FeS、（$MnS \cdot FeS$）等；

3) 硅酸盐，如硅酸亚铁（$2FeO \cdot SiO_2$）、硅酸亚锰（$2MnO \cdot SiO_2$）等；

4) 氮化物，如 ZrN，1Cr21Ni5Ti 中 TiN 等。

液体火箭发动机喷管冷变形加工过程因非金属夹杂物导致鼓包、起皮，电磁阀因非金属夹杂物导致密封性能不合格，图 6-19 所示是 Al_2O_3 ＋硅酸盐类夹杂物聚集脱落，导致该部位在气密性试验中发生泄漏。非金属夹杂物检测技术应用于整个生产过程。夹杂物的控制主要是与原材料生产厂家沟通，采取冶炼过程加严控制，改进冶炼方法等措施，例如采用电渣重熔冶炼工艺解决 1Cr21Ni5Ti 中碳化钛、氮化钛聚集分布的现象。

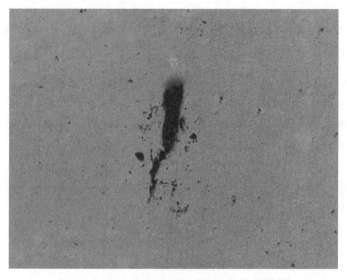

图 6-19　Al_2O_3 ＋硅酸盐类夹杂物聚集脱落

6.4.2.3　晶粒度检测

晶粒度对材料力学性能影响较大，常温下使用的合金钢晶粒细小将有利于其强度、塑性性能的提高，高温合金晶粒粗大将有利于其在高温环境下的持久性能。晶粒度的测定方法有 3 种：比较法、面积法、截点法，其中比较法在发动机材料检测中较常使用。图 6-20 所示为 GH2130 螺栓晶粒组织。

晶粒度的检测在原材料质量控制和生产工艺指导方面应用较多，如对高温合金 GH4169 涡轮盘锻后再结晶程度的检测，可以指导锻造变形量、锻造温度的控制。对热处理产品的晶粒度检测，可以指导产品热处理工艺的制定。

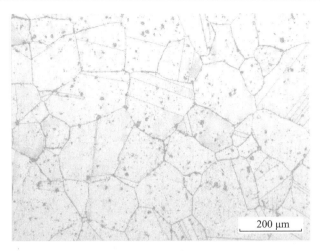

图 6 - 20　GH2130 螺栓晶粒组织

6.4.2.4　脱碳层检测

钢材表面脱碳后，对钢材性能影响较为显著，例如脱碳可使工具钢、轴承钢的表面硬度降低，导致耐磨性降低；脱碳引起的表面和心部组织不同，会因膨胀系数不同而容易产生淬火裂纹。脱碳层深度的检测分为金相法、硬度法和化学分析法。金相法较常使用，在光学显微镜下观察试样从表面到中心随着碳含量的变化而产生的组织变化。一般来说，观察到的组织差别，在亚共析钢中以铁素体与其他组织组成物的相对量的变化来区分，过共析钢中以碳化物含量相对基体的变化来区分，放大倍数通常使用 100 倍。图 6 - 21 是 60Si2Mn 零件表面全脱碳层形貌。

脱碳层检测是液体火箭发动机原材料质量控制的常用技术手段，在产品零件的热处理过程需要避免表面脱碳，需采取一系列措施包括真空度的控制、炉内保护气氛的控制等。失效零件裂纹性质判断分析中，如发现裂纹两侧发生脱碳，则说明裂纹在热处理前已经产生，在失效分析中对裂纹性质的判定起到重要的作用。

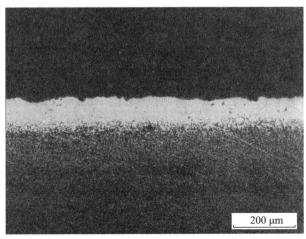

图 6 - 21　60Si2Mn 表面全脱碳层形貌

6.4.2.5　渗氮层检测

渗氮后的零件表面耐磨性、耐蚀性，抗疲劳性能可以显著提高。渗氮层深度的测定方法分为硬度法和金相法。金相法在放大 100 倍或 200 倍的金相显微镜下，从试样表面沿垂直方向测至与基体组织有明显的分界处，所得距离即为渗氮层深度。金相法较为常用，在有争议时，以硬度法为仲裁方法。

发动机用主、从动齿轮采用渗氮工艺，对渗氮层深度、硬度均有要求。如图 6 - 22 是 38CrMoAl 齿轮表面渗氮层形貌。渗氮层深度和均匀性的控制包括渗氮前零件表面的清洗、炉内渗氮气氛的控制、渗氮时间的控制等。在不需要渗氮的零件表面，则要采取相应的保护措施，以防止渗氮。

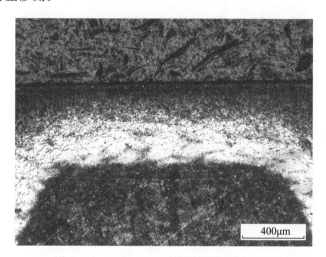

400μm

图 6 - 22　38CrMoAl 齿轮表面渗氮层形貌

6.4.2.6　奥氏体不锈钢铁素体相及双相钢中铁素体相面积含量的检测

在奥氏体不锈钢中由于化学成分、热处理制度等因素的影响，在其组织中总含有一定数量的铁素体相，其存在对不锈钢的力学性能、耐蚀性能和磁性能等均产生影响。奥氏体不锈钢中铁素体含量检测采用金相法，在金相显微镜下检测铁素体所占面积比例。发动机常用的 1Cr18Ni9Ti 原材料棒材质量复验过程中，根据产品使用要求，可控制高温 δ 铁素体的含量不超过 5％。δ 铁素体具有铁磁性，过高含量的 δ 铁素体将对电磁阀隔磁环零件的隔磁效果产生不利影响。δ 铁素体无法通过热处理消除，需要在冶炼、轧制过程中加以控制消除。图 6 - 23 为放大 500 倍后在 1Cr18Ni9Ti 棒材中大量存在的 δ 铁素体形貌。

在双相不锈钢的固溶组织中铁素体相与奥氏体相约各占 50％，相比例对双相不锈钢的物理特性、力学性能、耐蚀性能等均产生影响。双相不锈钢相比例检测过程在金相显微镜明场下对照标准系列图片测定试样检查面上的铁素体相面积百分含量。检测时放大倍数一般为 500 倍，放大后视场直径为 80 mm。图 6 - 24 为 1Cr21Ni5Ti 板材基体双相组织形貌。发动机常用的 1Cr21Ni5Ti 喷管零件，随产品整体钎焊热处理后，铁素体具有长大倾向，技术条件规定奥氏体含量应保持在一定比例以上，因此需要对 α-相含量进行检测。α-相比例的控制，主要通过对钎焊过程钎焊温度和保温时间的控制。

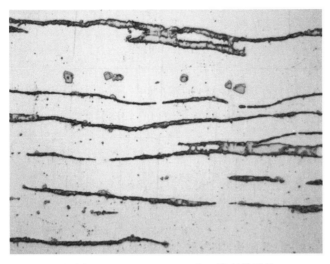

图 6-23　1Cr18Ni9Ti 中 δ 铁素体形貌

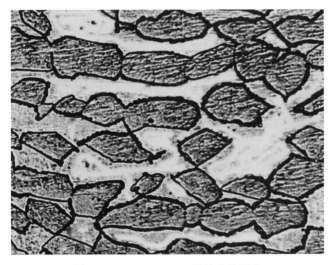

图 6-24　1Cr21Ni5Ti 板材基体形貌

6.4.2.7　镀覆层厚度的检测

镀覆层厚度检测包括金属覆盖层、氧化膜层或搪瓷涂层等截面厚度的检测。从产品试件上切割一块试样，镶嵌后采用适当的技术对横截面进行研磨、抛光和侵蚀，用校准过的标尺测量覆盖层横截面的厚度。检测过程中显微镜及其附件的使用，横截面试样的制备方法等都会对测量的不确定度产生影响。

液体火箭发动机铝合金零件对阳极化膜层厚度、硬度提出工艺要求，阳极化膜层对零件耐磨性、耐蚀性产生影响。铝合金阳极化产品可以根据膜层厚度检测结果，调整电流密度、电压、温度、时间等工艺参数，以使产品满足要求。喷管镀镍层厚度影响钎焊润湿性，轴类零件镀铬厚度影响其耐磨性。因此，镀覆层厚度检测技术对发动机零件生产工艺改进和质量控制具有积极的作用。

6.4.2.8　过热过烧检验

金属零件加热温度过高，金属内部会发生晶粒长大、甚至晶界氧化并在晶界形成网状分布的氧化物而产生过烧，使得材料的冲击韧性和塑性大幅降低。过烧是铝合金热处理零件常见的一种缺陷，在制备好的显微试样上检查晶粒状态和过烧组织，通常放大 200～500 倍进行观察，在铝合金显微组织中，过烧一般存在以下特征：

1）复熔共晶球；

2）晶界局部复熔加宽；

3）在 3 个晶粒交界处形成复熔三角形。

发生过烧的零件无法通过热处理消除，只能报废，所以过烧检验对产品质量控制具有重要的作用。大量的发动机铝合金零件（如出口壳体、主汽蚀管、叶轮、活门盘等）经历淬火热处理过程后，需对基体组织进行过烧检验，防止出现过烧。

过热检验对锻件产品的锻造温度、变形量的控制、焊接产品的焊接工艺参数的控制具有重要的作用。通过对锻件产品组织粗大程度的判断比较，改进锻造工艺参数，避免造成零件产品报废和生产资源浪费。另外发动机上存在大量的焊缝，通过对试板焊缝组织和热影响区组织的过热程度的判断比较，调整焊接热能输入，防止产品零件出现焊接过热现象。

6.5　腐蚀试验检测技术

6.5.1　概述

液体火箭发动机制造中应用较广泛的腐蚀试验检测技术主要是各类加速腐蚀试验，如盐雾试验、湿热试验、高温氧化试验、浸泡试验及其他加速腐蚀试验等。另外，点蚀试验、缝隙腐蚀试验、晶间腐蚀试验、应力腐蚀试验等在材料耐蚀性能研究和质量检测上也有应用。

6.5.2　盐雾试验

盐雾试验是检验金属材料及其表面覆盖层和转化膜的不连续性、抗盐雾腐蚀和比较工艺特性的一个重要手段，适用于对金属材料具有或不具有腐蚀保护时的性能对比，不适用于对不同材料进行有耐蚀性的排序。

试验时，将试样按规定暴露于盐雾试验箱中，在控制条件下将一定浓度的氯化钠溶液加压形成细雾，自由沉降在试样表面，并保持液膜不断更新，从而实现对金属的加速腐蚀作用。根据试验所采用的溶液成分和试验条件的不同，盐雾试验又分为中性盐雾（NSS）试验、乙酸盐雾（AASS）试验、铜加速乙酸盐雾（CASS）试验 3 种方法。

（1）中性盐雾（NSS）试验

用来模拟沿海地区大气环境条件的一种适用性较为广泛的试验方法，适用于发动机用金属及其合金、金属覆盖层、有机涂层、阳极氧化膜和转化膜等耐蚀性的检验，也常用于工艺评定、耐蚀性对比、腐蚀故障模拟和再现试验等。此法试验周期长，重现性较差，可靠性欠佳，对各种不同大气条件下的腐蚀无代表性，有一定的局限性。

（2）乙酸盐雾（AASS）试验

用来模拟城市污染大气和酸雨环境，是对中性盐雾试验的改进，可缩短试验周期，适用于铜-镍-铬镀层、镍-铬装饰性镀层、铬镀层、镉镀层和铝的阳极氧化膜的质量检验。

（3）铜加速乙酸盐雾（CASS）试验

在乙酸盐雾试验溶液中添加氯化铜，可增加介质的腐蚀性，试样的腐蚀特征与城市大气环境下实际发生的腐蚀特征十分相似。此法试验时间短，适用于铜-镍-铬镀层、镍-铬装饰性镀层和铝的阳极氧化膜的质量检验。

6.5.3　湿热试验

湿热试验主要用于确定产品对湿热环境的适应性（无论是否出现凝露），特别是产品的电气性能和机械性能的变化情况，也可以检查试验样品耐受某些腐蚀的情况。湿热试验主要考虑和控制的因素是温度、湿度、氧气供给及温湿度变化形成的冷凝水。试验要点是试验条件的设计、试样制作和试验结果的评定。湿热试验适合于测定产品组合件的综合性能，缺点是试验周期较长，腐蚀性不是很苛刻，较少应用于镀层耐蚀性能的检验。

湿热试验常用的方法有两种。

（1）恒温恒湿试验

模拟温度和湿度基本保持恒定的潮湿环境条件，试验条件在整个试验期间恒定不变，适用于确定电工电子产品、元件、材料等在恒定湿热条件下使用和贮存的适应性。常用于发动机各类阀门产品的典型试验、防锈油脂对金属防锈性能的评定试验、材料在潮湿环境下耐蚀性能的检测和研究等。

（2）交变湿热试验

模拟温湿度在高温高湿和低温高湿交替变化的环境中引起凝露的条件，适用于确定产品或材料在温度循环变化、产品表面产生凝露的湿热条件下使用和贮存的适应性。试验通常将每个试验周期分为升温、高温高湿、降温和低温高湿 4 个阶段，各阶段周期依据试验要求而定，并依此循环试验。该试验方法常用于材料耐蚀性能的研究和某些组合件产品的工艺试验。

6.5.4　浸泡试验

浸泡试验是将试样以一定方式浸泡在现场介质中或实验室配制的溶液中，达到规定时间后取出，采用选定的检测方法进行评定。浸泡试验按浸泡方式可分为全浸、半浸和间浸 3 种。其中应用较多的是全浸试验和间浸试验。

全浸试验法操作简便，重现性好，比较容易控制重要的影响因素。试验时必须考虑溶液成分、试验温度、溶液流速、试样表面状态和支架方法、试验周期、腐蚀产物清除方法等因素的影响作用。

在发动机研制中进行的金属材料与推进剂、清洗溶液或渗透材料等的相容性试验均属于全浸试验。

当间浸试验用于评价金属镀覆层的耐蚀性能时，又称为周期浸润腐蚀试验，是对镀层进行人工快速腐蚀的试验方法。适用于镀锌、镀镉、装饰铬及铝合金阳极化膜等的耐蚀性试验，其结果在加速性、模拟性和重现性等方面均优于中性盐雾试验。

6.5.5　高温氧化试验

抗氧化性能是金属材料在高温下化学稳定性的最重要指标之一，常采用高温氧化试验进行评定。如何合理地进行高温氧化试验，正确评价材料抗高温氧化性能，是研究和选用耐热材料的一个重要环节。目前，我国尚无国家标准，一般都参照 GB/T 13303 的试验方法进行，该方法国内广泛应用，在评定金属材料高温抗氧化性方面起着重要的作用。

常用高温氧化试验方法有重量法和热震法。

（1）重量法

重量法是最简单、最直接的测定氧化速度的方法，常用于研究材料氧化动力学过程和氧化机理。根据试验体系不同，可分别采用失重法和增重法。

（2）热震法

热震法也可称为间断法氧化试验，即在高温下保温氧化一定时间后，急速冷却至室温，这样反复循环，直至达到规定的次数。保温时间、冷却速度、循环周期和次数视实际情况而定。热震法氧化试验没有统一标准，试验过程复杂，在发动机研制中多根据产品实际使用环境确定具体试验检测方案。如喷管表面各种热障涂层需要通过数千次热震循环试验的考核；收扩段内壁表面厚铬/镍复合镀层使用热震法检测结合力和抗氧化性能，试验结果用失重法或金相法评定。

6.5.6　应力腐蚀开裂（SCC）试验

应力腐蚀开裂（SCC）是工程材料中一种常见的材料损伤和失效模式，常导致材料在无任何塑性变形预兆的情况下突然发生断裂，甚至导致灾难性的事故。在发动机研制中进行 SCC 试验的主要目的是：

1）寻找构件 SCC 破坏的原因；

2）评定导致金属材料发生 SCC 破坏的环境因素，确定材料的使用范围；

3）研究特定材料 SCC 发生和发展的过程和机理；

4）确定所采用的涂层、缓蚀剂和电化学保护等防护措施的有效性。

金属材料产生应力腐蚀必须具备 3 个基本条件：敏感的金属材料、足够大的拉应力和与材料对应的特定的腐蚀介质。为在实验室实现加速的 SCC 试验，必须引入加速因素，主要途径有：

1）增加试验介质的腐蚀性，如改变溶液成分、浓度、温度、压力和 pH 值等；

2）提高试样的应力水平，如采用缺口试样、试样预制裂纹、慢应变速率拉伸加载；

3）利用电化学方法加速试样 SCC 过程。

SCC 试验的关键在于控制试样类型、加载方式和腐蚀介质加入方法。根据材料的种类及其实际运行构件的形状，SCC 试样可选择光滑试样、缺口试样、预裂纹试样；根据 SCC 试验目的，加载方式分为：恒载荷法、恒变形法和慢应变速率加载法（或称恒应变速率法）。SCC 试验中介质有 4 种介入法：浸泡法、间浸法、喷雾法、灯芯法。试验过程中必须控制溶液的浓度、温度、pH 值。

6.5.7　点蚀试验

点蚀通常发生在易钝化金属或合金中，同时需要具备侵蚀性阴离子（如氯离子）和氧化剂共存的介质条件，腐蚀形貌呈开口式蚀孔和闭口式蚀孔。点蚀试验分为化学浸泡法和电化学测试法两种。

（1）化学浸泡法

普遍采用三氯化铁溶液作为点蚀的加速腐蚀试验，三氯化铁是一种较强的氧化剂，其溶液中含有大量的氯离子，且 pH 值低、酸性强，具有强烈的诱发点蚀倾向。试验后通过测定腐蚀失重、蚀孔数量、尺寸及深度来评价材料的点蚀敏感性。此法适用于检验不锈钢及含铬的镍基合金在氧化性氯化物介质中的耐点蚀性能，也可研究合金元素、热处理和表面状态等对上述合金耐点蚀性能的影响。

（2）电化学测试法

通过测定表征金属材料点蚀敏感性的相关电化学参数来评定材料的点蚀敏感性。测量点蚀电位的方法有控制电位法和控制电流法；其中以控制电位法中的动电位法较为常用。该方法适用于评价金属材料特别是不锈钢的耐点蚀性能，尤其适用于不同钢种或不同状态的相对比较。

6.5.8　缝隙腐蚀试验

缝隙腐蚀在几乎所有的金属上均有可能产生，最容易产生这种腐蚀的是不锈钢等依赖钝化膜耐蚀的金属；几乎所有的腐蚀性介质（包括淡水）都能引起缝隙腐蚀，其中最敏感介质通常是含氯离子的溶液；一般只有 0.025～0.10 mm 宽度的缝隙才能引起缝隙腐蚀。发生缝隙腐蚀时，缝隙内部金属一般腐蚀较重，外部较轻，腐蚀形态包括点蚀到全面腐蚀。

缝隙腐蚀试验主要用于材料耐蚀性能研究，试验方法分为化学浸泡试验方法、电化学测试方法两类。其中，化学浸泡试验方法应用较多。

（1）化学浸泡试验方法

使金属在人工缝隙中的静置溶液中自然发生缝隙腐蚀并进行评定，试验介质一般采用三氯化铁溶液；该方法适用于测定不锈钢及含铬的镍基合金等在氧化性含氯离子介质中对缝隙腐蚀的相对耐蚀性，也可用于确定合金元素、热处理和表面精整等因素对合金缝隙腐蚀敏感性的影响。此法关键是人工缝隙的设计，其中需加以注意的因素是缝隙宽度、深度、内外表面积比、配对材料等。

（2）电化学测试方法

利用电化学阳极极化，促使金属加速发生缝隙腐蚀并对相关电化学参数进行评定，以比较金属对缝隙腐蚀的相对敏感性。适用于评价不锈钢在氯化物环境中的抗缝隙腐蚀性能，特别适用于不同钢种或不同状态的相对比较，也可用作实验室筛选试验。电化学测试方法可缩短缝隙腐蚀的诱导期而达到加速腐蚀试验的目的。通常采用三种方法：临界电位测试法、（Eb-Ep）差值判据法、去钝化 pH 值比较法。

6.6　产品失效分析技术与应用

6.6.1　失效分析技术

6.6.1.1　概述

失效分析是判断产品的失效模式，查找产品失效机理和原因，并提出预防和补救措施。失效分析涉及众多学科和技术，需要大量收集失效信息，运用多种技术手段进行测试分析。往往是断裂失效分析、腐蚀失效分析、化学成分分析、无损检测分析等多种分析技术的综合应用。典型的失效分析方法有：逻辑推理法、撒网式逐个因素排除法、故障树分析（FTA）法等。对于复杂失效分析主要采取 FTA 方法，液体火箭发动机试车失效分析常采用 FTA 方法。FTA 法是先写出顶事件，第 2 层写出所有可能导致顶事件发生的直接原因，层间表示出它们之间的逻辑关系，然后再以第 2 层事件作为结果事件，分别找出它们所有可能的直接原因作为第 3 层，依次类推，一直追溯到不需要继续分析的底事件位置。其底事件往往是某种设计结构缺陷、焊接工艺不当或者试验方法不当等。分析过程往往考虑以下几个方面：

1）结构设计问题。例如零件过渡圆角大小的设计，耐腐蚀材料的服役环境，机械加工过程中产生的残余应力，试车过程中振动应力等许多因素不能全部准确考虑周到。

2）材料缺陷问题。例如疏松、锭型偏析、非金属夹杂物、残余缩孔等原材料冶金缺陷引起的失效。

3）工艺因素问题。例如铸造缺陷、锻造缺陷、焊接缺陷、热处理缺陷、机械加工缺陷、装配不当引起的失效。

6.6.1.2　发动机失效模式

（1）设计因素导致的失效

设计因素导致的失效主要包括结构设计不合理导致的疲劳断裂、设计强度不足导致的韧性断裂、热处理状态要求不当导致的脆性断裂等，此类现象多发生在发动机型号研制的初样阶段。疲劳断裂是发动机试验、试车中典型的一种失效模式。金属疲劳断裂是指材料、零构件在低于抗拉强度极限的循环应力或循环应变作用下，在局部发生永久性累积损伤，在一定循环次数后产生裂纹或突然发生完全断裂的过程。因为疲劳破坏没有明显的塑性变形征兆，因此大多数在不可预期的情况下发生。某零件疲劳断裂断口形貌如图 6-25 所示。在实际应用中，需要寻找金属零件疲劳断裂失效的特征依据，一般可参考以下几点：

1）金属零件的工作条件是在交变载荷作用下服役；

2）疲劳断裂失效要经过疲劳裂纹萌生，裂纹稳定扩展和扩展最后的裂纹瞬间断裂的过程；

3）疲劳断口一般可见疲劳弧线（贝壳状标记），断口附近无明显宏观塑性变形特征，裂纹扩展区的大小与零件服役时间成正比；

4）疲劳断口由于经历过 3 个阶段，因此对于宏观形貌观察，可观察到粗糙程度不同的两个区域，疲劳扩展区较为平坦，而瞬断区则相对粗糙；

5）疲劳断口微观形貌上可见疲劳条纹特征，这也是我们判断疲劳断裂的重要特征。

失效分析过程中，不一定会同时具备上述疲劳断裂特征，一般结合实际情况，我们可以判断 1）、3）、4）、5）条件之一具备时，则认为疲劳断裂失效发生。

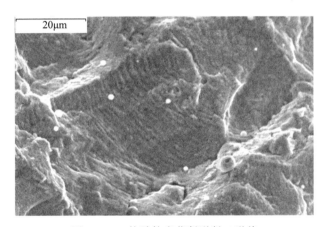

图 6-25　某零件疲劳断裂断口形貌

（2）环境介质作用导致的失效

环境介质作用下的失效包括的内容较为广泛，环境是指产品工作的周围气氛、介质和温度等外界条件。例如应力腐蚀失效、氢致破断失效和液态金属致脆失效是发动机生产过程中较为常见的典型环境介质作用下的失效案例。

①应力腐蚀失效模式

金属构件在一定的应力和腐蚀介质同时作用下导致的破断，称为应力腐蚀失效。应力腐蚀是发动机产品研制生产中常见的一种失效模式。图 6-26 所示为钛合金连接导管发生应力腐蚀的形貌。判断应力腐蚀的断口特征时应注意以下几点：

1）应力腐蚀属脆性损伤，断口呈颗粒状，没有明显的塑性变形痕迹。

2）应力腐蚀断口常可观察到腐蚀产物，腐蚀产物呈现泥纹状花样。

3）应力腐蚀一般为多源，起源于材料表面。

4）应力腐蚀断口微观形态常见为沿晶特征，有时也可以是解理或准解理特征。

5）应力腐蚀裂纹扩展过程会出现分叉现象。

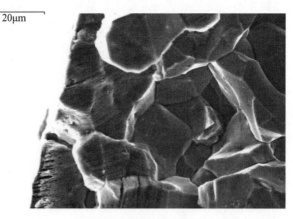

图 6 - 26　钛合金连接导管应力腐蚀形貌

②氢致破断失效模式

氢致破断即我们常说的氢脆，是指由于氢渗入金属内部，使金属零件在低于材料屈服极限的静应力作用下发生破断失效。图 6 - 27 所示为 65 Mn 弹性垫圈发生的典型氢脆断裂断口，判断氢脆失效的特征主要参考以下几点：

1）氢脆宏观断口表面洁净，无腐蚀产物，断口呈颗粒状银灰色。

2）氢脆裂纹呈断续曲折的锯齿状，裂纹一般不分叉。

3）微观断口为沿晶特征，晶粒轮廓鲜明，晶面上伴有发纹线或鸡爪纹，二次裂纹较少，表层韧窝或撕裂棱较多，次表层开始出现沿晶特征，断口局部也存在韧性开裂特征。

4）一般钢中氢含量在（5～10）×10^{-6}以上时就会产生氢脆裂纹。高强度钢中导致氢脆的氢含量会更低。

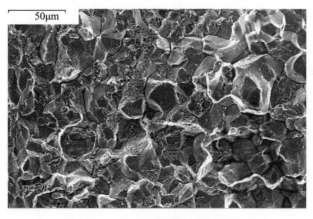

图 6 - 27　65 Mn 弹性垫圈氢脆断口

③液态金属致脆失效模式

液态金属致脆是指延性金属或合金与液态金属接触后导致塑性降低而发生脆断的过

程。常见的液态金属致脆有锌脆、铬脆、银脆、铜脆、铅脆、汞脆等。

导致液态金属致脆的金属元素为低熔点金属，在一定温度下低熔点金属处于热激活状态，与基体元素相互扩散发生界面的化学吸附而导致脆断。例如钛合金的铜脆，在钛合金与铜紧密接触的条件下，温度达到 500 ℃ 以上，在一定应力作用下就会发生铜脆。

液态金属致脆的裂纹扩展速率极高，裂纹一般沿晶扩展，导致开裂的断口表面通常覆盖着一层液态金属，因此，除沿晶断口形貌判别外，断口能谱分析是判断液态金属致脆的重要途径。

（3）材料因素导致的失效

材料因素导致的失效分析，一般围绕材料化学成分、金相组织、力学性能的检测展开。生产实际中几种常见的原材料因素导致的失效主要有以下几类：

①非金属夹杂物聚集导致的失效

金属材料中的夹杂物会破坏金属基体的连续性，非金属夹杂物在金属基体中的分布形态、含量等不同程度地影响着材料基体的各项性能。钢中的非金属夹杂物主要有氧化物、硫化物，硅酸盐等；铝合金中的夹杂物和弥散质点主要由 Fe、Mn、Si 形成；高温合金中的主要夹杂物有 Ti（CN）、初生 TiC、NbC 等；铜合金中主要是氧化铜；钛合金中主要是碳化钛和氮化钛等。推力室外壁分层开裂是发动机生产中常见的失效模式，主要是因为材料内部存在线状聚集分布的氧化物、硅酸盐类夹杂物而导致的。图 6 - 28 所示为推力室生产用钢板在旋压加工过程中产生分层开裂，图 6 - 29 所示为夹杂物线状聚集分布形貌。

图 6 - 28　板材分层开裂剖面形貌

②显微组织异常导致的失效

金属材料的显微组织与其各项性能，如强度、塑性、韧性、抗疲劳性能等均存在内在联系。显微组织异常引起的产品零件失效也较为常见。比较典型的如晶粒粗大导致的零件失效，低碳钢晶粒变大可降低屈服强度，提高脆性转变温度。焊接焊缝晶粒组织粗大会降低焊接件的强度稳定性。另外当高温合金零件在高温、应力环境条件下工作时，可能析出 σ 相、Laves 相等有害脆性相，降低材料的塑性、韧性、抗疲劳性能等。

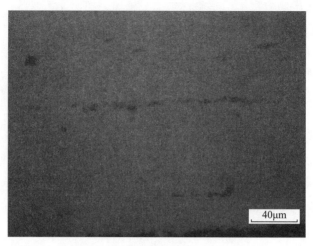

图 6-29　夹杂物线状聚集分布形貌

（4）工艺因素导致的失效

液体火箭发动机实际生产过程中，工艺因素导致产品零件失效的比例较高，分析思路主要是确定工艺的合理性。这个过程中要求失效分析人员与工艺人员、操作人员积极沟通，了解各类生产加工信息，为产品问题归零提出分析意见。

①铸造缺陷导致的失效

常见的铸造缺陷主要有疏松、气孔、夹渣、偏析、裂纹、冷隔等，实际中几种缺陷往往是同时存在的。表 6-1 中列出了常见几种缺陷的特征和产生原因。

表 6-1　金属铸件常见缺陷特征和产生原因

缺陷类型	缺陷特征	产生原因
疏松	集中或分散的气孔，多分布在铸件结晶时金属液补缩不足的位置，缺陷面较粗糙，呈多球面粗晶形态	浇注系统设计不当，冒口设置不当、补缩不良等
气孔	铸件内具有表面光亮特征的、不同尺寸的单个或多个圆孔	浇注速度过快、铸型除气不良等
夹渣	铸件内部或外表有不规则的暗灰色夹渣物，多产生于铸件水平面上和凸台、内浇口附近等	金属液不纯净、铸型排渣效果不好、化学成分不当、异物带入等
偏析	铸件上的化学成分不均匀，在局部偏聚	铸件冷却过慢、浇注前搅拌不均匀等
裂纹	分为冷裂和热裂，裂纹处带有暗色黑色氧化皮为热裂，裂纹处干净或略带轻微氧化色泽为冷裂	冒口设计不当，造成铸造应力；金属液成分不当，收缩过大；金属液中夹杂物含量过高增加脆性
冷隔	金属液流动受阻形成的痕迹，金属液未熔合而形成狭小而长的不规则纹路	模温及浇注温度过低，以致中途止流；排气不良、合金流动性差等

②锻造缺陷导致的失效

金属锻造在高温下进行，塑性变形量大，金属原有组织不均匀性和夹杂物的分布可得到改善。但在毛坯锻造过程中，因工具模具设计、设备选择、工艺方案或操作不当等导致锻件产生折叠、流线不顺、过热、过烧、裂纹等缺陷，如果未及时发现，在后续加工或使用过程其将暴露并引起失效。表 6-2 中列举了几种常见锻造缺陷的主要特征和产生原因。

表 6-2　常见缺陷的主要特征和产生原因

缺陷类型	缺陷特征	产生原因
折叠	折叠外表面呈一定角度，折缝内有氧化物夹杂，周围有脱碳特征	锻造前锻件表面毛刺被卷入锻件基体，导致形成折叠；金属变形过程中已被氧化的表层金属卷入汇合在一起
过热	由于加热温度过高引起晶粒粗大，碳钢常出现魏氏组织特征，工模具钢出现一次碳化物角状化特征，一些合金钢出现晶粒粗大，沿晶有析出相等特征	加热温度过高，或者锻造与热处理时间过长
过烧	过烧位置晶粒特别粗大，过烧的铝合金件表面呈黑色或暗黑色。显微组织下，出现晶界熔化加宽、复熔共晶球特征。对于碳钢来说表现为晶界氧化、熔化的晶界一般还伴随鱼骨状莱氏体	加热温度过高或高温加热时间过长导致的。氧及其他氧化性气体渗透到金属晶粒之间，并与铁、硫、碳等化合，形成易熔的氧化物共晶体，降低晶间结合力
裂纹	破坏锻件完整性的裂纹	坯料表面或内部有裂纹，锻造时进一步扩展；坯料内存在组织缺陷或加热温度不当，使材料塑性降低；变形速度过快，变形量过大
网状碳化物	碳化物沿晶界呈网状析出，易在高碳钢中出现	由于停锻温度高、冷却速度过慢，造成碳化物沿晶界析出，降低锻件的力学性能
粗晶环	多见于铝合金挤压棒材，在横截面外圆形成的粗晶组织，粗晶环的厚度自挤压时的始端到末端是逐渐增加的	挤压金属与挤压筒之间产生摩擦，使得棒材外表层晶粒比中心的破碎程度要大，淬火加热时破碎的晶粒再结晶程度相对要大，于是在表层形成了粗晶环
穿流	锻造流线分布不当，原先成一定角度分布的流线汇合在一起。穿流区内，外晶粒大小常常相差较悬殊	穿流产生的原因与折叠相似，它是由两股金属或一股金属带着另一股金属汇流形成的

③热处理缺陷导致的失效

热处理工艺是改善材料组织性能的重要手段。如果热处理工艺不当，会引起热处理缺陷或未达到预期的组织和性能调整目的，影响零件的进一步加工或降低材料的使用性能，则会导致产品零件失效。表 6-3 中列举了几种常见热处理缺陷的主要特征和产生原因。

表 6 - 3　常见热处理缺陷的主要特征和产生原因

缺陷类型	缺陷特征	产生原因
过热与过烧	奥氏体晶粒显著粗化，韧性降低，沿晶产生氧化，脆性增大	热处理温度过高，保温时间过长
脱碳	表面的碳被燃烧，硬度、耐磨性和疲劳性能下降	热处理气氛中有水、二氧化碳、氢气等；高温保温时间过长
软点	零件表面存在未被淬硬的小区域	加热不足；淬火剂冷却能力不足；零件表面有污染；淬火不充分
氧化	表面生成氧化皮，表面硬度不均	热处理气氛中有氧化性气体；高温保温时间过长
变形与裂纹	零件形状发生歪斜或翘曲；零件出现裂纹	零件工装不正确；加热过程组织应力和热应力造成，严重者产生裂纹

④焊接缺陷导致的失效

焊接工艺在火箭发动机零部件生产过程中得到广泛使用。焊接过程受焊接金属的冶金因素、焊接结构因素以及应力集中程度等综合因素的影响，是在热力学不平衡的条件下进行的，因此，焊接工艺是较为容易出现缺陷的一种工艺。表 6 - 4 中列举了几种常见焊接缺陷的主要特征和产生原因。

表 6 - 4　常见焊接缺陷的主要特征和产生原因

缺陷类型	缺陷特征	产生原因
气孔、夹渣	焊缝表面及内部形成圆形、椭圆形的孔洞或夹渣	基体金属或填充材料不洁净；焊接速度过高，冷却速度过快
焊缝尺寸超差	焊缝尺寸超过标准要求。表现为未焊透、熔深及熔宽不满足要求等	焊工技术不熟练；焊接规范选择不正确
裂纹	焊接热裂纹一般裂口内部色泽发暗，氧化较严重；冷裂纹裂口内色泽光亮，氧化较轻	焊接规范选择不当；焊接结构刚性太大及焊缝分布不合理；热处理工艺及校正方法不正确
咬边	焊缝边缘与基体金属交界处形成凹陷	焊工操作不正确；焊接电流、电弧电压过大
焊漏	熔化金属从焊缝反面漏出，高度超出标准要求	焊接规范选择不正确；装配间隙不当
烧穿	基体金属上形成空洞	焊接电流过大；焊接速度不正确；装配间隙过大

6.6.2　失效分析案例

6.6.2.1　原材料失效分析案例

（1）案例1：非金属夹杂物导致产品失效

①问题概述

某型号电动气阀采用耐蚀软磁合金 1J116 棒材加工而成。典试产品在进行密封性检查时，实测泄漏量超出设计要求，泄漏位置如图 6 - 30 所示。

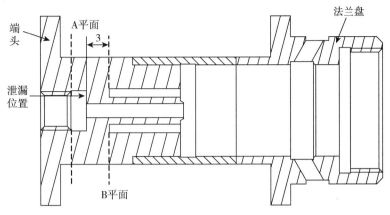

图 6 - 30　产品泄漏位置示意图

②失效分析

金相观察，在沿泄漏部位存在条带状的非金属夹杂物，长度约 3 mm，如图 6 - 31～图 6 - 32 所示。

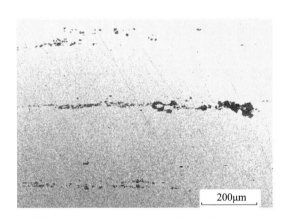

图 6 - 31　泄漏部位轴线剖面的夹杂物形貌

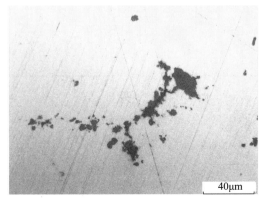

图 6 - 32　泄漏部位横向剖面的夹杂物形貌

经能谱分析表明泄漏位置的非金属夹杂物成分为富铝、钛的氧化物。

当金属内部的非金属夹杂物呈条带状聚集分布时，夹杂物之间、夹杂物与基体金属之间的微缺陷，如缝隙、孔洞或裂纹等，形成了压力作用下发生泄漏的通道，条带状聚集分布的非金属夹杂物造成了产品的泄漏失效。

③夹杂物控制措施

为控制 1J116 原材料棒材非金属夹杂物，使其满足产品需要，可采取以下控制措施：

1）冶炼方法：在原真空感应冶炼工艺的基础上增加电渣重熔冶炼工艺。

2）非金属夹杂物的检验：加严非金属夹杂物的控制要求，依据 GB/T 10561 规定的方法进行，按 A、B、C 均不大于 2 级，A＋B＋C 不大于 3.5 级的规定控制。

3）棒材钢锭头尾管理：对相当于钢锭头尾的棒材作出明确标识，检验试样从钢锭头尾的棒材上切取。

（2）案例 2：磁性能不合格导致产品失效

①问题概述

软磁合金 1J116 经高温退火热处理后具有较高的饱和磁感应强度、磁导率和电阻率，而矫顽力和磁滞损耗均很小，在磁场中极易磁化，当外磁场消失后则不显示磁性。1J116 合金主要用于制造液体火箭发动机电磁阀类零件。生产实践中常出现原材料和产品磁性能不合格，多表现为磁感应强度较低而矫顽力较高的问题。

②失效分析

经分析表明，碳含量偏高和异常析出相是造成磁性能不合格的主要原因。

（a）碳含量对合金磁性能的影响

1J116 合金经高温真空退火处理后的组织应为均匀等轴的单相 α 再结晶组织。而碳是扩展 γ 相区最重要的元素之一，当碳含量较高时，不仅抑制 α-铁素体的晶粒生长，而且显著降低 α-铁素体的稳定性。研究结果表明，当碳含量控制在 0.015％ 以下时，1J116 合金可获得满意的磁性能。

（b）析出相对合金磁性能的影响

软磁合金 1J116 在真空退火过程中出现析出相时，会影响材料的磁性能。1J116 软磁合金的金相组织为单相 α 组织，无析出相，如图 6 - 33 所示。当沿晶界析出如图 6 - 34 所示的异常 α′ 相时，会导致磁感应强度及矫顽力不合格。

根据 Fe－Cr 二元相图，铬含量超过 12％ 的铁素体不锈钢加热至 340～540 ℃，并停留一定时间后，将沉淀析出无磁性体心立方晶格结构的 α′ 相。α′ 相的析出不仅影响合金的磁性能，而且显著降低钢的耐蚀性能，增大合金脆性倾向。少量 α′ 相沿晶析出对磁感应强度影响很小，但对矫顽力有明显影响。由于 α′ 相的析出-溶解具有可逆性，因此 α′ 相可以通过加热至 540 ℃ 以上温度，并保温一定时间后快速冷却至室温的办法消除。

根据磁化理论，合金中析出大量 α′ 相，将影响合金内部磁畴的分布。对 1J116 合金进行热处理时，若对 600～200 ℃ 降温区间的冷却速度不加以控制，缓慢冷却将导致 α′ 相析出，从而引起合金磁性能降低。

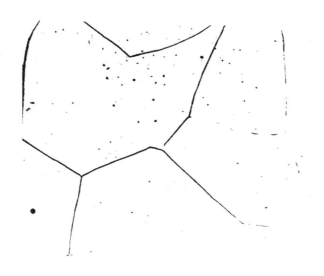

图 6 - 33　1J116 合金正常金相组织

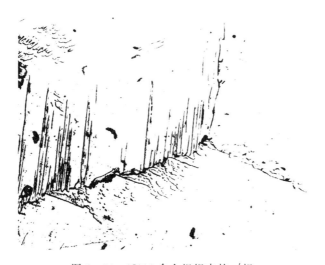

图 6 - 34　1J116 合金组织中的 α′ 相

③提高软磁合金 1J116 磁性能的措施

1）在合金冶炼环节严格将碳含量控制在 0.015％以下。

2）从合金的热处理工艺上进行控制。对产品进行真空退火处理时，加快冷却速度以抑制 α′ 相析出。

（3）案例 3：铝合金化合物相导致产品失效

①问题概述

连接法兰采用大规格防锈铝合金 5A06 棒材锻造加工而成。该零件经阳极化后表面存在黑点缺陷。

②失效分析

经与正常零件对比分析，黑点缺陷为较大尺寸化合物相脱落后留下的微小孔洞，最大直径为 0.30 mm，如图 6-35 所示。正常零件组织中化合物相细小，呈弥散分布，最大直径为 0.05 mm，无脱落现象。经分析该化合物相为 β 相（Mg₂Al₃）。

5A06 属铝镁系合金，合金中的 β 相为脆性化合物相，在原材料棒材成型、锻造成型及机械加工过程会使大尺寸脆性的 β 相发生脱落，宏观上呈现为黑点缺陷。

40 μm

图 6-35　产品泄漏位置示意图

③化合物相控制措施

1）严格控制冶炼工艺参数，避免出现大尺寸的脆性 β 相。

2）增加显微检验环节，杜绝存在质量问题的材质进入生产一线。

6.6.2.2　工艺失效分析案例

（1）案例 1：焊接保护不当导致产品失效

①问题概述

某型号 TA1 导管在装配后打压试验时，沿导管与接管嘴焊缝出现缓慢泄漏现象。

②失效分析

宏观观察，泄漏点位于接管嘴的焊缝区，导管内壁焊缝两侧热影响区存在严重的蓝灰色氧化现象，正常导管内壁焊缝两侧存在浅黄色轻微氧化现象，如图 6-36 和图 6-37 所示。

金相观察发现，泄漏部位存在细而尖锐的微裂纹，为应力开裂特征，如图 6-38 所示。对比发现，失效焊缝与正常焊缝组织差异非常明显，失效焊缝为粗大的针状 α 组织，而正常焊缝为岛链状 α 组织，如图 6-39 和图 6-40 所示。

对失效焊缝与正常焊缝的气体元素含量进行测定，失效焊缝氧含量（0.995%）是正常焊缝氧含量（0.137%）的 8 倍，表明失效焊缝吸氧程度严重，导致焊缝脆性倾向增大。

测量失效焊缝表层到焊缝内部均匀间距的 4 处显微硬度，其值呈逐渐降低的趋势。且失效焊缝的硬度明显高于相同部位的正常焊缝，可间接说明失效焊缝脆性较大，其结果如图 6-41 所示。

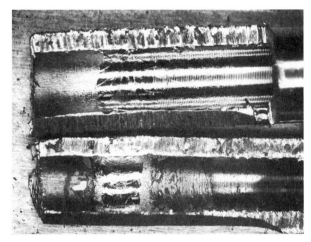

图 6 - 36　失效导管（下）与正常导管（上）内壁宏观形貌（见彩插）

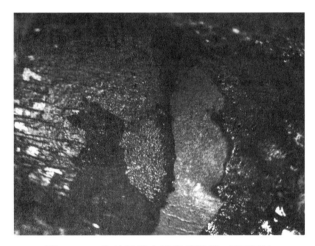

图 6 - 37　失效导管内壁宏观形貌（见彩插）

图 6 - 38　失效导管补焊焊缝微裂纹

图 6-39　失效导管补焊焊缝组织

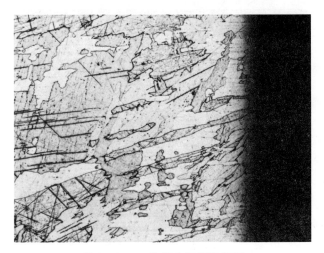

图 6-40　一次焊合格焊缝组织

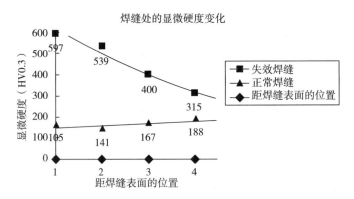

图 6-41　焊缝显微硬度与位置的对应关系曲线

工业纯钛 TA1 性能很大程度上取决于间隙元素 N、H、O 的含量。钛是一种活性金属，与氧的亲和力强，极限溶解度大，高温下与氧反应速度极快，固溶于 TA1 中的氧使其晶格产生畸变，变形抗力增加，强度和硬度增加，塑性和韧性降低。当焊接过程保护不当时，焊缝吸氧严重，脆性倾向增大，在应力作用下产生微裂纹，导致产品泄漏失效。

③工艺预防措施

1) 为防止钛合金产品焊缝吸氧而引起脆化，应确保焊接过程中氩气保护充分；

2) 保持焊接表面的洁净干燥。

(2) 案例 2：热处理工艺不当导致产品失效

①问题概述

某发动机喷管外套采用 1Cr21Ni5Ti 双相不锈钢材料，其生产工序为：压窝—固溶（1 050 ℃）—旋压—固溶（980 ℃）—第一次胀形—固溶（980 ℃）—第二次胀形—钎焊。在进行第一次胀形时喷管外套发生开裂，裂纹沿母线方向扩展。

②失效分析

裂纹长度为 500 mm，断口呈脆性断裂特征，整个断口上未见夹杂物聚集等材料冶金缺陷。金相组织均为纤维状变形织构形貌，其变形程度介于冷轧状态与充分固溶状态之间，如图 6 - 42 所示。

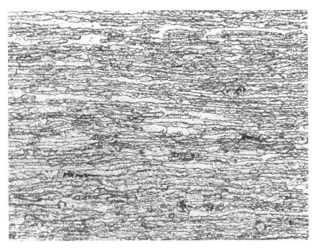

图 6 - 42　胀形开裂喷管的纵向组织

沿喷管母线切取拉伸试样，对比胀形与胀形＋1 050 ℃固溶处理状态的力学性能。胀形状态的拉伸试样表现出低塑性或冷作硬化材料的拉伸特性；而胀形＋固溶处理状态的拉伸试样与胀形状态的拉伸试样相比，屈服强度降低了 50％，延伸率提高了 152％，屈强比降低了 40％。

开裂喷管高温固溶处理后的金相组织为充分再结晶组织，强力冷变形（旋压）产生的位错聚集、晶格畸变、加工硬化、残余应力被彻底消除，奥氏体和铁素体组织恢复到接近旋压变形前的形态，如图 6 - 43 所示。

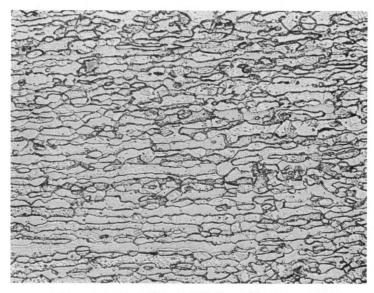

图 6-43　开裂喷管经高温固溶处理后的纵向组织

　　原固溶温度处理的试件屈服强度较高，加之强力旋压产生的加工硬化作用，使材料的塑性大大降低，金属继续塑性变形难以进行。经高温固溶处理后材料的屈强比大幅降低，同时较高温度的热处理使得再结晶过程得以充分进行，可完全消除变形金属的加工硬化，使合金的塑性显著提高，确保后续胀形的顺利实现。因此，固溶不充分是该喷管外套开裂的本质原因。

　　③工艺改进措施

　　高温固溶处理有利于产品胀形工艺的实现，也可减小喷管外套产品在随后钎焊过程的变形，使残余应力释放的再结晶过程发生在钎焊以前。因此，应将第一次胀形前的固溶工艺调整为 1 050 ℃，第二次胀形前的固溶工艺仍可采用 980 ℃。

　　（3）案例 3：锻造缺陷导致产品失效

　　①问题概述

　　法兰盘零件在机械加工时发现裂纹。该零件采用双相不锈钢 1Cr21Ni5Ti 棒材经锻造、热处理、机械加工而成。

　　②失效分析

　　裂纹位于内锥面，且距离法兰端面 2.5～3.0 mm，弧长约 60 mm，如图 6-44 所示。

　　沿锥面轴线方向进行剖面观察，虽然在加工密封槽时裂纹末端被切除，但密封槽外侧对应部位的低倍组织走向存在异常，如图 6-45 所示。

　　对图 6-45 位置 1 制作金相试样，观察发现裂纹内存在大量浅灰色氧化物，且氧化物附近的金相组织发生了明显扭曲。裂纹延伸方向与变形流线方向一致，如图 6-46 和图 6-47 所示。

图 6-44　失效法兰盘结构及裂纹位置

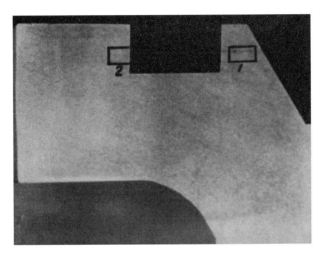

图 6-45　失效法兰盘轴线剖面形貌

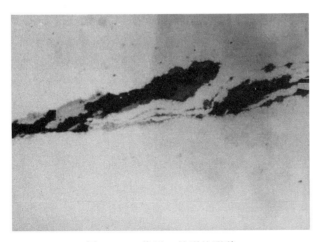

图 6-46　位置 1 处裂纹形貌

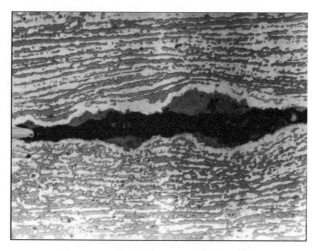

图 6-47　位置 1 处裂纹金相组织形貌

对图 6-45 位置 2 制作金相试样，观察发现，塑性变形流线沿裂纹末端改变了近 180°的方向，如图 6-48 所示。

图 6-48　位置 2 处金相组织形貌

法兰盘零件裂纹内夹裹有大量氧化物，氧化物附近的金相组织发生了明显扭曲，裂纹末端延伸部位的流线走向改变了 180°的方向。这些特征表明裂纹是在锻造过程产生的，与材质及热处理无关，所谓的裂纹应为锻造折叠缺陷。

6.6.2.3　液态金属致脆失效分析案例

液态金属导致产品零件失效是实际工程生产过程中经常发生的问题，其造成的危害往往是导致零件瞬时脆性断裂，后果相当严重，应在产品结构及工艺制造方案设计时予以充分重视。

（1）案例 1：隔脆、锌脆导致产品失效

①问题概述

某产品连接螺栓在使用过程中发生断裂，该螺栓系用 30CrMnSiA 棒材加工而成，规格为 M8×30，表面镀锌后使用。与螺栓配套使用的锁紧螺母也是 30CrMnSiA 材料，为镀镉标准件。

②失效分析

该失效螺栓断口表现为沿晶脆性特征，断口上分布有较明显的镉和锌元素，已经由外表面渗透到螺栓心部。

图 6-49 为螺栓开裂断口的元素面扫描分布图，镉和锌元素已经布满了整个断口，而且存在较明显的偏析。分析发现，该连接螺栓的断裂具备 3 个条件：低熔点金属源的存在，零件表面的镀层提供了充足的镉和锌元素；应力的作用，工作过程螺栓外表面承受了拉应力的作用；温度的作用，螺栓和螺母在工作时承受了 550 ℃高温的作用。由于镉、锌的熔点分别只有 321 ℃和 419.5 ℃。因此，熔化态的镉、锌原子，在应力作用下，将沿着晶界向零件心部快速扩散，导致沿晶脆断。

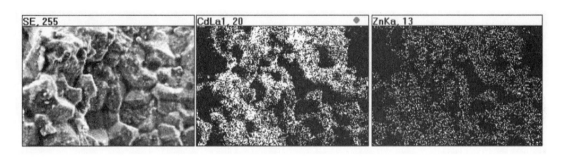

图 6-49　螺栓断口镉和锌元素分布面扫描图

（2）案例 2：金基钎焊料导致产品失效

①问题概述

某组合件在对接钎焊时，沿环带产生大量微裂纹，形貌如图 6-50 和图 6-51 所示。该组合零件均为镍基高温合金，采用 AuNi17.5 钎焊料实现卫带与叶片的钎焊连接。

图 6-50　环带微裂纹形貌（箭头所指）

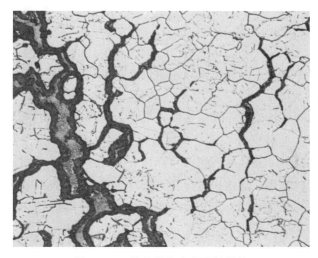

图 6 - 51　沿晶裂纹内充满钎焊料

②失效分析

卫带表面的裂纹均呈沿晶分布，裂纹内存在钎料成分，表明裂纹内的填充物应为钎焊料与母材金属相互扩散后的产物。由于钎焊温度明显高于钎焊料液相线（950 ℃），造成高温液态钎焊料的流动性加强，加之产品结构的缘故，在卫带表面存在较大的拉应力，熔化态钎焊料会沿着材料晶界快速扩散，使晶界弱化、胀裂。

（3）案例 3：共晶熔化物导致产品失效

①问题概述

某产品组合件由不锈钢与铜合金通过扩散焊实现连接，不锈钢表面镀银，铜合金内表面镀铜。扩散焊接后发现该组合件槽孔堵塞严重，对槽孔内堵塞物进行分析发现含有银、铜元素，其组织为银-铜共晶组织，堵塞物形貌如图 6 - 52 所示。

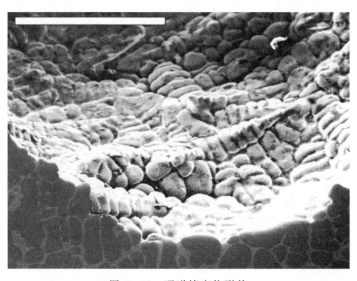

图 6 - 52　通道堵塞物形貌

②失效分析

根据 Ag-Cu 状态图 6-53，Ag-Cu 的共晶温度为 779 ℃，也就是说，当焊接温度升高到 779 ℃时 Ag-Cu 镀层即会发生共晶反应，转变为液态。由于实际扩散焊温度比共晶温度高 150 ℃，造成共晶液相的流动性加大，在重力作用下，共晶液相沿着槽孔通道流动至低处堆积，导致通道阻塞。

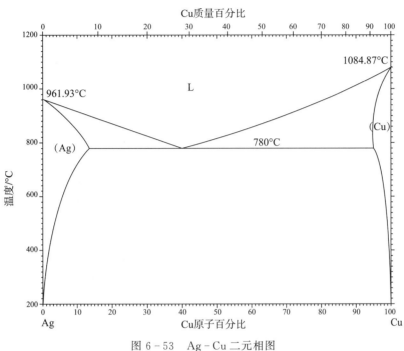

图 6-53　Ag-Cu 二元相图

③失效案例机理分析

通过对以上 3 个案例分析，发现它们存在一些共同点：第一，相对于工作环境或者加工温度来说，都存在有明显的低熔点金属源；第二，工作环境或者加工温度明显高于低熔点金属的熔化温度，造成使用过程或者加工过程出现熔化的液态金属；第三，由于结构或者使用状态的因素，失效零件表面均处于一定的拉应力状态。

一般认为，当零件实际工作温度达到低熔点金属熔点温度的约 2/3 甚至 1/2 时，在拉应力作用下，低熔点金属即会沿晶界渗入金属内部致使其脆化，而逐渐形成裂纹。低熔点金属受热液化时若与固体金属表面直接接触，常使该固体金属浸湿而脆化，在拉伸应力的作用下，从表面起裂，而裂纹尖端吸附低熔点液态金属原子，进一步降低固体金属的晶体结合键强度，导致裂纹脆性扩展。拉应力可以是外加拉应力，也可以是零件在工艺过程中形成的残余应力。

④预防措施

液态金属致脆必须具备 3 个条件，可以有针对性地从以下 3 个方面采取措施：

1）切断低熔点金属来源是避免液态金属致脆最根本也是最有效的一条措施，案例 1

中的预防措施就是将镀镉和镀锌改为发蓝处理，案例 2 的预防措施是改用其他钎焊料替代 AuNi17.5。

2）改进产品结构或消除拉应力状态，达到预防液态金属致脆的目的。

3）降低加工温度，缩短在高温下的停留时间。案例 3 的预防措施是控制镀层厚度，适当降低扩散焊温度和保温时间。

6.6.2.4 其他失效分析案例

（1）案例 1：疲劳导致产品泄漏失效

①问题概述

某型号发动机试车时发生器燃料进口管出现泄漏、起火失效故障。

②失效分析

泄漏部位存在多处裂纹，均位于发生器燃料进口管与加强片焊缝附近，长度为 8～32 mm，大部分已穿透至进口管内壁。宏观形貌如图 6 - 54 和图 6 - 55 所示。

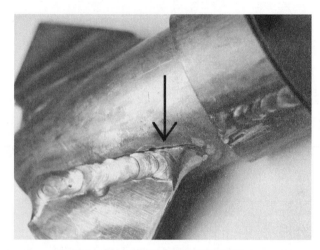

图 6 - 54　泄漏处外表面裂纹形貌 1

图 6 - 55　泄漏处外表面裂纹形貌 2

微观断口存在明显的疲劳条纹，疲劳源区位于外表面焊缝热影响区，呈多源分布特征，疲劳条纹沿进口管外壁向内扩展。经测量疲劳条纹间距约为 $0.2\sim2\,\mu\mathrm{m}$，经估算其为低周疲劳，如图 6-56 和图 6-57 所示。

图 6-56　疲劳源区形貌

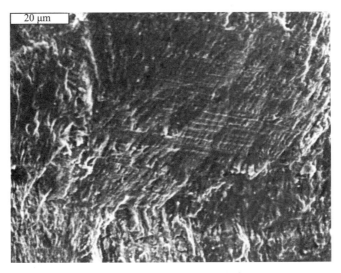

图 6-57　源区及扩展区疲劳条纹

焊缝组织为正常的铸态枝晶组织，热影响区的奥氏体晶粒度为 4～5 级，基体晶粒度为 7～8 级，裂纹由外表面起源，以穿晶方式向内部扩展，如图 6-58 所示。

多个疲劳源萌生后，疲劳裂纹各自不断扩展并交汇连通，导致交汇处的局部区域金属脱离母体，被裂纹中泄漏的燃料射流冲走，形成所谓的孔洞，如图 6-59 所示。

图 6-60 所示是孔洞早期阶段的特征，可看到相邻疲劳源的裂纹交汇贯穿，经后续振动及燃料冲刷作用，可使交汇区域的金属脱落而产生新的孔洞。

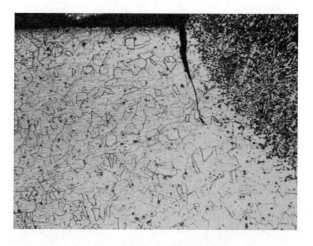

图 6 - 58   裂纹附近的金相组织

图 6 - 59   孔洞宏观形貌

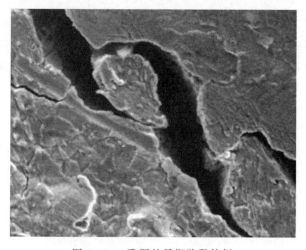

图 6 - 60   孔洞的早期阶段特征

在发动机工作过程中，发生器燃料进口管存在大振动交变应力作用，在焊缝附近萌生多个疲劳源，裂纹各自扩展交汇，直至贯穿管壁。该产品失效故障模式为多源低周疲劳断裂。

（2）案例 2：氢脆导致产品失效

① 问题概述

年检时发现某储存产品固定螺栓的连接有松动现象，分解时弹簧垫圈发生断裂。该弹簧垫片从装配到产品上至失效已历时 9 年，其材料为 65 Mn 冷拉丝，加工成型后经热处理、表面处理（电镀锌＋铬酸钝化）后投入使用。

② 失效分析

失效弹簧垫片的裂纹扩展延伸刚劲有力，表现为高水平应力释放特点，如图 6-61 所示；断口呈冰糖状特征，为典型的沿晶断裂形貌，如图 6-62 所示；断口的晶面上存在明显的鸡爪纹形貌，为典型的氢脆断裂特征，如图 6-63 所示；化学成分分析，氢含量为 11 ppm，其他元素含量正常。

综上所述，该弹簧垫片为氢脆断裂失效模式。

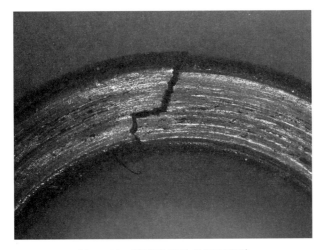

图 6-61 断裂弹簧垫片宏观形貌

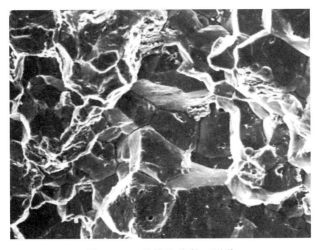

图 6-62 弹簧垫片断口形貌

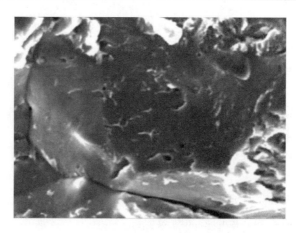

图 6 - 63　断口晶面上的鸡爪纹形貌

③氢脆机理

当氢以某种途径进入材料后，使材料在低于屈服极限的静应力作用下导致破断失效称为氢致破断失效，俗称氢脆。

材料本身的氢脆敏感性、材料中氢的含量、材料所经历的工艺流程、材料服役时所处的状态及环境等，都是影响零件是否会发生氢脆断裂的关键因素。但是因在表面处理工艺环节不可控因素较多，极易将氢带入材料，成为氢元素最大的来源。

原子态氢在浓度梯度作用下扩散，常偏聚于位错处形成气团，使位错钉扎，阻碍位错运动，宏观上表现为材料的强度大幅上升而塑性下降。此外，在金属溶解度降低时，部分氢原子会结合形成氢分子。氢分子多存在于金属内部的位错、晶界、亚晶界、相界、夹杂物边界、缺口根部等缺陷形成的不连续微孔内。当氢分子越聚越多，产生强大的内压，使微孔相连形成内部裂纹时，宏观上就形成氢脆断裂。通常产生"冰糖状"沿晶脆性断裂，在晶面上出现典型的鸡爪纹形貌。

零件的化学成分、组织、强度、残余应力分布、氢存在的形态、内部缺陷性质及使用环境不同，氢脆和氢裂的敏感性也各不相同。一般来说，零件内部含氢量越高，氢脆的倾向性越大；零件强度水平越高、应力集中系数越大，氢脆所需要的临界氢浓度和应力越低。例如，对于中强度钢，一般氢含量达到 5～10 ppm 可发生氢脆；而对于高强度钢，氢含量大于 1 ppm 就可能引起氢脆。

④防止紧固件氢脆的措施

1）采用无需涂层的耐蚀材料；

2）严格控制电镀工艺过程，增加除氢工艺；

3）采用无氢的表面处理工艺，如真空离子镀、机械镀、粉末渗锌、锌铬涂层（达克罗涂层）等工艺。

（3）案例3：设计不当导致的产品失效

①问题概述

某产品由马氏体不锈钢锻件经机械加工而成，在打压过程中发生断裂，断裂源区位于加强筋根部。

②失效分析

整个断口呈正常的金属色，沿裂纹源处可见明显的人字纹特征，如图 6 - 64 中箭头所示。断口表现为多源断裂特征，裂纹源均位于直角根部处。

经检测：其硬度值为 46 HRC，符合设计要求；金相组织为正常的板条状马氏体，未见材料缺陷，如图6 - 65所示。

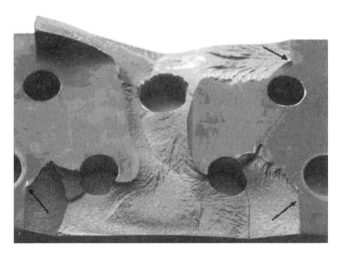

图 6 - 64　产品断口宏观形貌

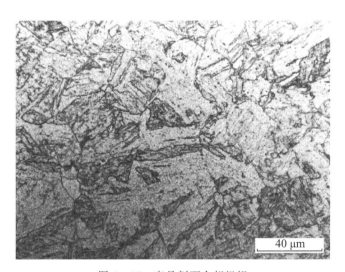

图 6 - 65　产品剖面金相组织

高硬度表明材料的强度高，由于加强筋直角根部过渡圆角半径过小，应力集中效应显著，导致沿该部位发生脆性断裂。

6.7　非金属材料理化检测分析技术

6.7.1　概述

非金属材料按其化学特性一般可分为有机高分子材料和无机非金属材料，液体火箭发动机中使用的有机高分子材料主要有塑料、橡胶、胶黏剂及润滑材料等，无机非金属材料主要有石墨、玻璃纤维等。

聚四氟乙烯、聚氯乙烯、聚全氟乙丙烯等塑料材料一般用作结构件、密封件和绝缘器件。氯丁橡胶、丁腈橡胶、硅橡胶等橡胶材料用作密封垫片、垫圈。耐高温胶黏剂，低温胶黏剂，高强度胶黏剂，厌氧胶，快速固化胶黏剂等胶黏剂主要用于结构件的胶接工艺及装配过程中螺纹紧固件的防松、紧固。抗化学介质润滑脂、精密仪表脂等润滑材料主要应用于摩擦面的润滑和防锈等。

6.7.2　非金属材料的特性

1）质轻。非金属材料的平均密度为 $1.45\ g/cm^3$，约为钢的 1/5，铝的 1/2。

2）比强度大。有些非金属材料的比强度接近或超过钢材，是优异的轻质高强材料，在发动机制造中可作为结构件使用。

3）减磨、耐磨性能好。摩擦系数小，可作为减磨材料，如石墨材料具有自润滑性，在无润滑和少润滑的摩擦条件下，耐磨、减磨性能明显优于金属材料。

4）电绝缘性能好。塑料、橡胶、陶瓷、玻璃等的电气绝缘强度高，通常大于20 kV/mm。

5）耐腐蚀性能强、化学稳定性高。对一般的酸、碱、盐有较好的耐腐蚀性能。

6）热导率低。泡沫塑料、绝热材料及玻璃纤维制品是较好的隔热材料，如泡沫塑料的热导率只有金属的 1/1 500。

6.7.3　聚四氟乙烯

6.7.3.1　结构及性能

聚四氟乙烯（PTFE）简称 F4，是一种无极性直链型结晶性聚合物，结构式为 $\{(CF_2{-}CF_2)\}_n$，具有极高的熔体黏度，由于 C—F 键能很高，不易断裂，500 ℃下也不会破坏。因此具有良好的电气绝缘性能、化学稳定性和热稳定性能。氟原子的电负性大，包围在 C—C 主链上，起到了屏蔽作用，使其他活泼的原子几乎无法进入，因此，聚四氟乙烯具有抗强腐蚀性和强氧化性介质的作用。由于分子无极性，分子间作用力小，表面能低，所以其表面具有不粘结性和自润滑性等特性。聚四氟乙烯塑料类制品的性能检测主要包括：密度、拉伸强度、断裂伸长率、电气强度等。

6.7.3.2　常用制品及应用

聚四氟乙烯一般采用烧结模压特殊工艺制成板、管、棒等制品。在发动机制造中主要用作密封垫片、垫圈、阀芯、线圈绝缘层等。

6.7.4　石墨密封材料

6.7.4.1　组成及性能

石墨密封材料由炭素颗粒和粘合剂组成，经配料、混捏、压型和高温热处理等工艺制备。因炭素原材料的密度、结构不均匀，晶体完善程度不高，使材料本身存在 20%～30% 的孔隙率，制造过程中通过加压浸渍来提高其密封性能。石墨密封材料具有优良的耐高温性、自润滑性、低摩擦系数、耐磨损性、耐化学介质腐蚀性，导热性能良好、热膨胀系数小、高低温交变适应性强及材料的物理力学性能稳定等优点。其性能检测指标主要包括：肖氏硬度、气孔率、假比重、抗压强度等。

6.7.4.2　密封性应用

石墨密封材料一般用作机械密封的关键部件使用。在发动机涡轮泵中，使用石墨环进行动密封，防止氧化剂、燃料泄漏。

6.7.5　石棉橡胶板

6.7.5.1　组成与性能

石棉橡胶板主要由石棉、橡胶、配合剂经辊压而成。石棉为天然矿产的纤维材料，由 Si—O 键连续结合而成。具有很好的强度，而且表面积较大，与橡胶混合后增强效果显著，具有石棉和橡胶的综合性能，耐热性能良好，最高使用温度可达 550 ℃。

6.7.5.2　发动机中应用

石棉橡胶板常用作容器及管道接口的密封材料。在发动机生产过程中，石棉橡胶板作为火药起动器壳体与顶盖间的密封件，确保其在高温高压燃气环境中可靠工作。橡胶材料改为耐油橡胶后，可制成耐油石棉橡胶板，主要用在燃料管道的接口密封，具备良好的耐介质性能。

6.7.5.3　性能检测

石棉橡胶板的质量控制指标、抗拉强度及工艺试验：密封性检测是将试样加工成外径 120 mm，内径 80 mm 的环状，用 30 MPa 的压紧力夹持在专用工装上，放置在加热装置和气密性试验台中，在 450 ℃，12 MPa 的蒸气压力下，保持 30 min，不发生泄漏，作为对材料气密性能的评价。

抗拉强度：应用 20×200×厚度（mm）试样，按规定环境条件测定抗拉强度。

工艺试验：按规定要求加工成垫圈后，每批垫圈抽 5%（不少于 5 件）与顶盖及壳体一起做 20 MPa 气密试验，螺纹拧紧力矩 65 N·m，保持 3 min，观察压力是否下降，不下降则垫圈合格。

6.7.6　胶黏剂

6.7.6.1　环氧树脂胶黏剂

（1）组成及结构

环氧树脂胶黏剂的主要成分为环氧树脂、固化剂、促进剂、偶联剂和填料等。常用环氧树脂有 E-42，E-51 等，固化剂有氨类、酸酐类和聚酰胺类。固化历程可分为加成聚合型和催化型，加成聚合是固化剂打开环氧树脂的环氧基发生加成聚合反应，固化剂成为三维网络结构中的一部分，固化剂用量需要合适的配比，使各组分能够完全反应，达到最佳固化效果。催化型固化以离子的方式引发环氧基开环发生聚合反应，固化剂不参与反应，固化剂用量不存在严格的配比，固化剂的多少只会影响固化速度，不会影响固化质量。其性能检测指标主要包括：黏度、抗拉强度、剪切强度等。

（2）特性及应用

环氧树脂胶具有粘接范围广、粘合剂大、收缩率小、工艺性能良好、胶层性能好等特点，应用于发动机传感器灌封工艺、部分结构件的连接。

6.7.6.2　厌氧胶

（1）组成及固化

厌氧胶由单体、氧化还原引发剂、促进剂、稳定剂及其他改性组分组成。厌氧胶固化属于自由基聚合反应，单体组分在引发剂引发自由基后，容易与氧自由基结合，生成稳定的过氧化物，自由基湮灭，失去链增长的能力，氧的存在起到阻聚作用，隔绝氧气后，自由基发生快速聚合反应，实现交联固化。厌氧胶的性能取决于它的固化体系，目前常用的固化体系为氧化还原固化体系，该体系的固化过程分为引发、链增长、链终止 3 个阶段，整个固化过程通过自由基的聚合完成。其性能检测指标主要包括：黏度、固化时间、松出扭矩等。

（2）特性及应用

厌氧胶是一种单组份无溶剂型胶黏剂，当有氧气存在时，处于液态，一旦隔绝氧气，在金属元素的催化下，便可迅速固化，形成牢固的粘接面。厌氧胶具有使用方便、室温固化、耐热、耐溶剂、耐酸碱性能好、无溶剂挥发等特点，广泛应用于发动机装配过程紧固件的粘接防松。

6.7.7　抗化学介质润滑脂

6.7.7.1　组成及性能

抗化学介质润滑脂（7804）由低分子量聚全氟乙丙烯塑料粉、稠化聚全氟异丙醚油调配而成。具有较宽的使用温度范围，优良的化学稳定性、氧化稳定性及良好的润滑性能。其主要组分的性能与化学结构如下：

1）聚全氟乙丙烯在低速下的摩擦系数为 0.04～0.06，具有卓越的化学稳定性和耐蚀性，较小的表面附着力和优良的防腐蚀性能。

2）聚全氟异丙醚油是分子中含有氟元素的合成润滑油，具有特殊的化学稳定性，优良的热稳定性，良好的润滑性、强渗透力及不燃烧和大比重等特性。由于在碳链上引入了氧元素，改善了碳链的旋转能力，使得聚全氟异丙醚油显示出良好的粘温性和低温性能，与强酸、强碱、强氧化剂及强还原剂接触是稳定的，不发生化学反应，在 300 ℃ 时，与浓硝酸或四氧化二氮接触不发生爆炸。

聚全氟异丙醚油和聚全氟乙丙烯具有上述优良特性，在聚全氟异丙醚油中加入固体聚全氟乙丙烯颗粒可以提高抗磨性能、减少摩擦阻力、增强润滑等，由二者作为主要成分的抗化学介质润滑脂（7804）既保持了氟醚油的优良特性，同时还具有润滑脂的一般性能，能够满足一般润滑脂所无法实现的要求。其性能检测指标主要包括：滴点、锥入度、相似黏度、分油量、防护性能等。

6.7.7.2　发动机中应用

在发动机中抗化学润滑脂主要用于涡轮泵、阀门与推进剂接触的轴承、阀芯等部件的润滑与密封。

6.7.8　偶氮二异丁腈

6.7.8.1　性能及结构

偶氮二异丁腈为单一组分的有机化合物，产品为白色针状结晶或粉末，加热时分解并放出氮气。能溶于热甲醇，不溶于水，溶于丙酮会爆炸。熔点为 107 ℃，密封保存。分子式为 $C_8H_{12}N_4$，相对分子质量为 164.21。

偶氮二异丁腈的分解反应方程式如下

$$N\equiv C-\underset{\underset{CH_3}{|}}{\overset{\overset{CH_3}{|}}{C}}-N=N-\underset{\underset{CH_3}{|}}{\overset{\overset{CH_3}{|}}{C}}-C\equiv N \xrightarrow[120℃]{\triangle} N\equiv C-\underset{\underset{CH_3}{|}}{\overset{\overset{CH_3}{|}}{C}}-\underset{\underset{CH_3}{|}}{\overset{\overset{CH_3}{|}}{C}}-C\equiv N+N_2\uparrow$$

分解反应是骤然的，分解产物为四甲基琥珀酸二腈（$C_8H_{12}N_2$）及氮气。除此之外，尚有总分解量的 3%～5% 的甲基丙烯腈及异丁腈。

6.7.8.2　发动机中应用

偶氮二异丁腈用于金属 "O" 型环的生产中，预先装入一定量的偶氮二异丁腈粉末，"O" 型环焊接加工完后，密封加热使偶氮二异丁腈分解，环内部产生一定的气压以增强 "O" 型环的刚度、弹性及圆度。

6.7.8.3　发气量的检测

偶氮二异丁腈分解后的发气量决定金属 "O" 型环内的气体压力以及给定压力情况下每次需装入药品的量，因此偶氮二异丁腈发气量检测是重要的工艺测定指标。金属 "O" 型环发气量是用量筒在专用水槽内利用环内气体排水量来检查的。在环境状态下，1 g 偶

偶二异丁腈在分解温度下分解出气体体积的计算公式见式（6-18）

$$V = P_0 V_0 T / P T_0 \qquad (6-18)$$

式中　V——分解出气体体积（mL）；

P_0——标准状态下压力（760 mmHg 柱）；

V_0——样品标准状态下气体体积（1 g 样品在标准状态下气体体积为 136 mL）；

T_0——标准温度（273 K）；

P——环境大气压值（mmHg 柱）；

T——环境温度（K）。

参 考 文 献

[1] 刘道云．检测试验室如何通过 CNAS 认可(上、中、下)．认证技术,2012(9、10、11).

[2] 成文,惠敏,方平,等．合金钢化学分析．北京:冶金工业出版社,1973.

[3] 杭州大学化学系分析化学教研室．分析化学手册第一分册:基础知识与安全知识．北京:化学工业出版社,1997.

[4] 朱永法,宗瑞隆,姚文清．材料分析化学．北京:化学工业出版社,2009.

[5] 鞍钢钢铁研究所,沈阳钢铁研究所．实用冶金分析—方法与基础．北京:辽宁科学技术出版社,1990.

[6] 屠海令,干勇．金属材料理化测试全书．北京:化学工业出版社,2008.

[7] 郑国经．原子发射光谱分析技术及应用．北京:化学工业出版社,2009.

[8] 吴炳智,蒯正好．高频红外碳硫分析仪测定铁矿物硫含量．化工技术与开发,2011,40(2):40 - 434.

[9] 桂立丰,吴民达,赵源．机械工程材料测试手册:腐蚀与摩擦学卷．沈阳:辽宁科学技术出版社,2002.

[10] 吴荫顺,方智,何积铨,等．腐蚀与防护全书:腐蚀试验方法与防腐蚀检测技术．北京:化学工业出版社,1996.

[11] 陈鸿海．金属腐蚀学．北京:北京理工大学出版社,1995.

[12] 杜成威．表面渗镀涂层加工处理工艺与质量检测、失效分析技术及金相图谱实用手册．北京:冶金工业出版社,2009.

[13] 张康夫,萧怀斌,罗永秀,等．防锈材料应用手册．北京:化学工业出版社,2004.

[14] 王笑天．金属材料学．北京:机械工业出版社,1988.

[15] 李尧,等．金属塑性成形原理．北京:机械工业出版社,2004.

[16] В. Д. 杜而金,М. В. 鲁岷切夫．有色金属及合金的组织和性质．吴云书,唐棣生,谢希文,译．北京:高等教育出版社,1956.

[17] 胡世炎．机械失效分析手册(修订本)．成都:四川科学技术出版社,1999.

[18] 张栋,钟培道,等．失效分析．北京:国防工业出版社,2004.

[19] 丁惠麟,金荣芳．机械零件缺陷、失效分析与实例．北京:化学工业出版社,2013.

[20] 桂立丰．机械工程材料测试手册．辽宁:辽宁科学技术出版社,1999.

[21] 师昌绪,种群鹏,等．中国工程材料大典．北京:化学工业出版社,2006.

[22] 陈志民．高分子材料性能测试手册．北京:机械工业出版社,2015.

[23] 杨中文．实用塑料测试技术．北京:印刷工业出版社,2011.

[24] 航空非金属性能鉴委会．航空非金属性能测试技术．北京:化学工业出版社,2014.

第7章 无损检测技术

7.1 概述

无损检测（NDT，nondestructive testing），是以不损伤被检对象的结构完整性和使用性能，利用一定的物理原理，检测被检对象表面和内部的不连续性，借以评价被检对象的质量等级和安全程度的一项综合性应用技术。无损检测是航空、航天、兵器、船舶、核能、电力、冶金、铁道、石油化工、汽车、桥梁等工业领域质量保证的重要手段，在提高产品性能、保证安全、延长寿命等方面发挥着巨大的作用，被誉为"工业医生"和"安全守护神"。宇航产品对可靠性有着极高要求，因此，对无损检测技术有着更强烈的需求和依赖。

液体火箭发动机是火箭系统最重要的组成部分，工作时要承受高温、高压、大振动、高载荷等复杂工况，因此，发动机零、部、组件及整体结构的质量和可靠性对运载系统及箭上载荷的发射和安全至关重要。在发动机的质量检测中无损检测技术扮演着非常重要的角色，从原材料入厂复验到铸造、锻造、焊接、热处理、机械加工、试验、装配各工序，发动机产品都要进行无损检测。例如，液体火箭发动机最重要的连接方式是焊接，一台火箭发动机上有数千条各种类型的焊缝，而焊缝一般又是发动机结构的薄弱环节，焊缝的内部质量只能通过各种无损检测方法来检测。因此，发动机设计文件要求所有的Ⅰ、Ⅱ级焊缝都要进行无损检测。

按照检测原理，无损检测技术可分为声学检测、电学检测、磁学检测、光学检测、渗透检测、泄漏检测等。国防科技工业常用的无损检测方法见表7-1。

表7-1 国防科技工业常用的无损检测方法

检测技术名称	英语名称	简称
射线照相检测	radiographic testing	RT
超声波检测	ultrasonic testing	UT
磁粉检测	magnetic particle testing	MT
渗透检测	liquid penetrant testing	PT
涡流检测	eddy current testing	ET
声发射检测	acoustic emission testing	AE
泄漏检测	leak testing	LT
射线层析检测	computed tomography testing	CT

续表

检测技术名称	英语名称	简称
目视检测	visual testing	VT
红外热像检测	infrared themographic testing	IR
激光检测	holography/shearography testing	H/S

目前，在液体火箭发动机零、部、组件的研制、生产中主要应用的有射线照相、超声波、磁粉、渗透、泄漏、目视（主要是内窥镜检测）等 6 种无损检测技术，其他如声发射、射线层析、涡流、激光（主要是激光全息）、应力测定等无损检测技术也逐步得到应用。

7.2　射线照相检测

7.2.1　技术简介

7.2.1.1　检测原理

射线检测原理是当射线入射到物体时，若工件内部存在缺陷，缺陷与工件本身材质密度不同，使透射射线强度发生变化，采用胶片记录这种强度的变化，可对工件内部缺陷定位、定量和定性。

7.2.1.2　检测特点

（1）射线照相检测主要优点

1）几乎不受材料和制件几何形状的限制，对产品的表面粗糙度没有严格要求；

2）对气孔、夹渣、缩孔、疏松等体积型缺陷敏感；

3）可直观判断出缺陷的性质、数量、尺寸及位置；

4）检测结果可以长期保存，便于存档、复查。

（2）射线照相检测的缺点

1）对于与射线照射方向不平行存在一定夹角的面型缺陷检出率低；

2）对于闭合紧密的面型缺陷及细小缺陷无法检测；

3）检测缺陷的能力随透照厚度的增大而减小；

4）射线装置有放射性危险，需特定的安全辐射防护要求；

5）检测周期长，检测成本高。

7.2.2　检测工艺要素

7.2.2.1　检测设备

X 射线探伤机的选用应根据需检测的产品特点、需检测缺陷性质及大小、检测场地等因素确定。液体火箭发动机零、部、组件材料种类多，检测厚度范围大，检测场所固定，多选用 225 kV、320 kV 或 450 kV 固定式恒压高频 X 射线探伤机，其高压频率为 40 kHz。射线管均采用双焦点大功率金属陶瓷管，其性能稳定，使用寿命长，管电压、管电流调节范围广，其中管电压最小可达 5 kV，管电流调节范围一般为 0～22.5 mA。

7.2.2.2　检测器材

（1）检测工装

产品检测工装的主要作用是：

1）可保证透照质量的一致性，实现射线检测结果的稳定性。对于有透照角度要求的产品检测，可制作简易的木制固定工装，只需将产品放置到上面，即可保证每次的透照状态一致，如图 7-1 所示；

2）对于可实现多件透照的产品，可根据产品的结构制作多件产品的透照工装，有效提高检测效率，如图 7-2 所示。

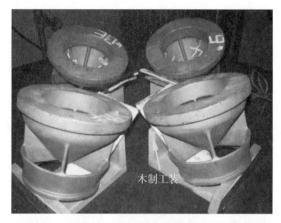

图 7-1　木制工装示意图

图 7-2　支撑架工装示意图

（2）工业胶片

工业胶片直接影响底片影像的质量。胶片的颗粒度等级越高，成像质量越好。在实际应用中，工业胶片依据所执行的检验标准，并综合考虑产品的关键程度和经济因素选用。例如对于承力不大、重要程度不高的焊接接头或铸件的检测可选用颗粒度等级较低的胶片；对于关键件、重要件或承压较高的焊接接头或铸件检测可适当提高胶片的颗粒度等级。液体火箭发动机产品检测一般选用 GJB 1187A《射线检验》规定的 J_1 类和 J_2 类胶片。

（3）自动洗片机

自动洗片机是确保获得优质底片的主要器材，可有效保证胶片冲洗的质量稳定性。自动洗片机在使用过程中应定期测试其综合稳定性。

（4）观片灯

观片灯的亮度越高，可观察的底片黑度越高，影像的对比度越高，检测灵敏度就越高。

（5）检测辅材

检测辅材一般包括像质计、金属增感屏、滤波板、屏蔽铅板、显影和定影液等，主要用于透照质量的评价和透照过程中散射线的防护及胶片的冲洗。

7.2.2.3　检测流程

射线照相检测流程如图 7 - 3 所示。主要涉及透照准备、工件透照、暗室处理、底片评定、签发报告等方面。

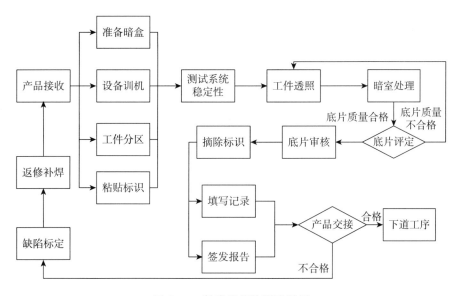

图 7 - 3　射线照相检测流程图

7.2.2.4　检测时机

射线检测工序一般应安排在有利于检出缺陷的制造或装配阶段进行：

1）初次检测后，对于机加工使检测部位厚度减薄过多的产品，应根据制件的重要程度考虑安排第二次检测；

2）截面厚度过大的多层焊接件应在封底焊后进行第一次检测，盖面焊后进行第二次检测；

3）如果热处理之后进行磁粉或渗透检测，则可在热处理之前进行射线检测，否则应在热处理之后进行射线检测。

7.2.2.5 检测参数

（1）管电压

管电压的高低主要影响射线底片影像的对比度。管电压的选取应遵循以下原则：

1）对于余高较低的焊接接头或厚度均匀的铸件检测，应在保证射线穿透工件的前提下，选取能量较低的管电压，以此获得较高的对比度；

2）对于余高较高或不等厚的焊接接头及截面厚度变化较大的铸件，应选取较高的管电压以提高底片的宽容度，使产品薄、厚区域在底片上得到合适的黑度；

3）管电压的选取不能超过相关标准要求的最高管电压的限制。

（2）曝光量

曝光量直接决定底片的黑度，主要影响底片影像的对比度。曝光量的选取应遵循以下原则：

1）不能低于相关标准要求的最小曝光量；

2）对于轻质金属或非金属材料的检测，应选取较大的曝光量，以提高影像的对比度。

（3）焦距

焦距的大小主要影响射线底片影像的几何不清晰度。焦距选取应遵循以下原则：

1）必须满足射线照相有关检验标准规定的几何不清晰度的要求；

2）能给出射线强度比较均匀的适当大小的一次透照区；

3）对于胶片无法紧贴被检部位的工件检测，应选用较大的焦距，以防止底片影像产生过大的畸变。

7.2.2.6 散射线的控制

散射线会降低底片的对比度，并在底片产品影像边界或产品薄厚变化的影像部位产生"边蚀"，严重影响小缺陷和裂纹缺陷的检出。

控制散射线主要采取遮蔽、屏蔽、滤波、光栅等方法，具体控制措施为：

1）当透照产品厚度较大时，采用适当厚度的前增感屏（前屏）吸收来自产品的散射线，同时采用适当厚度的铅板遮蔽产品的非透照部位，以减少非透照区产生散射；

2）当透照产品厚度较大，且产品的边界位于胶片之内时，应采用适当厚度的铅板放置于产品边界外，同时选用适当厚度的铜滤波板放置于射线源部位，以减少边界产生的"边蚀"；

3）当同时透照多个产品时，用适当厚度的铅板隔离各个产品，以减少产品间散射线的相互影响；

4）当透照的产品背后存在物体时，应在暗袋后面放置适当厚度的铅板，吸收来自产品背后的散射线；

5）当透照范围较小时，可采用光栅限制射线束的大小，以减少非透照区产生散射。

7.2.2.7 检测方法标准

液体火箭发动机射线照相检测主要应用的方法标准为 GJB 1187A《射线检验》、QJ 3073《X 射线照相检验质量控制要求》、GJB 1486《铝及铝合金熔焊对接接头 X 射线照相检验方法》、QJ 2866《导管环焊缝熔焊对接接头 X 射线照相检验方法》、QJ 3115A《导管熔焊接头角焊缝 X 射线照相检验方法》和 QJ 1175A《钢薄板熔焊对接接头 X 射线照相检验方法》。

7.2.2.8 检测灵敏度

射线照相检测灵敏度分为绝对灵敏度和相对灵敏度。绝对灵敏度是指在规定的射线检测条件下，对指定工件中的特定缺陷的检出能力，是用工件内部自然缺陷尺寸来评价射线照相检测灵敏度，在实际检测中难以实现。为便于定量评价射线照相检测灵敏度，常采用与被检工件厚度有一定百分比关系的试样，如金属丝、孔、槽等构成的像质计作为底片影像质量的监测工具，由此得到的灵敏度称为相对灵敏度。

底片上显示的像质计最小金属丝径、孔径或槽深，并不等于工件中所能发现的最小缺陷尺寸，即相对灵敏度并不等于绝对灵敏度，但能间接地反映出射线照相对缺陷检出的能力。

7.2.2.9 缺陷的深度定位

射线照相检测中在射线透照厚度方向上影像重叠，无法区分缺陷在厚度方向的深度位置。对缺陷深度定位有体式法、视差法、CT 法和底片缺陷黑度对比法，均需要专用设备或辅助工具才可实现。在液体火箭发动机的实际检测中，对体式法加以改进，可不需要体式镜，直接通过人眼观察即可实现对缺陷深度的测定。具体方法如下：

1) 在工件的缺陷位置上、下表面做不同铅标识，以保证观察时可区分缺陷与上、下表面的距离。

2) 透照时，将工件沿射线源作平移，分别得到两张透照底片，如图 7-4 所示。其中 $h_1 \approx h_2$，一般距离为 50~300 mm 之间，工件越薄，距离应越远，反之距离应越近。

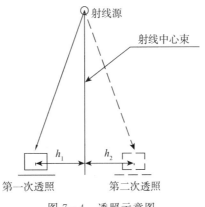

图 7-4 透照示意图

3) 观察时，双眼中心应紧贴硬纸卡，确保每只眼睛只看到一张底片，如图 7-5 所示。硬纸卡的高度操作者应根据视觉效果自己调整，可初步设定在 200 mm。

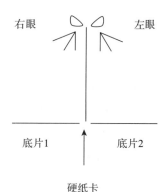

图 7-5　底片观察示意图

4）观察过程中，底片 1 和底片 2 的位置应依据透照时的位置确定，如位置调换，观察到的影像会翻转 180°。因此，检测时工件上、下表面应做标识，可有效区分缺陷位置和上、下表面位置。

对某工件缩孔缺陷采用改进后的体式法进行深度定位，具体步骤如下：

1）在缺陷位置上、下表面做标识，如图 7-6 所示。

2）选取透照焦距为 1 000 mm，工件平移距离 200 mm，标识 1、2 位于射线源侧，标识 3 位于胶片侧。经两次曝光后得到两张射线底片。

3）将两张底片按图 7-7 所示布置，其中标识"5172"、"551"、"5174"对应图 7-6 中的标识 1、2、3。经过立体观察可清晰分辨缩孔的深度位置。

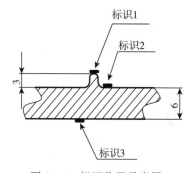

图 7-6　标识位置示意图

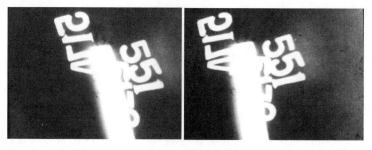

图 7-7　射线底片体式观察图

7.2.3　底片影像的识别

7.2.3.1　底片识别的依据

（1）影像的几何形状

不同性质的缺陷具有不同的几何形状。缺陷识别应首先从影像的几何形状做出初步判断，之后再作进一步分析。影像几何形状的分析判断应依据 3 个方面：单个或局部影像的几何形状、多个或整体影像几何形状及缺陷影像轮廓线的特征。

（2）影像的黑度及其变化

影像的黑度变化直接反映工件的内在性质的不同。在分析影像黑度特征时，应着重分析以下 3 点：影像本身的黑度，影像各部分的黑度变化及不均匀程度，以及不同影像之间缺陷与工件本身之间黑度的差别。

（3）影像在底片上的位置

影像在底片上的位置是缺陷在工件中位置的投影反映。某些性质的缺陷只能出现在工件的特定位置上，对此类性质的缺陷，影像位置将是识别缺陷的重要依据。另外需要注意的是由于产品结构的特殊性，导致结构在底片上也可能产生类似缺陷的影像，此类影像位置固定，应注意区分。

7.2.3.2　铸件缺陷影像识别

液体火箭发动机铸件常见的缺陷有裂纹、冷隔、缩孔、疏松、夹杂、气孔等。

（1）裂纹

热裂纹在底片上呈不同宽度或若干分叉等参差不齐的曲折黑线状影像，一般中间宽两端细，并有尖锐尾端，有时可能成组出现，如图 7-8 所示。

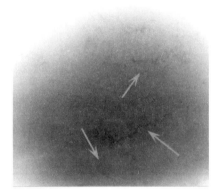

图 7-8　铸造热裂纹

冷裂纹在底片上呈微弯、较平滑的连续黑线状影像，尾端尖锐，轮廓分明，如图 7-9 所示。

（2）冷隔

冷隔在底片上呈黑度变化较小的黑线状影像，轮廓清晰，端部平滑无头尾之分，如图

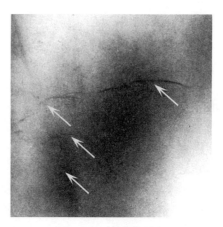

图 7 - 9 铸造冷裂纹

7 - 10 所示。

图 7 - 10 铸造冷隔和工件断口图

（3）缩孔

纤维状缩孔在底片上呈树枝状影像，整体轮廓清晰，黑度较高且分布不均匀，如图 7 - 11 所示。

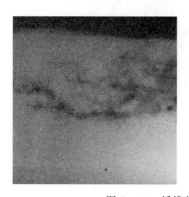

图 7 - 11 纤维状缩孔和工件剖切图

条状缩孔底片上呈黑度较高的条形孔洞影像，轮廓清晰，如图7－12所示。

集中缩孔在底片上呈黑度较高的单一不规则孔洞影像，边缘呈锯齿状或波浪状，如图7－13所示。

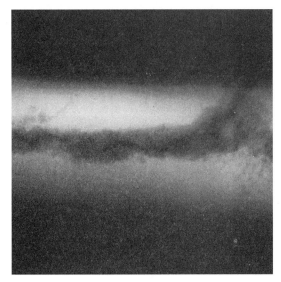

图 7－12　条状缩孔

图 7－13　集中缩孔

（4）疏松

分散状疏松在底片上呈细小长条形或弥散分布的细线状影像，如图7－14所示。

树枝状疏松在底片上呈黑度不等的细小的枝杈状影像，边缘不清晰，如图7－15所示。

海绵状疏松在底片上呈漫射状暗区，黑度不均匀，没有明显的边界轮廓，有一定的面积分布，如图7－16所示。

图 7 - 14　分散状疏松影像

图 7 - 15　树枝状疏松影像

图 7 - 16　海绵状疏松和工件断口图

（5）夹杂

夹渣在底片上呈形状不规则的片状暗斑影像，有一定分布范围，其黑度与背景黑度相差较小，如图 7－17 所示。

夹杂物分为低密度夹杂和高密度夹杂，呈形状不规则影像。其中低密度夹杂黑度高于背景黑度，高密度夹杂黑度低于背景黑度，如图 7－18 和 7－19 所示。

图 7－17　夹渣和工件断口图

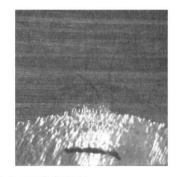

图 7－18　低密度夹杂和工件剖切图

图 7－19　高密度夹杂和工件断口图

（6）气孔

气孔在底片上呈圆形或长条形、边缘清晰、光滑的暗斑，一般黑度较高且中间黑度较四周要大，如图 7－20 所示。

针孔分为圆形针孔和长形针孔，在底片上的影像呈弥散分布的长形或圆形的暗影，主要出现在铝合金铸件中，如图 7 - 21 和 7 - 22 所示。

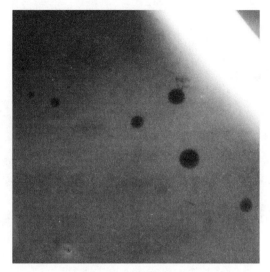

图 7 - 20　气孔

图 7 - 21　长形针孔

图 7 - 22　圆形针孔和工件剖切图

7.2.3.3　熔焊焊缝的缺陷影像识别

液体火箭发动机产品熔焊焊缝常见缺陷有裂纹、未焊透、未熔合、气孔、夹杂等。

（1）裂纹

裂纹在底片上呈微弯、尾端尖锐的细线状影像，如图 7-23 所示。

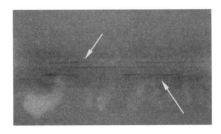

图 7-23　熔焊焊缝裂纹

（2）未焊透

未焊透在底片上呈直的连续或断续的黑线状影像，一般处于焊缝影像的中心，有时伴随有气孔，如图 7-24 所示。

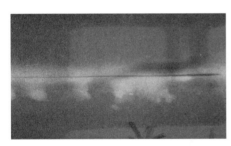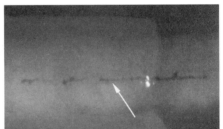

图 7-24　熔焊焊缝未焊透

（3）未熔合

未熔合在底片上的影像为连续线状或断续的线状影像，线条沿焊缝方向延伸，影像的黑度与背景的黑度差比较小，有时影像的一侧呈现直边，如图 7-25 所示。

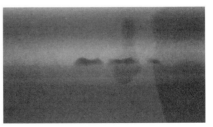

图 7-25　熔焊焊缝未熔合

（4）气孔

气孔在底片上呈黑度大于背景黑度的圆形或长条形影像。气孔影像的黑度一般较大，轮廓清晰。常见的气孔影像分布状态有 4 种：孤立气孔、密集气孔、链状气孔、虫孔，如图 7 - 26 所示。

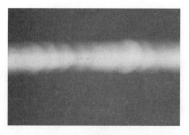
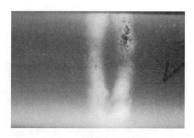

（a）链状气孔　　　　　　　　　　　（b）聚集状气孔

图 7 - 26　熔焊焊缝气孔

（5）夹杂

夹渣在底片上呈形状不规则、边缘不整齐的暗斑影像，常见的影像形态有 3 种：点状夹渣、密集夹渣、条状夹渣，如图 7 - 27 所示。

夹钨在底片上呈黑度远低于焊缝背景黑度的影像，常常为透明状态。夹钨的影像主要有两种分布形态：孤立点状和聚集点状。夹钨影像如图 7 - 28 所示。

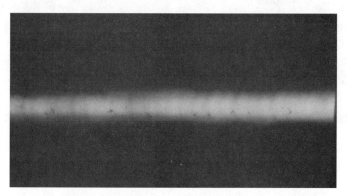

图 7 - 27　点状夹渣

图 7 - 28　夹钨

7.2.3.4　伪缺陷影像的识别

常见的伪缺陷主要有划伤、压痕、增感屏斑纹、静电斑纹、衍射斑纹等。

1) 划伤在底片上呈黑度较大的细小线状影像。在反射光下观察底片，可看到表面划伤的痕迹，如图 7 - 29 所示。

图 7 - 29　底片划伤引起的伪影像

2) 压痕在底片上呈现弧形影像。曝光前产生的压痕，其影像的黑度远低于背景黑度；曝光后产生的压痕，影像的黑度则高于背景黑度。在反射光下观察，可以看到底片表面存在挤压或弯曲的折痕。胶片曝光前压痕引起的伪影像如图 7 - 30 所示。

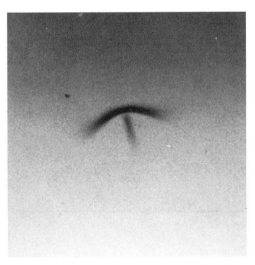

图 7 - 30　胶片曝光前压痕引起的伪影像

3) 增感屏斑纹是由增感屏损坏而产生的，在底片上呈与增感屏损伤形状相同的影像。增感屏划伤引起的伪影像如图 7 - 31 所示，增感屏起皱引起的伪影像如图 7 - 32 所示。

图 7 - 31　增感屏划伤引起的伪影像

图 7 - 32　增感屏起皱引起的伪影像

4）静电斑纹是由于摩擦产生静电造成胶片曝光所形成的伪缺陷。其常见形态有 3 种：树枝状斑纹、点状斑纹和冠状斑纹，如图 7 - 33 和图 7 - 34 所示。

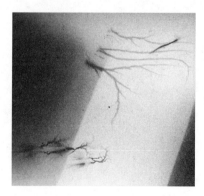

图 7 - 33　树枝状静电斑纹

5）衍射斑纹常出现在轻质合金、奥氏体不锈钢等铸件、焊缝的底片上，尤其是工件厚度较小时更易产生。衍射斑纹通常呈现斑点状与线状两种形态。其中，斑点状斑纹主要出现在铸件底片上，线状斑纹可能出现在焊缝底片上，也可能出现在铸件底片上。

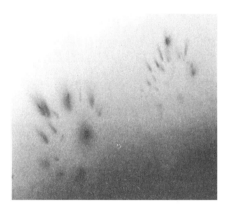

图 7 - 34　点状静电斑纹

斑点状衍射斑纹在底片上呈点状或条状暗斑影像，形状不规则，一般影像模糊，如图 7 - 35 所示。

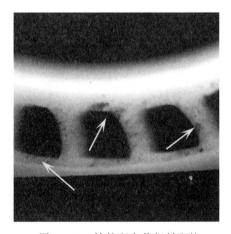

图 7 - 35　铸件斑点状衍射斑纹

线状衍射斑纹在底片上呈黑度较高的细线状影像，影像边缘不清晰，边缘常伴有低黑度线条，如图 7 - 36 所示。

图 7 - 36　铸件线状衍射斑纹

7.2.4　典型产品的检测应用

7.2.4.1　铸件射线照相检测

（1）不锈钢泵壳体

不锈钢泵壳体为熔模精密铸件，其结构复杂、外形轮廓尺寸大、壁厚差异大、内腔狭小，工作时承受高压、高冲击负荷，为关键铸件。射线照相检测需实现全覆盖，根据泵壳体形状、结构、壁厚将工件分为 66 个透照区，采用源在外单壁单投影透照布置，射线束中心垂直于被检区域中心进行透照。图 7 - 37 是泵壳体结构和射线透照分区示意图。

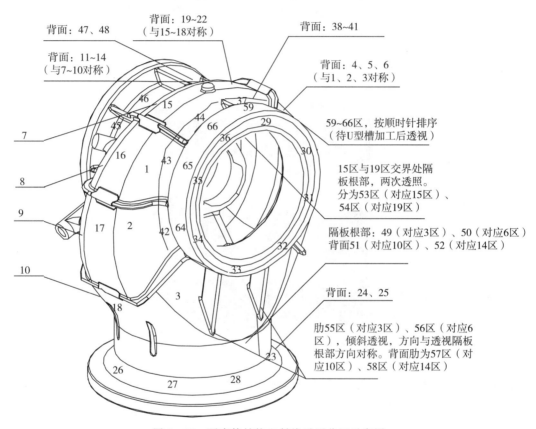

图 7 - 37　泵壳体结构和射线透照分区示意图

由于工件重量大，透照角度多变，不易采用多次搬动工件调整透照角度的方法，为此制作专用的透照工装进行透照，如图 7 - 38 所示。分别将工件竖直、侧卧于工作台的专用转盘〔图 7 - 38（a）〕，转盘和工作台定位不同的透照角度〔图 7 - 38（b）〕。透照时，通过转动转盘并结合调整射线机的透照角度，达到透照不同区域的目的，保证了透照的一致性，并可实现两件工件同时透照，减轻工作强度并提高检测效率。泵壳体 U 型槽部位易产生细小疏松，可能会导致工件泄漏，为关键检测部位。为提高此部位的检测灵敏度，采取以下措施：送检前应去除此部位的铸造余量；应选用颗粒度等级高的胶片，同时采用小

（a）木制转盘　　　　　　　　　（b）转盘定位

图 7 - 38　泵壳体射线照相检测工装示意图

焦点、大曝光量（45 mA · min）及尽量低的管电压进行透照。

　　由于泵壳体部分检测区域型面曲率大且多变，缺陷的定位难度大，易造成缺陷定位不准确，致使缺陷排除的反复，因此制作网格标识，如图 7 - 39 所示。透照时对此类区域增加网格标识，可不通过测量，直接标定缺陷位置，确保缺陷排除准确。网格标识定位效果如图 7 - 40 所示。

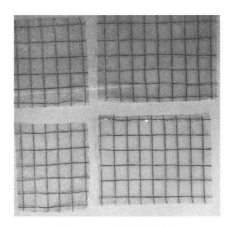

图 7 - 39　网格标识图

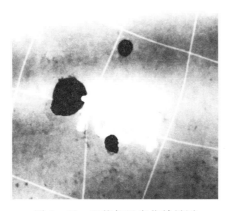

图 7 - 40　网格标识定位效果图

（2）铝合金泵壳体

铝合金泵壳体为砂型铸件，其结构如图 7 - 41 所示。射线检测部位为内腔蜗道及法兰，透照示意图如图 7 - 42 所示。

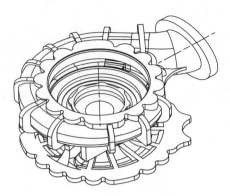

图 7 - 41　壳体结构示意图

检测时根据所检缺陷类型，蜗道检测采用多角度透照，如图 7 - 42 所示。水平透照主要检查蜗道疏松、夹渣等缺陷。垂直和倾斜 30°透照布置除检查蜗道的常见缺陷外，主要检查蜗道内腔冷隔缺陷，使射线中心束尽量与冷隔走向平行，以保证冷隔的检出率。图 7 - 43 为蜗道冷隔的底片影像及断口图。

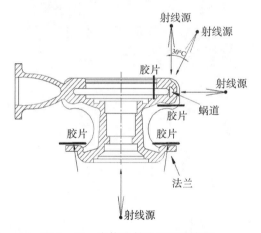

图 7 - 42　壳体的射线透照示意图

图 7 - 43　泵壳体蜗道内部冷隔影像及工件断口图

法兰透照时，使射线束中心位置与工件轴心部位重合，同时适当调高焦距，使射线束尽量垂直入射法兰，胶片沿法兰整周布置，并保证一定的重叠区，可一次透照完成。

（3）离心轮

离心轮为熔模精密铸件，该离心轮叶片长且扭曲角度大，叶片表面为曲面，浮动环及盖板处厚度大，其结构如图 7-44 所示。该离心轮为高速旋转件，承力大，为关键件。射线照相检测需实现全覆盖，叶片、盖板、浮动环部位均需单独透照。离心轮射线透照布置如图 7-45 所示。

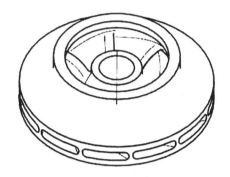

图 7-44　离心轮结构示意图

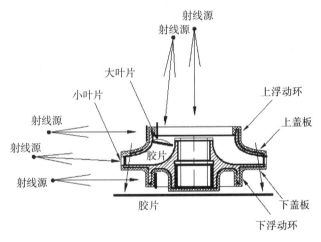

图 7-45　离心轮射线透照布置图

叶片为关键检测部位。为保证叶片的检测灵敏度，叶片必须单壁单投影透照，且透照盲区最小，为此制作透照工装，如图 7-46 所示，以保证最佳透照角度及透照的一致性。图 7-47 为透照角度存在偏差导致叶片透照出现盲区的底片影像，图 7-48 为最佳透照角度下，叶片透照未出现盲区的底片影像。

上浮动环透照时应兼顾大叶片与浮动环的交接位置，胶片布置时应使胶片暗袋顺着大叶片的方向斜插入，使交界位置出现在透照区域内。从图 7-49 可以看出，交界位置存在气孔缺陷。

图 7-46　离心轮小叶片透照工装图

图 7-47　离心轮小叶片透照角度有偏差的影像

图 7-48　离心轮小叶片最佳透照角度的影像

图 7-49　离心轮上浮动环透照影像

　　离心轮上、下盖板由于结构所限，只能一次透照，盖板影像将重叠，缺陷的定位存在困难，影响返修。对此可采用改进的体式法进行准确定位。同时，为解决盖板透照时的"边蚀"，采用如图 7-50 所示的工装控制散射线。离心轮透照散射线屏蔽效果如图 7-51 所示，射线透照影像中离心轮边缘清晰可辨，无"边蚀"现象。

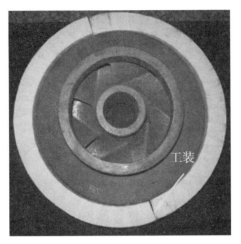

图 7-50　离心轮透照散射线屏蔽工装

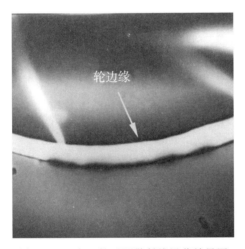

图 7-51　离心轮透照散射线屏蔽效果图

7.2.4.2　熔焊、压力焊接头的射线照相检测

（1）起动器壳体

　　起动器壳体是液体火箭发动机中典型的锁底对接结构焊缝，如图 7-52 所示。两条焊缝间的距离约为 130 mm，因此，可同时对两条环焊缝进行单壁单投影透照，以提高检测效率。透照时，射线中心束位于两条环焊缝的中心，采用较大焦距，使射线近似垂直入射焊缝表面。起动器壳体射线透照布置示意如图 7-53 所示。

　　起动器壳体的底片评定时，未焊透照影像与锁底间隙的影像均位于焊缝中心，容易混

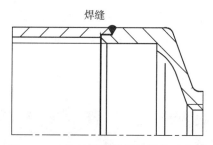

图 7 - 52　起动器壳体焊缝结构示意图

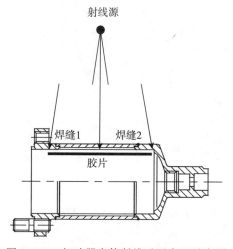

图 7 - 53　起动器壳体射线透照布置示意图

淆，需注意区分其中的差别：未焊透在底片上呈现笔直的连续或断续的细黑线影像，如图 7 - 54 所示；锁底间隙在底片上呈现波浪状并向锁底方向延展，没有清晰的线状轮廓，且黑度逐渐变淡，如图 7 - 55 所示。

图 7 - 54　起动器壳体焊缝未焊透

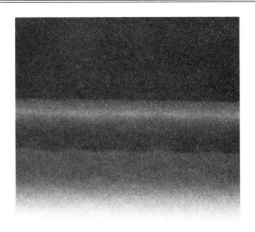

图 7 - 55　起动器壳体焊缝锁底间隙

（2）"O"型金属密封环

"O"型金属密封环是不锈钢管经弯曲和焊接而形成封闭的环结构，管壁薄、直径小，采用电阻对焊工艺将两端连接，连接处壁厚只有 0.5 mm，横截面直径只有 3 mm，如图 7 - 56 所示。其设计文件要求焊缝应焊透且通径不小于 0.6 mm。

图 7 - 56　"O"型金属密封环

射线透照时，需使射线束在相互垂直的两方向沿 45°倾斜入射焊缝，使焊缝在底片上尽可能呈圆形，同时选取较大焦距，以减小影像的变形，保证通径测量的准确性。其射线透照布置示意如图 7 - 57 所示。

"O"型金属密封环焊缝底片评定时，应从以下方面判断：所有密封环焊缝位置整周为白色亮圈，表示焊缝部位厚度大于管壁，证明焊缝整周均存在背面余高，依此可判断焊缝均已焊透，如图 7 - 58 所示；白色亮圈中心暗影的直径则代表密封环通径的大小，采用游标卡尺可有效测量通径大小。

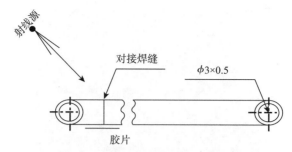

图 7 - 57 射线透照布置示意图

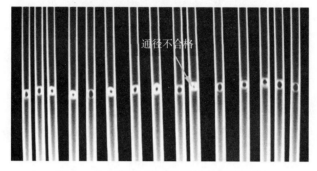

图 7 - 58 "O"型金属密封环焊缝影像

（3）总装导管

在发动机上大量采用薄壁小直径导管，所有导管焊缝必须100%进行射线照相检测。由于导管尺寸规格多，加之空间分布复杂，走向各不相同，所以在进行射线照相检测时，受结构限制较多，胶片布置不便，射线透照方向多变。

在射线透照过程中，常采用专用夹子将胶片与背铅板固定在焊缝处，使焊缝尽可能处于胶片的中心位置并贴紧导管。胶片布置图如图7-59所示。为保证射线管能多角度自由转动，以实现任意方向透照，一般采用单极225 kV射线管，以减少射线管转动时高压电缆的阻碍。配合多自由度立式机架，如图7-60所示。射线管安装于立式机架悬臂上，并

图 7 - 59 导管射线检测时胶片布置图

图 7 - 60　导管透照布置

配置多个转轴，可保证射线管上下、前后及沿轴向、径向自由旋转，实现发动机导管焊缝检测全覆盖。

　　针对发动机小直径总装导管的射线照相检测，均采用源在外双壁双投影透照方式。一般对于直径大于 10 mm 的导管焊缝采用椭圆成像，直径不大于 10 mm 的导管焊缝采用垂直成像。总装导管主要缺陷为气孔（如图 7 - 61 所示），有时会存在未熔合缺陷（图如 7 - 62 所示）。

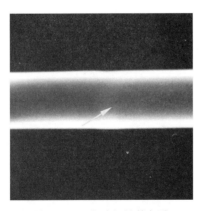

图 7 - 61　发动机导管气孔

图 7 - 62　发动机导管未熔合

7.2.4.3　钎焊接头的射线照相检测

推力室钎焊身部结构如图 7 - 63 所示，采用射线照相检测钎焊缝质量和夹层通道堵塞。

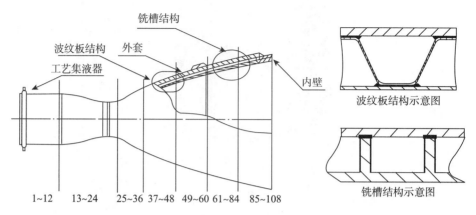

图 7 - 63　推力室钎焊身部透照分区示意及结构示意图

推力室钎焊身部透照分 7 段，前 5 段每段沿圆周方向等分 12 区，后两段每段沿圆周方向等分 24 区，共分 108 区。透照分区示意图如图 7 - 63 所示。每个分区透照均采用单壁单投影布置，使射线束中心垂直于身部型面。由于身部小端因工艺集液器遮挡钎焊缝，需重新采用相同检测参数对集液器部位倾斜 30°透照，使工艺集液器影像投影到钎焊缝影像外。

透照时，采用专用工装，可有效提高检测效率，工装图如图 7 - 64 所示。图 7 - 64（a）为胶片托板，底部安装铅屏蔽板，铅板上布置胶片，并能贴合推力室身部内壁型面。图 7 - 64（b）为定位环，分别安装于钎焊身部两端面。使用时，胶片托板悬挂于定位环上，使胶片位置与透照区重合并贴紧工件，保证透照的一致性和有效性。

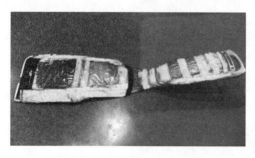
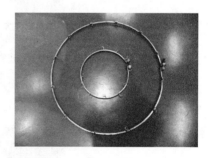

（a）胶片托板　　　　　　　　　　（b）定位环

图 7 - 64　钎焊身部透照工装图

钎焊身部主要缺陷为钎焊缝未焊上与焊料堆积造成的通道堵塞。底片评判时，未焊上的影像应从以下几方面识别：

1）钎脚亮线：正常钎焊缝两侧有因钎料蓄留形成的焊脚，在底片上呈现的影像为整条清晰的细亮线，若存在未焊上缺陷，则焊脚不存在这种亮线。波纹板结构钎脚透照影像如图 7 - 65 所示。

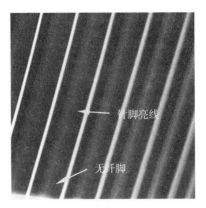

图 7 - 65　波纹板结构钎脚影像

2）圆弧影像：钎焊时熔化的液态钎料靠毛细作用填充在钎缝间隙中，因间隙过大或钎料不足则形成未焊上，在射线底片上会呈现出类似舌形尾端的圆弧影像，如图 7 - 66 所示。

图 7 - 66　波纹板结构端头圆弧影像

通道堵塞在底片上的影像是沿通道形成远低于背景黑度的条状影像，其端头因表面张力作用而呈现内凹弧形。图 7 - 67 所示为铣槽结构通道堵塞透照影像，图 7 - 68 所示为波纹板结构通道堵塞透照影像。

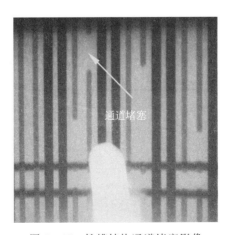

图 7 - 67　铣槽结构通道堵塞影像

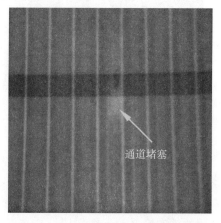

图 7 - 68　波纹板结构通道堵塞影像

7.3　超声波检测

7.3.1　技术简介

7.3.1.1　检测原理

工件中存在的缺陷如裂纹、气孔、夹杂、分层等的声阻抗与工件材料的声阻抗存在较大差异，形成异质界面，超声波在传播过程中遇到这些界面时产生反射波，利用仪器对反射波的能量和波形及传播时间进行分析，可确定是否存在缺陷。检测原理如图 7 - 69 所示。

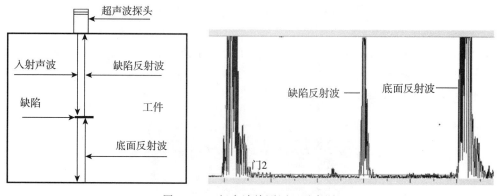

图 7 - 69　超声波检测原理示意图

7.3.1.2　检测特点

（1）超声波检测的优点

1）适用范围广，可用于金属材料、非金属材料、复合材料的检测；

2）可检测体积型缺陷和面积型缺陷；

3）缺陷定位精确。

（2）超声波检测的缺点

1）检测时上、下表面存在盲区，需要预留一定的加工余量；

2）缺陷大小按当量评定，不能准确确定缺陷实际大小；

3）缺陷定性困难。

7.3.2 检测工艺要素

7.3.2.1 检测设备

应用于液体火箭发动机的超声波检测设备有便携式 A 型超声波检测仪、板材超声波检测系统、盘环件超声波检测系统（如图 7 - 70 所示），旋压件超声波检测系统（如图 7 - 71 所示）。

图 7 - 70 盘环件超声波检测系统

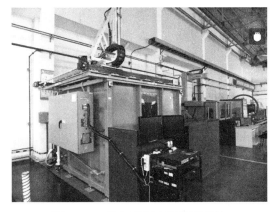

图 7 - 71 旋压件超声波检测系统

7.3.2.2 检测方法

液体火箭发动机超声波检测的零件类型主要为金属棒材、板材和锻件，采用的检测方法主要为纵波接触式脉冲反射法和纵波水浸式脉冲反射法。

（1）纵波接触式脉冲反射法

金属自由锻件和金属棒材的检测多采用此方法。检测时，探头与工件表面直接接触，声束经过耦合剂垂直入射到工件内部。通过分析缺陷反射波的特征，可确定缺陷的位置、当量、形状。

（2）纵波水浸式脉冲反射法

该方法采用自动化设备进行检测，多用于金属模锻件的检测。可使用点聚焦或线聚焦探头，使声束能量汇聚于焦区，检测灵敏度较纵波接触式脉冲反射法高。

7.3.2.3　检测时机

超声波检测应安排在最可能产生缺陷的工序后。安排检测时机需要考虑工件的生产工艺特点和超声波检测对工件状态的要求。锻件超声波检测应在锻件热处理后、精加工前进行，并按照工艺状态表要求的尺寸和表面粗糙度加工后才能进行检测。

7.3.2.4　探头频率

超声波的频率影响其穿透能力和对缺陷的分辨力。在检测时需要根据工件的组织、厚度、要求检出的缺陷当量选择探头频率。对于晶粒粗大的锻件，如 GH 202 材料，可选用较低的探头频率（2.5 MHz），以降低检测时的杂波高度，提高信噪比。对于晶粒细小的锻件，如钛合金、不锈钢、高强度钢等，可选用较高的探头频率，提高对缺陷的分辨力。在采用纵波接触式脉冲反射法检测时，通常使用 5 MHz 的频率。采用纵波水浸式脉冲反射法检测厚度较小的模锻件如轮盘、喷注器盘时，可以使用 10 MHz，甚至 15 MHz 的频率。

7.3.2.5　检测灵敏度

（1）试块法

试块法调整灵敏度用于检测厚度小于探头 3 倍近场长度的工件。调节灵敏度时使用两个带有人工缺陷的试块，分别用于调节上、下表面检测灵敏度。对于所使用的仪器和探头组合，应能检测出任一试块上的人工缺陷。如果所用试块的声传输特性与工件的有所差别，应测定其差值并对灵敏度进行修正，如果差值超过 6 dB，则试块不能采用。

（2）计算法

计算法用于检测厚度大于探头 3 倍近场区，且上、下表面平行的工件，以平底孔作为参考缺陷的计算公式为

$$\Delta dB = 20 \lg \frac{\pi d^2 y}{2 \lambda x^2} \tag{7-1}$$

式中　y——大平底距探头的距离（mm）；

x——缺陷距探头距离（mm）；

d——缺陷直径（mm）；

λ——超声波波长（mm）。

检测时将大平底的反射波高调至规定高度，如荧光屏满刻度的 80%，再加上 ΔdB 即可作为检测灵敏度。

7.3.3　超声波信号的识别

通过识别反射回波的波形、传播时间、能量，并对三者进行综合评价，可确定缺陷位置、当量和形状。

7.3.3.1　缺陷位置

纵波脉冲反射法检测时，缺陷在工件中的位置由缺陷的平面位置和缺陷的埋藏深度确定。对于远场区的缺陷，探头移动时，缺陷反射波高最强的位置即缺陷的平面位置，对于处在近场区的缺陷，需考虑声束横截面内声压的分布情况。当设备的声速校准后，缺陷的埋藏深度可以直接在设备屏幕上显示。

7.3.3.2　缺陷当量

对于尺寸小于声束直径的缺陷，可将缺陷的反射波高度与对比试块中人工缺陷反射波高进行比较，以确定缺陷的当量值。对比试块中人工缺陷的埋深应与缺陷深度相同，如果没有相同埋深的人工缺陷，用两个与之埋深相近试块对比并用插入法进行评定。在可以从正反两面进行检测的情况下，应从两个面分别评定缺陷当量，以最大值作为缺陷当量。

7.3.3.3　缺陷形状

在检测时移动探头，根据缺陷反射波变化可以确定缺陷是点状缺陷、面状缺陷或长条形缺陷。

（1）点状缺陷

点状缺陷的反射波的产生和消失均很快，在探头移到缺陷上方时，反射波立即出现，探头变换位置后反射波迅速降低或消失。

（2）面状缺陷

面状缺陷的反射波在探头移动时总是缓慢地出现或消失，同时探头在一定范围内移动时，缺陷反射波的变化不明显，这种特性在探头沿两个不同的方向移动时均能体现。

（3）长条形缺陷

长条形缺陷的反射波信号与面状缺陷的基本相同，它们的区别是长条形缺陷的反射波只有探头沿着缺陷的延伸方向移动时才能出现。长条形缺陷和面状缺陷的尺寸均可以用 $-6\ dB$ 法进行测量，具体方法为移动探头找到缺陷的最高反射波，再向两个相反方向继续移动探头，使反射波降低到最高反射波高的 50%，探头移动的距离即为长条形缺陷的长度，面状缺陷可按照长条形缺陷尺寸确定方法，将探头沿两个互相垂直的方向移动，测出在这两个方向上缺陷的长度，作为该面状缺陷的尺寸。

7.3.4　典型产品的检测应用

超声波检测用于液体火箭发动机生产的两个方面，一是原材料的检测，包括棒材、板材、管材等，二是重要零部件的检测，如涡轮盘、喷管外套等。

7.3.4.1 棒材检测

棒材坯料内的缺陷在轧制过程中延展，在棒材中心部位形成夹杂等缺陷。轧制时坯料被拔长，棒材内大部分缺陷均沿轴向延展，因此检测时声束方向应垂直圆周面入射，必要时可增加声波斜入射检测。

（1）大直径棒材检测

大直径棒材（直径大于等于 80 mm）使用纵波接触式脉冲反射法进行检测，探头频率选用 2.5 MHz 或 5 MHz 的纵波直探头。综合考虑耦合效果和检测效率，探头晶片直径可根据棒材的直径进行选择，棒材直径在 80～100 mm 之间时，选用直径 10 mm 的探头，棒材直径大于 100 mm 时选用直径 14 mm 的探头。

检测时在棒材圆柱面涂上甘油作为耦合剂，纵波直探头置于圆柱面上，声束沿棒材径向入射，如图 7‑72 所示。

图 7‑72　棒材检测示意图

检测所用对比试块采用同规格的无缺陷棒材加工制成，试块的尺寸如图 7‑73 所示。图中 D 为棒材直径，d 为平底孔直径，d 的大小可根据验收标准确定。

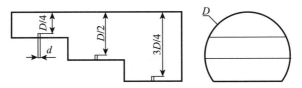

图 7‑73　大直径棒材检测对比试块

（2）小直径棒材检测

小直径棒材（直径小于 80 mm）在检测时采用纵波垂直入射法，并辅以横波检测。小直径棒材检测时平探头与棒材的耦合存在一定困难，需采用与棒材曲率半径相近的探头，提高耦合效果，保证扫查的稳定性。

纵波检测时，探头放在棒材圆周面上，声束垂直入射，探头频率可选择 2.5 MHz 或 5 MHz，探头的扫查方式与大直径棒材检测相同。纵波检测时可用图 7‑73 所示的对比试块。横波检测时，声束的入射方向沿圆周方向，所用对比试块中的人工反射体为横孔，试块结构如图 7‑74 所示。

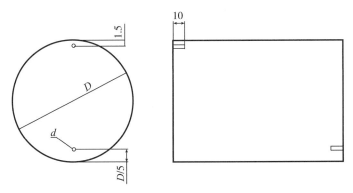

图 7 - 74　棒材横波检测试块

7.3.4.2　涡轮盘检测

（1）检测方法

涡轮盘材料为 GH 4169，采用模锻工艺制造，质量要求高，结构如图 7 - 75 所示。超声波检测验收要求如下：

1）单个缺陷：轮缘区域（距中心距离大于半径 70％的区域）超过 $\phi0.8$ mm 平底孔反射波高的 80％为不合格，其余区域超过 $\phi1.2$ mm 平底孔反射波高的 80％为不合格；

2）多个缺陷：轮缘区域超过 $\phi0.8$ mm 平底孔反射波高的 40％，间距小于 25 mm 为不合格，其余区域超过 $\phi1.2$ mm 平底孔反射波高的 40％，间距小于 25 mm 为不合格；

3）长条形缺陷：不允许存在；

4）杂波：轮缘区域超过 $\phi0.8$ mm 平底孔反射波高的 40％为不合格，其余区域超过 $\phi1.2$ mm 平底孔反射波高的 40％为不合格。

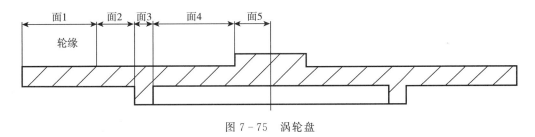

图 7 - 75　涡轮盘

检测采用纵波水浸式脉冲反射法，用盘环件超声波检测系统，选用频率为 10 MHz 的水浸点聚焦探头进行自动化检测，如图 7 - 76 所示。

（2）检测程序

探头上、下表面盲区均小于轮盘的加工余量，且焦区长度可覆盖轮盘的整个厚度，因此检测时只需要单面检测即可。轮盘在结构上存在厚度不同的几个区域，同时轮缘和中心部位的验收标准不同，各区域的检测灵敏度和闸门设置不同，因此在检测时需要分为多个区域，对不同的区域独立设置检测程序。检测区域的划分如图 7 - 75 所示。

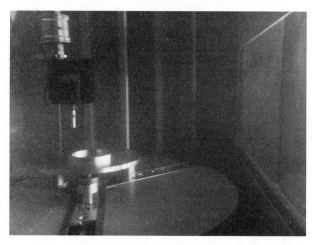

图 7 - 76　涡轮盘自动化检测

7.3.4.3　喷管外套检测

（1）检测方法

喷管外套由厚 5.5 mm 的不锈钢板材经旋压、胀形制成，壁厚为 1.6～2.0 mm，如图 7 - 77 所示。板材中存在的氧化物、氮化物夹杂等经旋压形成分层缺陷。采用纵波水浸式脉冲反射法，用旋压件超声波检测系统，选用频率 10 MHz 的水浸点聚焦探头进行自动化检测，如图 7 - 78 所示。

图 7 - 77　喷管外套　　　　　　　　　图 7 - 78　喷管外套自动化检测

（2）检测程序

喷管外套进行超声波水浸 C 扫描检测时，要求工件在设备转台上匀速旋转，探头在移动时保证声束始终与喷管外套表面垂直，探头与喷管外套表面的距离保持恒定，使探头焦点始终落在工件表面上。检测时需要用到曲面跟踪技术，进行曲面跟踪编程时，在检测区域选择 14 个调整点，在每一个点处调节探头角度和各轴的位置，使声束与喷管外套表面垂直，系统记录每一个点的坐标，相邻点之间的数据用线性插补的方式进行补充，在检测时，探头按照这些数据坐标运动，可以实现对喷管外套的曲面跟踪检测。曲面跟踪的实现方式示意图如图 7 - 79 所示。

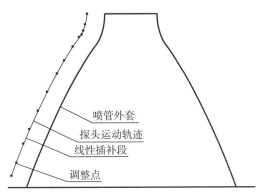

图 7-79　曲面跟踪实现方式示意图

（3）检测灵敏度

喷管外套的壁厚在 2 mm 左右，超声波检测内部缺陷不能直接观察缺陷的反射波，需要观察底波的变化间接判定存在内部缺陷。当内部无缺陷时，会出现规律的多次底波反射，如图 7-80 所示，当内部存在缺陷时，底波的反射规律被打乱，底波的多次反射消失，闸门所处位置底波高度降低或消失，如图 7-81 所示。

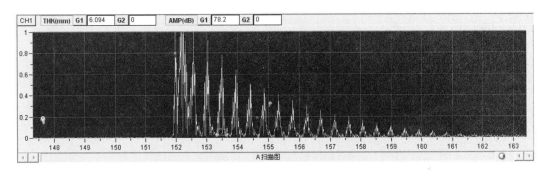

图 7-80　无缺陷处底波规律反射

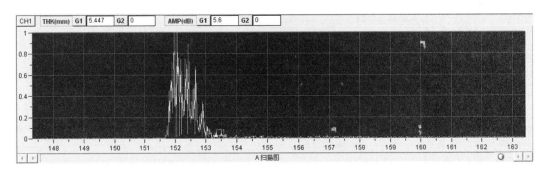

图 7-81　缺陷处底波无规律反射

在检测中将闸门放在不同的底波位置对缺陷的检出能力是不同的，如闸门放在第一次底波处，由于第一次底波与界面波的距离很近，底波衰减的程度较低，在 C 扫描图像上表现为缺陷与本底的对比度降低，因此不容易发现缺陷。所以在保证信噪比的情况下应尽量让闸门远离界面波，以提高检测灵敏度。经过比较，闸门放在第 3 次底波处的检测灵敏度最佳，检测所得 C 扫描图像如图 7-82 所示，图中黑色椭圆框的区域为发现的内部分层。

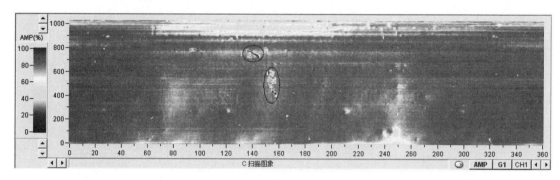

图 7-82　喷管外套检测图像

7.4　磁粉检测

7.4.1　技术简介

7.4.1.1　检测原理

磁粉检测的对象是铁磁性材料及其制品，检测的基础是缺陷处漏磁场和磁粉的相互作用。在铁磁性工件被磁化后，由于工件表面和近表面缺陷的存在，磁场在缺陷处产生畸变，造成部分磁场逸出工件表面而形成漏磁场。漏磁场吸附施加在工件表面的磁粉，形成在白光或黑光下目视可见的磁痕，显示出缺陷的位置、形状和尺寸。通过对磁痕的观察和分析可判定工件是否合格。磁粉检测的原理如图 7-83 所示。

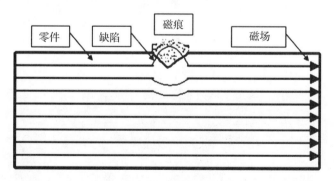

图 7-83　磁粉检测原理示意图

7.4.1.2　检测特点

（1）磁粉检测的优点

1）对表面和近表面缺陷的检测灵敏度高；

2）缺陷显示直观，可直接观察到它的形状、大小和位置；

3）检测速度快，检测成本低，可检测工件表面的各个部位，不受工件大小和形状的限制。

（2）磁粉检测的缺点

1）只能检测铁磁性工件；

2）检测灵敏度与磁化方向有很大关系，缺陷方向与磁场方向的夹角小于 45°时很难检出；

3）工件表面有覆盖层如漆层、喷丸层时会降低磁粉检测灵敏度，通常在检测前需增加清理表面的工序。

7.4.2　检测工艺要素

7.4.2.1　检测设备

按照磁粉检测设备的使用和安装环境的不同可将磁粉检测设备分为电磁轭、可移动磁化电源、固定式多功能设备和专用检测系统。液体火箭发动机零部件磁粉检测所用设备主要是电磁轭和固定式磁粉探伤机。

（1）电磁轭

电磁轭由检测探头和电源两部分组成，探头采用硅钢片叠制成轭状铁心，电磁轭铁心外面的磁化线圈在通电时，将铁心磁化，在两个检测探头之间形成的强磁场可磁化工件，如图 7-84 所示。电磁轭用于检测无法在固定式磁粉探伤机上检测的大型工件。

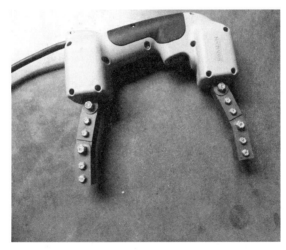

图 7-84　电磁轭

（2）固定式磁粉探伤机

固定式磁粉探伤机为安放在固定场所的探伤设备，体积和质量较大，从结构形式上可分为卧式和立式两种。液体火箭发动机零部件磁粉检测采用卧式磁粉探伤机，如图 7-85 所示。其主要组成包括一个低压高电流磁化电源，一个可移动的线圈，两个可移动和旋转的电极以及床体、电气控制柜、磁悬液喷淋系统、暗室。

设备采用交流电作为磁化电流，最大周向磁化电流为 9 000 A，纵向磁化安匝数为 20 000 安匝，可实现工件的周向磁化和纵向磁化。周向磁化时，两个电极夹紧工件，通电

图 7-85　固定式磁粉探伤机

时工件作为连接两个电极的导体，电流通过工件时在工件内部和表面形成周向磁场。线圈用于工件的纵向磁化，在检测时将工件置于线圈内，给线圈通上合适的电流，线圈内部即可产生一个纵向磁场，该磁场可磁化放在线圈内部的工件，在工件内形成一个纵向磁场。该磁粉探伤机还提供周向和纵向自动退磁功能，工件检测完毕后可直接进行一键退磁，无需再使用专用退磁机退磁。

7.4.2.2　磁化方法

磁粉检测常用的磁化方法有通电磁化、中心导体磁化、线圈磁化。通电磁化时，工件夹持在两个电极之间，电流直接通过工件，在工件的内部和外表面产生一个周向磁场，磁场的方向始终与电流的方向垂直，可发现与工件轴线夹角大于 45° 的缺陷，如图 7-86 所示。该方法适用于检测形状较规则的工件，如管材、板材、棒材、轴等。

图 7-86　通电磁化

中心导体法是将导体（通常为铜棒）穿过工件上的通孔，对导体通电，利用导体外部产生的周向磁场磁化工件，这种磁化方法可以在工件的内外表面均建立有效的磁场，可同时检测内外表面的缺陷，如图 7-87 所示。该方法适用于检测对内外表面缺陷均敏感的工件，如轴承、齿轮等。

图 7-87 中心导体磁化

线圈法磁化将工件放置在线圈中，线圈通电时产生的磁场使工件磁化。该方法用于检测工件中的横向缺陷，如图 7-88 所示。

图 7-88 线圈法磁化

检测时还应根据工件的设计技术条件，结合工艺状态，预测可能产生的缺陷和缺陷取向，确定主要磁化方向、磁化方法、磁化次数。对于形状简单的中小型工件，与锻压方向垂直的方向，主要焊缝的焊道方向，钢棒、钢管和板材的压延方向，都是主要的磁化方向。主要磁化方向宜采用通电法磁化。检测时应先检测主要磁化方向，后检测次要磁化方向。对于管形工件可优先选用中心导体法，它可以同时检测内外表面和两端缺陷，且不会引起夹持变形和接触不良导致的通电烧蚀，造成工件损伤。磁化次数一般为一到两次。对于形状复杂的工件，两次磁化很难检测到所有检测部位，应适当增加磁化次数，对各部位分别磁化。

7.4.2.3 检测时机

磁粉检测技术只能检测铁磁性工件表面和近表面缺陷，选择检测时机应遵循以下原则：机械加工工件应在精加工后检测；需要热处理的工件应在热处理后检测；有时效处理的应在时效处理后检测；管材和板材工件图纸上两端如果有尖锐部位影响检测的，应在加工出尖锐部位前进行检测；需要进行喷丸、电镀、喷漆的工件应在这些工序前进行磁粉检测。

7.4.2.4 磁化电流

磁粉检测中所用的电流有交流电、单相半波整流电、三相全波整流电，这三种类型的电流由于其特性在磁粉检测中有不同的应用。液体火箭发动机零部件磁粉检测使用交流电磁化。

使用交流电有三个主要优点。首先，交流电有集肤效应，电流集中在被检件表面，利于表面缺陷的检出。其次，交流电产生的磁场，在退磁的时候非常容易消除。最后，借助于交变电流的磁场脉动效应，可增加磁粉的活动性，使磁粉易于被漏磁场吸引，提高检测灵敏度。使用交流电也存在缺点，交流电产生的磁场集中在工件表面，使得近表面缺陷的检测能力降低，对镀层很敏感，厚度超过 0.08 mm 的镀层会严重降低检测灵敏度，因此采用交流电磁化时，一般要求应在电镀工序前进行。

磁化电流需根据相应的磁化规范进行计算。交流电通电磁化的磁化规范见表 7-2。

表 7-2 周向通电磁化规范

检测方法	通电电流计算公式	用途
连续法	$I=（8\sim15）D$	用于标准规范，检测较高磁导率工件的表面开口缺陷
	$I=（15\sim22）D$	用于严格规范，检测较高磁导率工件的夹杂物等非开口性缺陷；用于标准规范，检测较低磁导率工件的开口性缺陷
	$I=（22\sim28）D$	用于严格规范，检测较低磁导率工件的夹杂物等非开口性缺陷
剩磁法	$I=（20\sim32）D$	检测热处理后矫顽力 $H_c\geqslant1$ kA/M、剩磁 $B_r\geqslant0.8$ T 的工件

注：电流计算公式的选择应根据工件材料的磁特性和检测灵敏度的具体要求确定。

公式中 I 为电流，单位为 A；D 为工件的当量直径，单位为 mm；非圆工件的当量直径 $D=$ 周长$/\pi$。

采用中心导体法磁化时，如果中心导体轴线与工件轴线重合或接近重合，同样可以采用表 7-2 的磁化规范。

当中心导体与工件内壁紧贴时也可以采用表 7-2 的磁化规范，但是表中的直径 D 应为中心导体直径加上两倍的工件壁厚。沿工件周长方向的有效磁化长度为中心导体直径的 4 倍，一次无法完全磁化时，应分区磁化，每次应有 10% 的重叠区。

连续法采用纵向线圈法磁化时，计算磁化电流时按工件对线圈填充系数 δ（线圈横截面积与工件横截面积的比值）的不同分为低填充系数（$\delta\geqslant10$）、中填充系数（$2<\delta<10$）、高填充系数（$\delta\leqslant2$）三种情况。低填充系数纵向线圈磁化电流计算采用式（7-2）和式（7-3），当工件贴近线圈内壁时，采用式（7-2），当工件靠近线圈中心时，采用式(7-3)

$$IN = (IN)_l = \frac{K}{L/D} \tag{7-2}$$

$$IN = (IN)_l = \frac{1\ 690R}{6(L/D) - 5} \tag{7-3}$$

式中　I——电流值；

　　　N——线圈匝数；

　　　R——线圈半径；

　　　L——工件长度；

　　　D——工件当量直径；

　　　K——经验系数，交流电磁化 $K = 32\ 000$。

高填充系数纵向线圈磁化，电流计算采用式（7-4）

$$IN = (IN)_h = \frac{35\ 000}{L/D + 2} \tag{7-4}$$

中填充系数纵向线圈磁化，电流计算采用式（7-5）

$$IN = (IN)_h \times \frac{10 - \delta}{8} + (IN)_l \times \frac{\delta - 2}{8} \tag{7-5}$$

式中　δ——线圈填充系数。

式（7-4）和式（7-5）均适用于三相全波整流电，采用交流电磁化时可以作为参考。式（7-2）～式（7-5）中的 L/D 值应在 2～15 范围内，小于 2 时磁化的时候应增加延长块，大于 15 时仍按 15 计算。

当采用剩磁法线圈磁化时，考虑 L/D 的影响，空载线圈的磁场强度应满足表 7-3 的要求。

表 7-3　剩磁法线圈磁化线圈中心磁场强度

L/D	线圈中心磁场强度（kA/m）
2～5	≥28
5～10	≥20
>10	≥12

7.4.2.5 磁悬液类型

液体火箭发动机零部件采用湿法磁粉检测，磁粉以磁悬液的形式施加在工件表面。磁悬液分为两种，一种是黑磁粉混合无味煤油形成的磁悬液，另一种是荧光磁粉混合无味煤油形成的磁悬液。黑磁粉磁悬液，适用于表面较粗糙，检测要求不高的工件，如管材、棒材、板材等原材料检测。荧光磁粉磁悬液，形成的磁痕在黑光灯照射下会发出明亮的荧光，检测灵敏度高，适用于精加工后及检测要求高的工件的磁粉检测。

7.4.3　磁痕显示的识别

磁痕显示分为相关显示、非相关显示和假显示。相关显示即为缺陷的漏磁场产生的磁痕显示。非相关显示也是漏磁场产生的磁痕，但漏磁场并非由缺陷引起，而是由于工件几何形状、工件材质变化和检测工艺不当引起。假显示不是由漏磁场吸附磁粉引起的，这种磁粉聚集往往是由于工件表面过于粗糙或者是表面的沟槽滞留磁粉而形成的。非相关显示和假显示均不影响工件的性能，不影响工件验收，检测时应注意区分这三种缺陷显示。磁粉检测可以发现表面和近表面的裂纹、发纹、非金属夹杂物、白点、锻造折叠、分层等缺陷，不同类型的缺陷有自己独特的磁痕特征，检测时通过分析磁痕特征并结合工件加工工艺可大致判断缺陷的类型。

7.4.3.1　裂纹的磁痕特征

（1）锻造裂纹

锻造裂纹多出现在变形较大的部位，其磁痕形状呈不规则的线状，磁粉聚集浓密，轮廓清晰，重现性好，如图 7-89 所示。该工件由锻造毛坯经机械加工成型，中间加工完孔后由于应力释放，导致孔边产生裂纹。

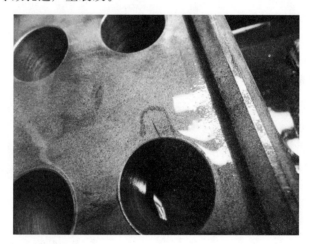

图 7-89　锻造裂纹磁痕显示

（2）焊接裂纹

焊接裂纹是焊缝及热影响区所形成的裂纹，磁痕往往呈线状、树枝状或星形辐射状，磁粉浓密，轮廓清晰，如图 7-90 所示。该焊缝是两个管子的对接焊缝，焊接完成后打磨掉焊缝余高进行磁粉检测，图中两条月牙形磁痕即为焊接裂纹。

（3）淬火裂纹

淬火裂纹是工件在进行淬火处理时形成的裂纹，通常由表面向内扩展。淬火裂纹呈线状、网状或树枝状，随延伸方向逐渐变细，磁粉聚集浓密，磁痕轮廓清晰，抹去磁痕后肉眼可见，如图 7-91 所示。

7.4.3.2　折叠的磁痕特征

工件在轧制和锻造过程中，工件表面氧化皮卷入基体中，在锻造时该部分无法闭合从而形成折叠。折叠无固定的形态，多与表面存在一定角度。折叠的磁痕特征与折叠的深度、夹角、尺寸有关，多呈连续线状，在判定折叠时应根据其所处的位置和锻造工艺进行判断。图 7 - 92 显示的即为轴在锻造过程中出现的折叠的磁痕显示。

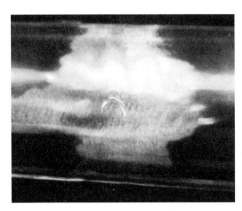
图 7 - 90　焊接裂纹

图 7 - 91　淬火裂纹

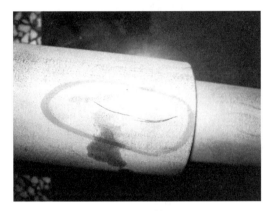
图 7 - 92　折叠

7.4.3.3　分层的磁度特征

钢锭或原材料中的气孔和夹杂在锻造或轧制过程中，被压扁又不能焊合，就形成分层。分层的磁痕呈直线状，磁粉聚集浓密，轮廓清晰。板材中的分层多在板材的端面发现。图 7 - 93 即为 30CrMnSiA 板材中出现的分层缺陷。

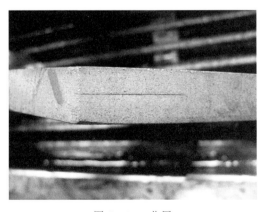
图 7 - 93　分层

7.4.4 典型产品的检测应用

7.4.4.1 产品特点

液体火箭发动机生产过程中需要进行磁粉检测的零部件主要集中在机架上。零件的类型包括板材、管材、锻件、钣金件。这些零件均由 30CrMnSiA 材料制造，该材料不耐腐蚀，遇水容易生锈，在进行磁粉检测前需要进行吹砂处理，去除表面影响检测的氧化皮，在检测时应采用油基磁悬液。机架上进行磁粉检测的零件外形如图 7 - 94 所示，零件的外形和尺寸差异很大，不适合采用半自动的磁粉探伤机进行检测，只能采用固定式多功能磁粉探伤机或电磁轭进行手动检测。

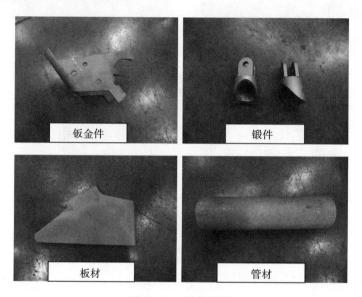

图 7 - 94 零件外形

管材上存在的主要缺陷有裂纹和夹杂，板材上的主要缺陷为裂纹、夹杂和分层，这些缺陷的取向多与金属流线方向一致，夹杂和分层主要在板材的侧面和端面发现。锻件最常见的缺陷为锻造裂纹和折叠。锻造折叠一般都在表面，磁粉检测可以完全检出。钣金件除了有板材的原材料缺陷外，在钣金成型的过程中，应力作用也会导致裂纹产生，这种裂纹均为表面裂纹，容易被磁粉检测发现。

另外进行磁粉检测的零件还有齿轮、轴和弹簧，这些零件进行磁粉检测的主要目的为检测热处理裂纹。如有的齿轮为了增加齿的耐磨性，对齿表面进行渗氮处理后，渗氮层与基体之间容易产生裂纹，渗氮层表面也容易开裂，磁粉检测可以有效地检测出该类缺陷。有的轴表面会采用高频淬火工艺增加表面硬度，该工艺方法很容易在表面产生淬火裂纹，利用磁粉检测方法可以有效地检测出这类淬火裂纹。

7.4.4.2 齿轮的磁粉检测

主动齿轮材料为 38CrMoAl，其加工流程如图 7 - 95 所示。在滚齿后和退锡后分别安排了一次磁粉检测。第一次为检测调质处理和磨削可能产生的裂纹，第二次为检测渗氮处理可能产生的裂纹。

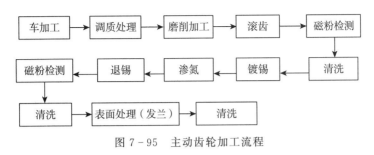

图 7-95　主动齿轮加工流程

主动齿轮两次磁粉检测的方法相同。检测方法选择连续法，磁化方法选择中心导体法和线圈法，磁粉选择黑色磁粉，载液为无味煤油。渗氮层与基体之间的开裂形成的磁痕，如图 7-96 所示。

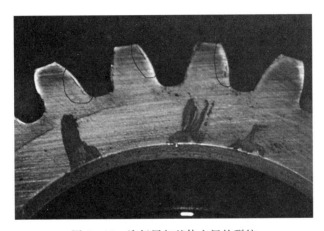

图 7-96　渗氮层与基体之间的裂纹

7.4.4.3　螺栓磁粉检测

螺栓由棒材加工制造而成，表面光滑，其可能存在发纹、裂纹、夹杂等缺陷。检测时采用通电法和线圈法磁化，通电法可检测轴向延伸的发纹和夹杂，线圈法可检测周向延伸的裂纹。磁悬液使用荧光磁粉磁悬液。线圈法磁化时螺纹根部由于结构原因容易产生非相关显示，如图 7-97 所示，在观察时应注意比对螺纹根部磁痕的亮度，根部如存在缺陷，其磁痕亮度会比正常部位磁痕亮度要高。

7.4.4.4　轴的磁粉检测

轴用于传递扭矩，在使用过程中需要高速旋转，其对表面缺陷尤为敏感。轴上存在的缺陷多为锻造裂纹、淬火裂纹、夹杂、折叠等。轴的外形规则，端头光滑，通常采用通电法和线圈法进行磁化，通电法可检测出轴向缺陷，线圈法可检测出周向缺陷。轴通常带有台阶和键槽，如图 7-98 所示。

图 7 - 97　螺栓检测

图 7 - 98　轴的检测

对于直径变化超过30％的轴，在进行通电磁化时应分段进行。键槽处出现的磁痕应注意区分是否是键槽结构导致的非相关显示。线圈法磁化时，如轴的长度超过线圈的一次有效范围，应分段进行磁化。

7.4.4.5　钣金件的磁粉检测

钣金件中分层和夹杂通常出现在板材的端面，裂纹出现在工件变形部位，取向与变形应力方向垂直。在磁化时应保证磁场方向与缺陷的取向垂直，通常采用通电法和线圈法进行磁化，如果由于形状原因，不能直接通电的，可以采用导体法替代。图 7 - 99 所示的零件可采用两端通电，再加一次线圈磁化的方法进行磁化。图 7 - 100 所示的零件由于不能直接通电，可以用导体法替代通电法进行磁化，同样可以检出成型过程中产生的裂纹。

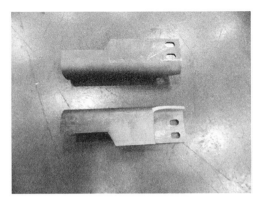

图 7 - 99 钣金件 1

图 7 - 100 钣金件 2

7.4.4.6 弹簧磁粉检测

液体火箭发动机上主要使用的是圆柱螺旋压缩弹簧。这种弹簧在生产过程中产生的缺陷分为两类，一是热处理过程中产生的裂纹，二是原材料存在的夹杂。检测时需要对弹簧的整个表面进行检测，为了便于观察，通常采用剩磁法检测，磁粉采用黑色磁粉，如图 7 - 101 所示。磁化方法采用线圈法和中心导体法，两次磁化之间应进行退磁。

图 7 - 101 弹簧磁粉检测

7.5　渗透检测

7.5.1　技术简介

7.5.1.1　检测原理

渗透检测是一种用于检测非多孔性的金属和非金属材料表面开口缺陷的一种物理、化学无损检测方法。应用毛细作用原理，使含有荧光染料或着色染料的渗透剂渗入到工件表面的开口缺陷中，去除工件表面上多余的渗透剂，进行干燥和显像处理；在黑光或白光下目视观察，即可检测出缺陷的形貌和分布状态。其原理如图 7 - 102 所示。

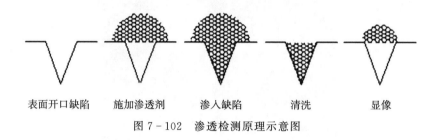

表面开口缺陷　　施加渗透剂　　渗入缺陷　　清洗　　显像

图 7 - 102　渗透检测原理示意图

7.5.1.2　检测特点

（1）渗透检测的优点

1）操作快速、简便、经济；

2）检测结果显示直观；

3）不受材料组织结构和化学成分的限制。

（2）渗透检测的缺点

1）不能有效地检出开口被封闭的缺陷；

2）不能确定缺陷的实际深度；

3）对工件的表面状态要求较高。

7.5.2　检测工艺要素

7.5.2.1　检测流程

渗透检测根据渗透剂所含染料的成分主要可以分为荧光检测和着色检测，两类检测方法的基本流程相同，如图 7 - 103 所示。

零件接收 → 施加渗透剂 → 水洗 → 干燥 → 显像 → 评判 → 后清洗

图 7 - 103　渗透检测流程

7.5.2.2　检测参数

（1）干燥温度及时间

干燥温度不宜过高，采用干燥箱烘干时，干燥箱温度应不超过 70 ℃；干燥时间越短越好，一般不宜超过 10 min。

（2）渗透时间

渗透时间根据渗透剂的温度、种类，工件种类、表面状态，预期检出缺陷的大小和种类等来确定。工件、渗透剂和环境的温度应控制在 10～50 ℃ 范围之间时，渗透时间一般不少于 10 min。

（3）水洗温度及水压

手工喷水洗时，水温应控制在 10～40 ℃ 之间，水压不大于 0.27 MPa，喷枪嘴与工件的间距不小于 300 mm。

（4）显像时间

缺陷显示的荧光强度在 10 min 左右达到最佳点，此后随着时间的增加而下降。因此，显像时间必须严加控制，如干粉显像时，显像时间应不少于 10 min。

7.5.2.3　检测时机

一般将渗透检测工序安排在焊接、热处理、矫形、磨削、机加工等工序后，吹砂、喷丸、抛光、阳极化、涂层和电镀等工序前。检测前，工件的表面污物应清理干净，例如铸件表面的附着物，机加件表面上的切削液等。

检测应尽量安排在零、部件最终状态下进行，对既进行射线照相检测又进行渗透检测的工件，一般将渗透检测安排在射线照相检测工序后。

7.5.2.4　检测设备

（1）固定式装置

固定式装置主要承担大批量工件的荧光检测任务，一般采用流水线设备，主要由脱脂浸渍清洗工位、渗透工位、乳化工位、预/终清洗工位、干燥工位、显像工位、暗室评判间等组成，如图 7-104 所示。

图 7-104　荧光检测线

（2）便携式装置

便携式装置主要由着色喷罐、纱布、有机溶剂等组成，主要承担生产现场、工件局部的着色检测任务。

7.5.2.5　检测器材

（1）检测照明装置

检测照明装置主要由黑光灯、白光灯组成，黑光灯是荧光检测必备的照明设备，白光灯为检测人员目视检查提供基本的照明。

（2）检测试块

检测试块是用于衡量渗透检测系统灵敏度的器材，常用的是不锈钢镀铬裂纹试块，如图 7 - 105 所示。

图 7 - 105　不锈钢镀铬裂纹试块

（3）辅助器材

检测辅助器材包括黑光辐射照度计、白光照度计、荧光亮度计，主要用于校验检测系统的可靠性。

7.5.2.6　检测灵敏度

相对于其他无损检测方法，渗透检测对于检测表面开口的微裂纹具有很高的灵敏度。一般对于液体火箭发动机零、部、组件来说，着色检测可以清晰显示出宽度约为 2 μm，深度为 30～50 μm 的裂纹；荧光检测可以检出宽度为 1 μm，深度为 10～20 μm 的裂纹。

选择合适的灵敏度非常重要，并不是在任何情况下都要选择最高的灵敏度。对于一些表面粗糙或特殊结构的工件，选择灵敏度过高的渗透剂，会造成清洗困难，显像背景不良，导致评判困难甚至误判。

7.5.3　渗透显示的识别

渗透缺陷显示主要呈现为线状显示或圆形显示。

7.5.3.1　线状显示的识别

一般裂纹、折叠、冷隔引起的显示都是线状显示，根据这类缺陷露出表面的多少而呈连续状或断续状。但还有一些其他的原因也可能引起线状显示，比如金属流线、表面划伤、氧化皮等。这类显示一般在目视检查下就可以发现，所以不应等同于缺陷来看待。

（1）裂纹

裂纹的渗透显示往往呈连续或断续锯齿状线条，根据裂纹深度的不同，其渗透显示粗细不一。焊接裂纹一般呈曲折的波浪状线条，中间稍宽、两端较细，如图 7 - 106 所示的焊缝热影响区产生的裂纹。大部分铸造裂纹的深度较焊接裂纹深，故铸造裂纹显示较宽，随着显像时间的延长可能呈现圆形显示，如图 7 - 107 所示的铸件筋下圆弧部突变区域产生的裂纹。

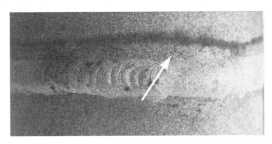

图 7 - 106　焊缝热影响区裂纹

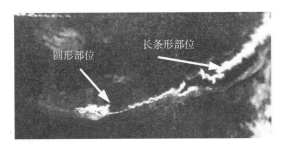

图 7 - 107　铸造裂纹

（2）折叠

折叠形似裂纹，其渗透显示一般为连续的细线条，多发生在锻件的转接部位。但部分锻件的折叠在后续的锤锻作用下局部闭合，故也可能呈现断续的线状，如图 7 - 108 所示。

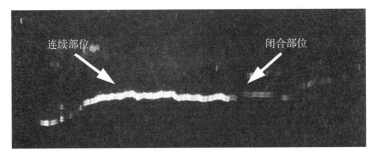

图 7 - 108　锻件折叠

（3）冷隔

冷隔呈轮廓平滑的窄线条，不会呈锯齿状。

7.5.3.2　圆形显示的识别

铸件表面气孔、疏松及焊接表面的夹杂、气孔等缺陷一般都呈圆形显示。

（1）气孔

气孔的渗透显示一般为圆形、椭圆形、长条形，例如图7-109为泵壳体铸件内表面气孔的荧光显示。

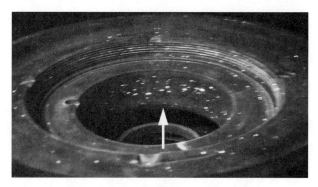

图7-109　泵壳体铸件表面气孔

（2）疏松

渗透检测很容易发现表面露出的疏松，大多数疏松呈密集状分布，这类缺陷大多存在于工件内部，经机加工后露出表面，铸件经机加后露出的表面疏松，如图7-110所示。

图7-110　机加后表面露出的疏松

7.5.4　产品的检测应用

7.5.4.1　铸件检测

（1）检测特点

液体火箭发动机涡轮泵壳体、离心轮等重要铸件均需要进行荧光检测。铸件表面粗糙、内蜗道多等特点对渗透剂的施加、清洗和后期评判造成很大困难。

（2）铸件检测

发动机的大多数铸件型腔复杂，如出口管，其内腔结构有两圈共计 40 个叶片且叶片厚度不均，为避免造成多余物残留，一般选用易溶于水的渗透剂。

在满足设计要求的情况下尽可能选用低灵敏度渗透剂。例如泵壳体机加工后选用高灵敏度的渗透剂进行检测，导致内表面出现成片的不规则显示。由于渗透扩散的缘故，显示连成一片，给评判造成了极大的困难。

在施加渗透剂过程中可适当地增加滴落时间，减少渗透材料的损耗。清洗过程中应特别注意内蜗道、螺纹孔等不容易清洗干净的部位，避免造成虚假显示。

在暗室中评判时，检测人员至少适应 5 min 暗室环境方可开始评判。对于内蜗道部位，应通过不同的角度进行观察；对不确定的显示，在白光或十倍放大镜下进行确定。大多数铸造缺陷采取少量的打磨即可去除。

7.5.4.2　锻件检测

（1）检测特点

原材料经锻造加工变形后，使锻件晶粒细化，导致原材料缺陷的形态发生变化。例如夹杂、气孔等体积型的缺陷会变得细长、紧密，可能会变成发纹等面积型缺陷，对渗透检测灵敏度提出很高的要求。

（2）锻件检测

与铸件相比，锻件表面较为光洁，只需用沾有酒精、丙酮、汽油等溶剂的纱布对表面污物进行擦洗。对表面光洁度要求较高的工件，操作过程中应避免划伤。

由于典型锻件的缺陷都较为紧密，故应选用较高灵敏度的渗透剂，渗透时间也相应增加。为提高检测效率，可采用专用工装进行批量检测，如采用工件框进行小尺寸工件的批量检测，如图 7-111 所示；采用挂钩和吊具对可悬挂工件进行批量检测，如图 7-112 所示。

图 7-111　检测工件框　　　　　　　　图 7-112　检测挂钩

7.5.4.3 焊件检测

（1）检测特点

焊件的渗透检测主要针对焊缝部位进行，焊缝一般处于工件结合、形状突变部位且表面状态复杂，对渗透材料的施加、工件的防护与缺陷的评判提出了较高的要求。

（2）典型焊缝检测

焊缝检测常用着色检测法，施加渗透剂采用喷涂或刷涂，对焊缝表面反复施加 3～4 次，应对非检测部位进行必要的保护；对非检测部位不宜保护的工件，尽量采用刷涂；对于怀疑有缺陷的部位，渗透时间应增加。在渗透过程中还可以采用一些措施，如敲击、震动等，使缺陷中的空气尽量排出，利于渗透剂的充分渗入。

一般着色检测会在不同的环境下进行，在冬季检测时，检测人员首先要确认环境温度。如果温度过低，可将渗透剂喷罐放入 50 ℃ 左右的热水中，使罐内温度提高后再使用，也可使用吹风机对检测部位进行局部加热。同样，在夏季检测时，为保持渗透剂的湿润，防止其干涸，要注意观察，根据情况多次喷涂渗透剂，使渗透剂在焊缝上始终保持湿润。

焊缝表面去除渗透剂时，先用干净的纱布擦去表面多余的渗透剂，然后再用沾有溶剂的纱布沿一个方向擦拭。干燥可采用自然风干或压缩空气吹干，在无压缩空气的环境中，也可携带吹风机代替压缩空气。

7.6 泄漏检测

7.6.1 技术简介

7.6.1.1 检测原理

泄漏检测是在密闭容器内外存在压力差时，介质从泄漏处渗入或渗出，通过目视观察或仪器检测确定容器或系统密封性的无损检测方法。

7.6.1.2 检测特点

（1）泄漏检测的优点

1）可对容器进行整体或局部密封性检测；

2）可对泄漏部位进行定位和定量检测。

（2）泄漏检测的缺点

1）只能检测是否泄漏，无法对泄漏进行定性；

2）压力检漏需要特定的装甲室或防爆间。

7.6.2 检测工艺要素

7.6.2.1 检测方法

航天液体火箭发动机产品泄漏检测从检测精度上可以分为粗检和细检两种，粗检主要用于较大漏孔的泄漏检测，适用于产品生产过程中的密封性能定性分析，常用压降法、气泡法、排水取气法等。细检主要用于微小漏孔的测量和定位，适用于产品密封性能的定量检测，常用的是氦质谱检漏方法。

（1）压降法

压降法是在被检件内充入一定压力的氮气或压缩空气，隔断气源，静置一段时间后，通过对被检件内的气体压力的变化量进行泄漏检查，并可按式（7-6）估算出被检件在此压力下的总漏率。适用于检漏灵敏度要求不高、静置时间足够长、环境温度不变，且已知内腔容积的产品泄漏检测

$$Q = V \frac{P_1 - P_2 \dfrac{T_1}{T_2}}{\Delta t} \qquad (7-6)$$

式中　V——被检件的内腔和充压系统隔离阀与被检件管路的总体积（m^3）；

P_1——检漏开始时，被检件内所充气体的绝对压力值（Pa）；

P_2——检漏结束时，被检件内所充气体的绝对压力值（Pa）；

T_1——检漏开始时，被检件内所充气体的热力学温度（K）；

T_2——检漏结束时，被检件内所充气体的热力学温度（K）；

Δt——静置时间（s）。

（2）气泡法

当漏孔两侧存在压差时，示漏气体通过漏孔从高压侧向低压侧流动。如果在低压侧有显示介质（如水、中性肥皂液、氟油或酒精等），漏孔处将形成气泡，从而显示出漏孔的位置并估算出漏率的大小。

气泡检漏法可分为浸没法、皂泡法。浸没法适用于最大外形尺寸能允许浸没在试验容器中的被检件；皂泡法适用于任何能在漏孔两侧产生压力差的被检件。气泡检漏法具有操作简单、检测速度快和成本低等优点。浸没法检漏中，漏孔的漏率可按公式（7-7）估算

$$Q = \frac{1}{6} \pi d^3 n P_0 \left(\frac{P_0^2}{P_1^2 - P_0^2} \right) \qquad (7-7)$$

式中　d——气泡直径；

n——气泡的形成速率（1/s）；

P_0——环境大气压（Pa）；

P_1——被检工件充入示漏气体的绝对压力（Pa）。

（3）排水取气法

在被检件内充入一定压力的示漏气体，将泄漏的示漏气体用软管收集，并通入盛有水、有刻度、倒置于水槽中的量筒内，通过气体与量筒中水的置换，判定漏率，漏率计算公式为

$$Q = \frac{P(V_2 - V_1)}{\Delta t} \qquad (7-8)$$

式中　P——环境大气压（Pa）；

V_1——检漏开始时量筒内气体体积（m^3）；

V_2——检漏结束时量筒内气体体积（m^3）；

Δt——检漏时间（s）。

（4）氦质谱检漏法

检测时，氦气通过漏孔进入检漏仪，根据检漏仪输出指示的变化，检测出漏孔的位置和计算漏率。氦质谱检漏常用方法为喷吹法、直测法、包封积累法和真空室法。其方法的选用应根据被检工件的结构、工作状态及检测灵敏度的要求确定。

① 喷吹法

被检工件内腔采用氦质谱检漏仪（或辅助机械泵）抽真空，当内部真空度达到一定要求，检漏仪质谱室与真空内腔连通，采用喷枪对工件外表面检漏部位进行喷氦。当检漏部位存在漏孔，氦气将沿漏孔进入检漏仪，从而检测出泄漏量。此方法可对泄漏定量、定位，检测灵敏度可达 10^{-11} $Pa \cdot m^3/s$。喷吹法一般用于发动机推力室钎焊、扩散焊产品焊前的泄漏检测。

② 直测法

被检工件内部充入规定压力、浓度的氦气，用吸枪在大气环境下从检漏部位获取氦气，在检漏仪上输出检漏数据，通过与正压漏孔的比对可粗略计算出工件漏率。此方法可对泄漏粗略定量、定位，检测漏率范围为（$10^{-5} \sim 10^{-7}$）$Pa \cdot m^3/s$。吸枪法一般用于由于结构限制，无法采用其他氦质谱检漏方法的产品检漏，或漏率指标要求不高的产品检漏。

③ 包封积累法

被检件检漏部位采用包封材料进行包封，并向被检件充入规定压力、浓度的氦气，积累一定的时间后，用吸枪插入包封空腔内获取氦气，在检漏仪上输出检漏数据。通过与正压漏孔相同条件下的积累比对，可计算出被检部位总泄漏量。检测灵敏度可达 $10^{-8} Pa \cdot m^3/s$。一般用于发动机燃料路、氧化剂路及气路各种接口的检漏。

7.6.2.2　检测方法标准

发动机泄漏检测常用的方法标准为：QJ3123《氦质谱真空检漏方法》、QJ3182《液体火箭发动机总体检漏方法》、QJ3089《氦质谱正压检漏方法》、QJ2862《压力容器焊缝氦质谱吸枪罩盒检漏试验方法》。

7.6.2.3　检测时机

泄漏检测工序应安排在焊接、补焊、机加工、装配、环境试验等工序之后进行。如采用正压检漏，应在液压强度试验后进行，以保证人员安全。

7.6.2.4　检测工艺参数

对于某一密封结构来说，当漏孔几何尺寸一定时，影响其漏率大小的因素主要有检漏压力、检漏时间、示漏气体种类。

（1）检漏压力

漏孔两端压差越大，其漏率也越大。一般在分子流状态下，漏孔的漏率与漏孔两端的压差成正比；在粘滞流状态下，漏孔的漏率与漏孔两端的压力的平方差成正比。

（2）检漏时间

检漏时间影响泄漏检测的灵敏度。如气泡法观察时间越长，则检测灵敏度越高。同样，氦质谱检漏中，包封积累法积累时间越长则检测灵敏度越高，但检漏时间的增加将导致检测效率下降。因此，在实际应用中，检漏时间的选择应采用试验验证的方法，满足设计的技术指标即可。

（3）示漏气体

采用不同种类的示漏气体（如氦气、氮气、空气等）对同一漏孔进行检漏，其漏率会不同。分子量越小的气体，其检漏灵敏度越高。在实际应用中，一般采用分子量小的示漏气体或与产品工作介质相同、相近的示漏气体。

7.6.3　典型产品的检测应用

7.6.3.1　导管浸没法检漏

发动机所用导管生产完毕后，在将其于发动机系统之前，需对其焊缝处进行泄漏检测，主要采用浸没检漏法。检漏时，示漏气体选用压缩空气或氮气，显示液体选用纯净水或去离子水。现场工作中一般观察时间为 3 min 左右，不允许有气泡冒出。图 7-113 所示为导管在水中进行浸没法检漏的示意图。

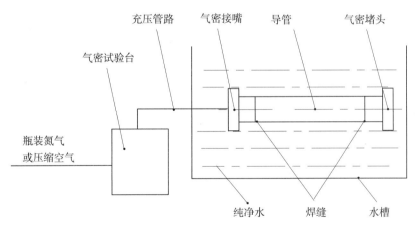

图 7-113　导管在水中进行浸没法检漏示意图

7.6.3.2　发动机组件皂泡检漏法

对于发动机而言，发动机组件之间相互连接密封的部位浸入水中进行检漏是不可行的，因为整机上的许多组件是要求禁水的，在系统不要求定量检漏的情况下，通常采用气泡检漏法中的皂泡法进行泄漏检测。即通过配气系统向发动机系统内充入规定压力的气体，在各个连接部位涂刷肥皂液，观察有无气泡产生。

皂泡法检漏注意事项：

1）要先向系统内充入一定压力值的气体，稳压一段时间，再进行涂肥皂液法检漏。对于高压系统检漏，出于安全考虑，充气完成后，稳压的时间尽可能长一些，通常要求大于 30 min。

2）肥皂液是由中性肥皂（即其游离碱含量小于 0.05%）与蒸馏水充分搅拌后配制而成的，配制肥皂液时，要求所配制的肥皂液应浓稠，不宜太稀。在涂刷肥皂液时，要让肥皂液慢慢流到被检部位，防止肥皂液自身产生气泡而造成误判。

3）进行皂泡法检漏时，实际操作中要求观察时间不少于 30 s，不允许有气泡产生。必要时，可适当延长观察时间。

7.6.3.3　发动机导管接头氦质谱检漏

发动机管路接头的检漏，一般采用氦质谱包封积累法，导管接头处氦质谱检漏示意图如图 7-114 所示。

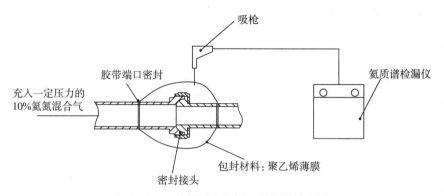

图 7-114　导管接头处氦质谱检漏示意图

对被检部位用聚乙烯薄膜进行包封，产品充入一定压力的 10% 氦氮混合气体后，积累一定时间，用氦质谱检漏仪的吸枪穿过聚乙烯薄膜进行检测，记录仪器的净输出值 ΔI。充入相同浓度气体的比对漏孔积累相同的时间后用检漏仪测出比对漏孔的净输出值 ΔI_0。按式（7-9）进行计算

$$Q = Q_0 \cdot \frac{\Delta I}{\Delta I_0} \qquad\qquad (7-9)$$

式中　Q——被检部位实际漏率（$Pa \cdot m^3/s$）；

Q_0——比对正压漏孔漏率（$Pa \cdot m^3/s$）；

ΔI——被检部位包封体积内的检漏仪净输出值；

ΔI_0——正压比对标准漏孔的检漏仪净输出值。

氦质谱包封积累法注意事项：

1）在对系统进行充氦气之前，应先测出环境本地值 I_0。

2）检漏工作场地不得有较大的空气流动，不得有氦气污染。当检漏场地的氦气污染源为发动机组件本身或气密试验台时，应排除污染源，以免影响检漏结果。

3）对于检漏不合格处，应先泄掉检漏系统的压力，拆除包封材料，返修后重新包封、检漏。

7.6.3.4　发动机推力室身部氦质谱检漏

发动机推力室身部夹层结构采用真空钎焊焊接方式，在焊接过程中产品不允许泄漏，需保持一定的真空度，以确保最终产品的钎焊质量。因此，推力室身部在焊前需进行氦质谱真空喷吹法检漏。图 7-115 所示为推力室身部氦质谱检漏示意图。

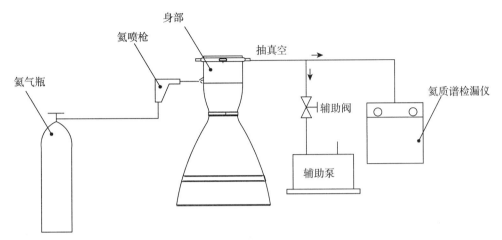

图 7-115　推力室身部氦质谱检漏示意图

由于推力室身部内腔容积较大，为提高检测效率，采用辅助泵进行预抽真空。当工件内部达到检漏仪所需真空度时，关闭辅助阀，用喷枪从身部的最上部焊缝开始逐条向下进行喷氦扫描，当焊缝存在漏孔时，氦气将沿漏孔进入检漏仪，从而检出泄漏部位和泄漏量。

氦质谱真空喷吹法注意事项：

1）由于辅助泵的分流作用，影响检漏灵敏度，因此，检漏时必须关闭辅助阀。

2）为消除残余氦信号对检漏的影响，应待氦信号完全消失后再进行检漏。

3）由于喷枪喷氦具有一定的面积范围，难以对焊缝的泄漏点进行精确定位，影响后续的补焊工作。可采用胶带对可疑部位进行粘贴覆盖，然后逐步揭去胶带喷氦扫描，即可对泄漏点精确定位。

7.7　内窥镜检测

7.7.1　技术简介

7.7.1.1　检测原理

内窥镜检测是通过导像光纤（或电缆、光学透镜）将观察区域的图像传递回目镜（或主机显示屏），以实现对物体内表面或内腔的观察。内窥镜由照明系统、成像系统和操作系统等几部分组成。

7.7.1.2　检测特点

（1）内窥镜检测的优点

1）可对无法直接观察的产品内表面及内腔进行检查；

2）采用视频内窥镜或通过转接摄像头，可对内窥镜图像拍照、摄像、存储；

3）采用特殊内窥镜头，可对图像尺寸进行测量。

（2）内窥镜检测的缺点

存在图像放大或图像畸变，图像识别需要一定的经验。

7.7.2　检测工艺要素

7.7.2.1　检测设备

工业内窥镜按图像传导方式的不同可分为光学直杆镜（光学透镜）、光纤内窥镜（光纤全反射）和视频内窥镜（CCD 或 CMOS 成像）三种，其工作原理和内部结构都有较大的差别。

（1）光学直杆镜

光学直杆镜由装在不锈钢管内的光导纤维和自聚焦透镜及观察目镜组成，也称硬杆镜。插入管部分管径一般在 1.7～10 mm，工作长度为 20～200 mm，放大倍数通常为 3～4 倍。光学内窥镜具有光照度好、清晰度高等优点，但由于结构原因，只能用来观察没有弯曲的产品内腔，且焦距范围短，成像范围小。

（2）光纤内窥镜

光纤内窥镜是利用光线在光密介质和光疏介质内传播时，由于光的折射率不同，光线在两种介质的界面发生全反射，依靠连续不断的全反射，光线即可到达光纤另一端的目镜，从而达到检测的目的。光纤内窥镜由极细的光学玻璃制成的光导纤维束、物镜、目镜和机械操作部分组成。光纤内窥镜内部结构如图 7-116 所示。

光纤内窥镜具有探头直径小、长度大、可弯曲、检测范围广等优点，但由于组成光纤束的光纤之间存在不能传递图像的"蜂房"，导致内窥镜图像上存在网格，影响图像的清晰度，另外，极细的光纤经长时间或反复的使用后，会产生不同程度的折损，图像上形成黑点或白点，也影响图像的观察效果。

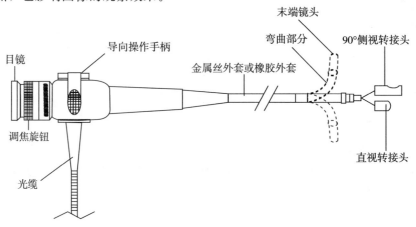

图 7-116　光纤内窥镜内部结构图

（3）视频内窥镜

视频内窥镜采用 CCD 或 CMOS 感光元件成像，将镜头图像传到 CCD 或 CMOS 感光元件后变成电信号，经电缆导入内窥镜主机图像处理器，最终在显示屏幕上直接观察。其特点是图像清晰度高、观察方便、适用范围广、图像存储处理方便。

视频内窥镜按功能和体积、重量的不同，可简单分为移动式和便携式两种，分别如图 7 - 117 和图 7 - 118 所示。

图 7 - 117　移动式视频内窥镜

图 7 - 118　便携式视频内窥镜

综上所述，应根据产品结构、检测部位、检测要求及不同类型的内窥镜特点，选用相应的内窥镜。

7.7.2.2 检测条件

在进行内窥镜检测时应注意以下几方面要求：

1）被检产品内部通道应保持清洁、畅通。

2）被检产品检测部位应无锐边、影响内窥镜观察的锈蚀、油污等。

3）被检产品内腔工作介质应满足内窥镜使用要求，对内窥镜无腐蚀、无损伤。

4）被检产品内腔弯曲半径不应小于内窥镜最小允许弯曲半径。

5）内窥镜可检测的介质，除严格按照仪器说明书要求外，还应进行相应的相容性试验，确认对内窥镜无腐蚀、损伤外，才可进行检查。

6）为防止内窥镜检测过程中带来多余物，在检测前、后都要对所用内窥镜的状态、附件进行检查、确认，并填写检查记录。

7.7.2.3 检测时机

内窥镜检测应根据产品检测需求，合理选择检测时机。例如，阀门毛刺的检查应在机械加工完成后进行，涡轮泵、推力室及发动机装配多余物的检测应在产品装配过程中进行。

7.7.2.4 工艺要素

（1）内窥镜直径的选择

1）内窥镜直径应小于被检产品内径或内腔最小通道直径 2 mm 以上。

2）优先选择直径较大的内窥镜探头。

（2）内窥镜类型的选择

1）在保证质量及不损伤内窥镜的前提下，一般内窥镜选用顺序为视频内窥镜、光学直杆内窥镜、光纤内窥镜。

2）一般工件的检测应首选直视、大视野角度镜头的内窥镜，但当所要观察的部位与直视方向大于 30°时，应选用如图 7-119 所示适于观察不同视向、视角的内窥镜头，尽量使内窥镜探头主视向垂直检查部位表面，且所观察的距离应与内窥镜的景深相适应。

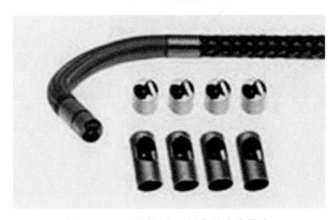

图 7-119 不同视向、视角的内窥镜头

　　3）当被检产品检测部位深度较浅（≤100 mm）、直径较小且没有弯曲角度时，可优先选用光学直杆镜。

　　4）检测过程中需要接触丙酮等有机溶剂或被检产品有较锋利的锐边，应优先选用探头外套为金属材质的内窥镜。

　　（3）内窥镜光源的选择

　　1）内窥镜常用照明光源有卤素灯、金属弧光灯、LED 灯等，应优先选用 LED 灯、金属弧光灯。

　　2）视频内窥镜使用时，一般情况下，光源照度应置于自动挡；其他类型内窥镜光源强度应视被检工件表面状况调节，以表面反射光不影响内窥镜图像观察、判断为准。如发现无法判定的影像，应适当减弱或增强光源亮度以适应影像的观察。

7.7.3　内窥镜图像的识别

　　内窥镜检查虽然是目力观察的延伸，但由于光照角度、观看视角、镜头焦距、图像的放大、畸变等因素影响，内窥镜图像与肉眼直接看到的图像会存在一定的差别，图像识别的准确性与内窥镜工艺参数的选择、检测人员的操作和缺陷图像的识别能力有关。对检测人员进行内窥镜技能培训、提高缺陷图像识别的准确性，选择合理的检测参数都是提高检测结果可靠性的途径。另外，对批次性的、有质疑的或首次遇到的缺陷，可采用射线照相检测、剖切、金相检查等其他检测方法进行辅助识别，并将其制成缺陷样件，供检测人员反复观察、总结缺陷的图像特点，也是提高缺陷图像识别准确性的有效方法。

　　一般情况下，可按照以下图像特征来判别缺陷。

　　（1）裂纹

　　当内窥镜光束照射到被检物表面时，观察到黑色或亮色不规则条纹，且在一定放大倍数下，所观察到的条纹有不规则的边缘时，判定为裂纹。

　　（2）起皮

　　当内窥镜光束平行照射到被检物表面时，观察到表面有凸起部分且其背后有阴影，同时凸起部分与被检物周围表面有明显的分界线时，判定为起皮。

　　（3）拉线和划痕

　　当内窥镜光束照射到被检物表面时，观察到有规则的连续白色长线，应判定为拉线；若有连续或断续的长、短线，且在改变光束照射角度时，此线与其周围被检物颜色一致，则判定为划痕。

　　（4）凹坑、凸起

　　当内窥镜光束以一定角度照射时，与周围被检物边界连续，无分界线，且离光源近的部位为阴影，远的部位为亮影，应判定为凹坑。当内窥镜光束照射下，凸起部分为白色亮点，且背后有阴影，判定为凸起。

　　（5）斑点

　　当内窥镜光束照射到被检物表面时，观察到色泽不同的无凹陷或凸起的块状或点状表面时，判定为斑点。

（6）未焊透

当内窥镜光束照射到被检物表面时，观察到熔化金属与母材、焊缝层间有明显的分界线，判定为未焊透。

（7）腐蚀、锈蚀

在内窥镜光束直接照射下，观察到块状、点状白色不光滑表面，并在一定放大倍数下呈现轻微凹、凸不平时，应判定为腐蚀；当在内窥镜光束照射下，观察到形状不规则的块状、点状红色或棕红色不光滑表面时，判定为锈蚀。

（8）焊漏

在内窥镜光束直接照射下，观察到焊缝表面呈现超出焊缝余高，并与熔化金属相连、无分界线且不规则的凸起滴漏，及在起弧和收弧处有堆集现象时，判定为焊漏。

（9）折迭

在内窥镜光束照射下，观察到黑色或亮色不规则连续或断续条纹，在一定的放大倍数下，所观察到的条纹有不规则的边缘，且其一边有轻微翘起时，判定为折迭。

7.7.4 典型产品的检测应用

多余物是航天产品失效的主要模式之一。发动机产品零、部件种类多、结构复杂，加工工序繁多，多余物的控制环节多，除了在产品加工、试验等环节加强管理措施外，严格的多余物检查要求是必不可少的。但对多数结构复杂的产品内腔，仅依靠操作和检验人员的目视检查是无能为力的，需要借助内窥镜才能完成。因此，内窥镜检测是产品内表面质量、内腔结构及多余物检查的重要手段。

7.7.4.1 产品的结构特点

发动机型腔多、管路多且走向复杂，主要部、组件（如涡轮泵系统）处于高温、高压、高速旋转的工作环境，推力室、阀门、喷注器上有多种小孔径的燃料喷注孔、相交孔，因此，毛刺等各种多余物都会对零、部、组件的正常工作带来严重影响甚至使其失效。

7.7.4.2 典型产品的检测

（1）R、Y泵壳体内腔检测

涡轮泵R、Y壳体采用铝合金铸造工艺制造而成，壳体内腔特别是蜗道的表面质量、铸造缺陷和加工缺陷会直接影响壳体的强度和涡轮泵的液流试验性能。R、Y泵壳体结构如图7-120所示。冷隔是R、Y泵壳体铸造过程中经常出现的一种缺陷，出现的位置一般位于壳体的蜗道内，由于R、Y泵壳体内腔结构复杂，蜗道内的缺陷无法直接观察或采用其他方法检查，内窥镜就成为检测此类缺陷的最为有效的方法。Y泵壳体冷隔缺陷内窥镜图如图7-121所示。

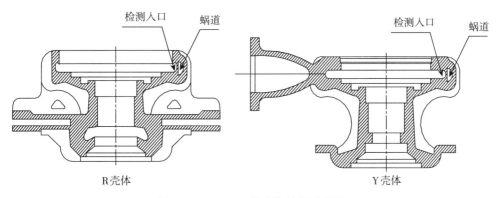

图 7-120 R、Y 泵壳体结构示意图

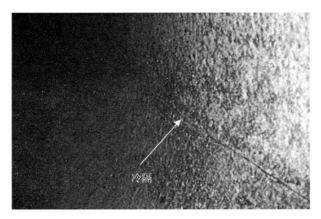

图 7-121 Y 泵壳体蜗道冷隔缺陷

（2）导管内表面及内腔检测

发动机的主要特点之一就是管路多，各种规格的导管起着传送工作介质的重要作用，因此，导管需要进行两次内窥镜检测，即在直管状态下的内表面质量检测和装配前弯管状态下的多余物检测。由于发动机导管空间走向复杂，如图 7-122 所示，弯管状态下的检测需采用小直径内窥镜完成。图 7-123 为导管内表面凸起的内窥镜图。

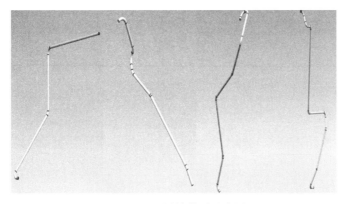

图 7-122 导管外形示意图

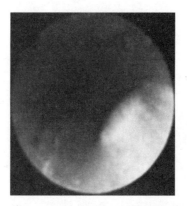

图 7 - 123　导管内表面凸起

7.8　其他无损检测技术

除上述无损检测技术外，在液体火箭发动机研制、生产过程中，还逐步应用了声发射检测、CT 检测、涡流检测、激光全息检测和应力测定等无损检测技术。

7.8.1　声发射检测

7.8.1.1　技术简介

声发射是一种材料局部因能量的快速释放而发出瞬态弹性波的现象，利用这种物理现象，可以对材料或结构的内部质量进行综合检测和评估，即声发射源发出的弹性波，经介质传播到达被检件表面，引起表面的机械振动，耦合于被检件表面的传感器将表面的瞬态位移转换成电信号（逆压电效应），再经信号放大、处理后，经对波形和特性参数数据的分析和解释，评定出声发射源的特性。声发射检测原理如图 7 - 124 所示。

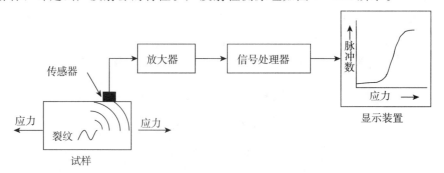

图 7 - 124　声发射检测基本原理图

与其他检测技术相比，声发射检测具有以下特点。

（1）声发射检测的优点

1）可检测动态缺陷，可长期、远程监测；

2）可对大区域或大型构件进行快速检测；

3）对构件的几何形状限制少；

4）可用于难以长期接近的产品检测；

5）可提供缺陷随载荷、温度、时间等变化的实时或连续信息。

（2）声发射检测的缺点

1）声发射特性对材料敏感，易受机电噪声干扰；

2）需要加载条件，且只有一次或两次加载检测机会；

3）难以对缺陷进行准确的定性、定量。

7.8.1.2 产品检测应用

由于声发射检测可以对产品或构件进行整体检测，发现其他检测方法难以检测的缺陷，如通过对产品材料中的成分偏析、裂纹等缺陷在载荷下产生的声发射信号的采集和分析，评价产品在动态条件下的整体稳定性，因此，在液体火箭发动机气瓶、储箱等容器壳体的检测中，发挥着不可替代的作用。

气瓶壳体声发射检测系统连接如图 7－125 所示。其声发射检测工序安排在加工、制造之后，表面喷漆之前，与壳体的强度试验同时进行。需要注意的是，在进行声发射检测前，不应有超过声发射试验压力的强度载荷试验。

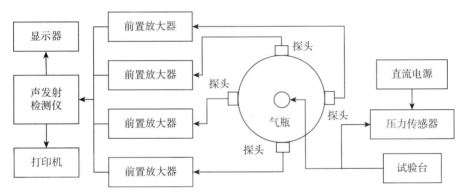

图 7－125 气瓶壳体声发射检测系统连接图

对壳体等产品在声发射检测过程中采集的波形-时间、幅度-时间、振铃计数率-时间、ASL（平均信号电平）-时间、载荷-时间等历程图及定位图进行综合分析，并按相关的声发射检测标准对壳体进行评级分类。

7.8.2 射线层析检测技术

7.8.2.1 技术简介

射线层析检测（简称 CT）技术的基本原理是利用射线从不同方向穿透被检测物体，并由探测器接收透射射线的投影信号，采用特定的数学重建计算方法，计算出射线穿透路径上每个点的线衰减系数，再将不同的线衰减系数用不同的灰度值表示出来，即可得到一幅 CT 断层图像。

（1）CT 检测技术的优点

1）不存在空间信息叠加。射线照相是将三维物体变为二维图像，如图 7 - 126 所示，而 CT 检测技术是将物体的二维扫描断层变为二维的 CT 图像，如图 7 - 127 所示。因此可以清晰地观察到缺陷的空间分布与几何形状，准确地对缺陷性质做出判断。

2）具有更高的密度分辨率和探测动态范围。

3）CT 图像是数字化结果，便于存储、备份与处理，也能够直接从中获取像素尺寸、细节特征的尺寸与密度等信息。

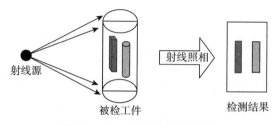

图 7 - 126　射线照相示意图

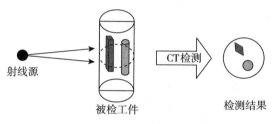

图 7 - 127　CT 检测示意图

（2）CT 检测技术的缺点

1）检测效率低。CT 检测需要采集极大的数据量，因此数据采集过程与图像重建过程都需要较长的时间。一般获得一张 CT 图像，可能需要数分钟至数十分钟的时间。

2）检测成本高。CT 检测系统价格昂贵，检测工房的建设费用高，系统寿命周期成本及维修成本高。

7.8.2.2　产品检测应用

基于其不受材料与结构限制的优势，针对液体火箭发动机，主要应用 CT 检测技术的缺陷检测、结构分析与尺寸测量三方面功能。

（1）缺陷检测

CT 检测技术多应用于电子束焊缝与铸件的无损检测。采用电子束焊接工艺的产品多为阀门类的精密工件。图 7 - 128 为阀门的电子束焊缝的 CT 图像，从图中可以观察到电子束焊缝内部存在 2 处气孔，且气孔在熔深方向上的深度一致。图 7 - 129 是壳体的电子束焊缝的 CT 图像，从图中可以看出，焊缝内部同时存在单个气孔与密集气孔。

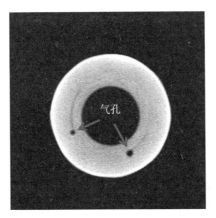

图 7 - 128　阀门电子束焊缝的气孔

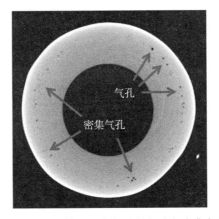

图 7 - 129　壳体电子束焊缝的气孔与密集气孔

　　针对铸件，CT 检测技术常应用于射线照相的盲区检测和缺陷的精确定位。图 7 - 130 是锥形导流栅的 CT 图像，图像清晰反映出其内部的裂纹。图 7 - 131 是框架的局部 CT 图像，从中可以观察到该部位存在疏松。图 7 - 132 是叶轮的局部底片影像，以顶部圆形标记中的气孔为例，从底片中虽能观察到气孔的存在，但无法判断气孔的精确位置。对该位置进行 CT 扫描，得到如图 7 - 133 所示的 CT 图像。通过 CT 图像能够精确获得该气孔的深度位置，同时还能观察到两处射线照相检测未检出的微小气孔。

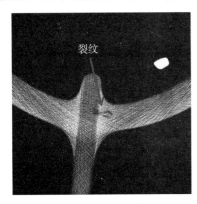

图 7 - 130　锥形导流栅的裂纹

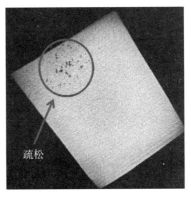

图 7 - 131　框架的疏松

图 7 - 132　叶轮局部底片

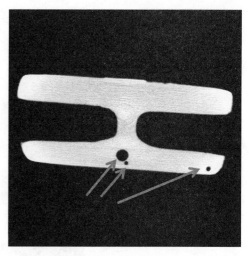

图 7 - 133　标记处的气孔

（2）结构分析

CT 检测技术的结构分析功能主要应用于钎焊通道检查及碳纤维缠绕结构的质量检查。

在钎焊结构中，可能出现通道堵塞或镀层脱离等缺陷。利用 CT 检测技术，能够准确判断缺陷的性质和严重程度。图 7 - 134 和图 7 - 135 均为铣槽钎焊通道的局部 CT 图像，从图 7 - 134 中可以看出部分通道存在钎料堆积，部分通道已完全堵塞；从图 7 - 135 中可以观察到外壁的内表面发生镀层脱离。

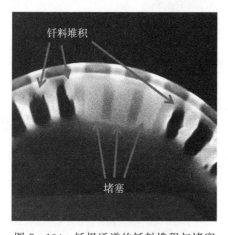

图 7 - 134　钎焊通道的钎料堆积与堵塞

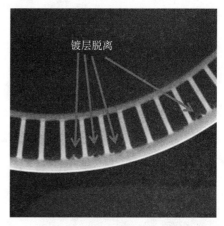

图 7 - 135　钎焊通道的镀层脱离

对于碳纤维缠绕结构，内衬变形及缠绕层和内衬的粘接质量是主要检测目标。采用 CT 检测技术，可以清晰观察到工件的内部状态，对其质量进行判别。图 7 - 136 和图 7 - 137是碳纤维缠绕结构的 CT 图像，图 7 - 136 反映出结构中的内衬变形，图 7 - 137 显示出缠绕层与内衬之间的脱粘缺陷。

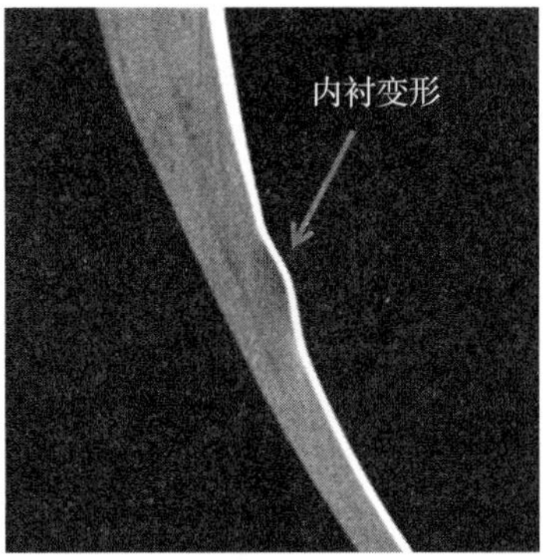

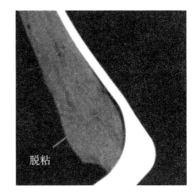

图 7 - 136　内衬变形　　　　　　　　图 7 - 137　缠绕层脱粘

（3）尺寸测量

利用 CT 检测技术，可以有效解决液体火箭发动机产品复杂型面的尺寸测量问题。通过图像处理软件，不但可以直接在 CT 图像中进行尺寸测量，还能够结合三维可视化软件实现整个截面的尺寸分析，而且分析计算结果更加精确。例如，对叶轮的叶片进行 CT 扫描，并利用三维可视化软件对 CT 图像进行计算分析，即可获得叶片的尺寸信息及分析模型，如图 7 - 138 和图 7 - 139 所示。

	分析	最小厚度［mm］	最大厚度［mm］▽	位置 X［体素］	位置 Y［体素］	位置 Z［体素］
1	分析 2	0.08	2.34	2 120	1 688	1
2	分析 2	0.08	2.32	2 170	2 853	3
3	分析 2	0.08	2.31	2 059	1 385	0
4	分析 2	0.08	2.31	1 426	1 719	0
5	分析 2	0.07	2.31	1 465	2 527	0
6	分析 2	0.06	2.30	2 768	2 465	0
7	分析 2	0.09	2.02	3 058	1 858	0
8	分析 2	0.08	1.98	2 328	1 248	0
9	分析 2	0.06	1.98	1 462	1 450	0
10	分析 2	0.07	1.96	2 765	2 770	3
11	分析 2	0.10	1.95	1 201	2 342	0
12	分析 2	0.08	1.95	1 843	3 025	3

图 7 - 138　叶片尺寸测量的计算结果

图 7 - 139　叶片尺寸测量的计算结果模型

7.8.3　激光全息检测

7.8.3.1　技术简介

激光全息检测技术的原理是在载荷作用下使被检测物体发生变形，应用全息干涉计量方法将缺陷部位对应的表面变形与正常部位对应的表面变形差异转换为用光强表示的干涉条纹，并由感光介质进行记录。若不存在缺陷，则干涉条纹是均匀的；若存在缺陷，则干涉条纹产生畸变。根据干涉条纹是否发生畸变即可判断被检测物体内部结构有无缺陷，同时能够获取缺陷的大小、位置等信息。激光全息检测技术的检测过程分为全息照相与图像再现两大步骤，全息照相光路与图像再现光路分别如图 7-140 和图 7-141 所示。

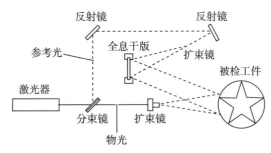

图 7-140　激光全息检测照相光路

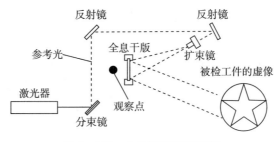

图 7-141　全息图像再现光路

（1）激光全息检测技术的优点

1）对检测对象没有特殊要求，不受材料、结构、尺寸、表面粗糙度等条件限制；

2）单次检测面积大，检测效率高；

3）检测灵敏度极高，与激光波长同数量级；

4）全息图像缺陷显示直观清晰，可根据干涉条纹的数量和分布确定缺陷的大小和位置。

（2）激光全息检测技术的缺点

1）需要严格控制环境照明，保证暗室条件，同时对系统稳定性具有很高要求；

2）检测结果的影响因素复杂，检测设备、光路布置、加载条件、环境条件等各方面因素都会对检测结果产生不同程度的影响，任何因素发生较大的变化都可能导致检测失败。

7.8.3.2　产品检测应用

针对液体火箭发动机，激光全息检测技术主要用于检测推力室铣槽结构的钎焊质量。

推力室铣槽结构的激光全息检测结果如图 7 - 142 和图 7 - 143 所示，其中图 7 - 142 为钎焊质量良好的铣槽结构全息图像，图 7 - 143 为存在未焊上缺陷的铣槽结构全息图像。可以看出，若钎焊质量良好，则全息干涉条纹是连续均匀的；若存在未焊上缺陷，则缺陷位置处会产生明显的、独立的畸变干涉条纹。据此，可以有效检出结构中的未焊上缺陷。针对铣槽钎焊结构，采用激光全息检测技术，可以检测出最小 4.0 mm×1.5 mm 的未焊上缺陷。

图 7 - 142　钎焊质量良好的铣槽结构全息图像

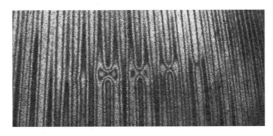

图 7 - 143　存在未焊上缺陷的铣槽结构全息图像

根据检测工艺参数的变化，未焊上缺陷的干涉条纹影像可能存在多种状态。图 7 - 144 是同一处缺陷随着加载载荷增大，特征干涉条纹影像的变化。可以看出，当加载载荷较小

（a）缺陷未完整显示

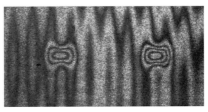

（b）缺陷显示清晰

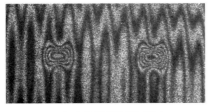

（c）缺陷条纹密度增大

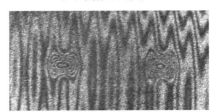

（d）条纹密度过大

图 7 - 144　随载荷增大特征干涉条纹影像的变化

时，干涉条纹影像无法显示完整的缺陷轮廓。随着载荷增大，本底干涉条纹密度增大，缺陷处的特征干涉条纹的密度也随之增大，特征干涉条纹的清晰度不断得到改善。当加载载荷增大到一定程度时，条纹密度过大，导致条纹模糊不清，对缺陷影像的评定产生不利影响。因此，采用激光全息检测技术检查铣槽结构的钎焊质量时，通常需要在不同加载载荷下对同一位置反复进行检测，以避免错检和漏检。

除铣槽结构外，激光全息检测技术也可应用于波纹板夹层结构钎焊质量的无损检测，并且具有很高的灵敏度。图 7-145 是钎焊身部的喉部区域全息图像，从图像中可以清晰观察到在喉部区域存在未焊上缺陷。

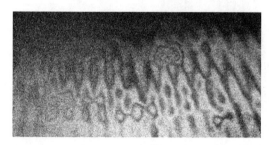 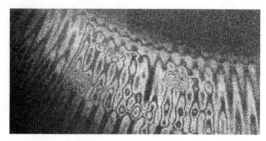

图 7-145　钎焊身部喉部未焊上缺陷的全息图像

其他常见全息图像的特征干涉条纹影像如图 7-146 所示。

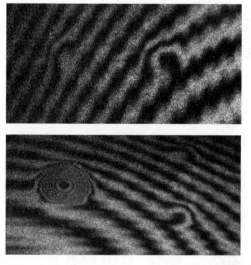 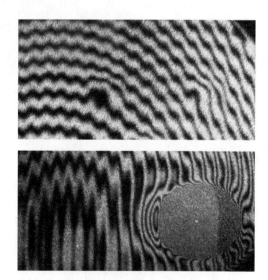

图 7-146　铣槽结构常见特征干涉条纹影像

7.8.4　涡流检测

7.8.4.1　技术简介

涡流检测的基本原理是当载有交变电流的检测线圈接近被检导电材料时，由于检测线圈磁场作用，在材料中将感应出涡流，涡流的大小、相位和流动轨迹与材料的电磁特性、几何尺寸和缺陷等因素有关，该涡流产生的磁场作用又使检测线圈阻抗发生变化；因此通过测定检测线圈阻抗的变化，可获得被检材料缺陷信息。

（1）涡流检测的优点

1）不需要耦合剂，对管、棒、线材容易实现自动化检测，检测速度快；

2）对材料表面缺陷检测灵敏度高；

3）除用于检测缺陷，还可用于电导率测量、厚度测量等。

（2）涡流检测的缺点

1）只适用于导电材料；

2）只适用于检查表面及近表面缺陷。

7.8.4.2　产品检测应用

发动机各种金属导管入厂时，需要对其进行涡流检测。根据被检测导管特点，按涡流检测标准及验收条件制作相应的检测对比试样，然后选择合适的检测线圈，导管检测一般采用外穿过式线圈。在导管涡流检测中，检测频率直接影响检测灵敏度和渗透深度。检测频率选择应考虑被检导管的材质、外径和壁厚，兼顾检测灵敏度和渗透深度。

以外径 6 mm、壁厚 1 mm 的导管为例。利用检测对比试样对检测设备进行调试，结合检测工艺规程，确定检测频率、相位角、增益、报警模式、滤波参数及检测速度等，对导管进行检测。图 7 - 147～图 7 - 149 分别为对比试样的通孔信号、导管未超标缺陷信号、导管超标缺陷信号。

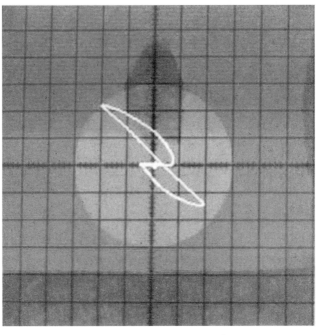

图 7 - 147　对比试样的通孔信号

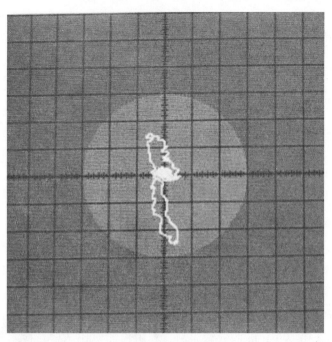

图 7 - 148　导管未超标缺陷信号

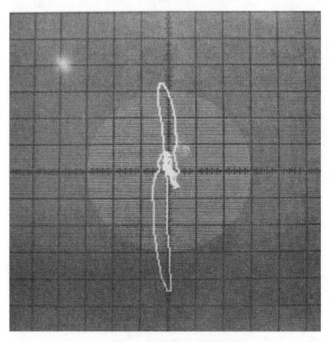

图 7 - 149　导管超标缺陷信号

　　采用外穿过式线圈检测导管，对于空洞类缺陷和以纵向为主并在径向有不同深度的缺陷容易检测。差动式线圈在长条形缺陷的两端易产生较强的响应信号，而在条形缺陷中间，尤其是深度一致的区域，难以产生响应信号。若被检测材料存在材质不均，也会引起涡流响应，但这类响应一般呈连续、缓慢变化，因此差动式线圈不易检测出。

7.8.5　残余应力测定

7.8.5.1　技术简介

残余应力测定方法可分为无损测定法和有损测定法。目前无损测定法中最成熟且应用范围广泛的方法为 X 射线衍射法。

X 射线衍射法残余应力测定原理：当入射 X 射线的角度 θ、波长 λ 及晶面间距 d 满足布拉格定律时就会产生衍射现象。发生衍射时入射线的延长线与衍射线的夹角为 2θ，可采用 X 射线应力仪测得，在应力测试过程中，每一个 ψ 角对应一个 2θ 角，以 $\sin^2\psi$ 为 X 轴，以 2θ 为 Y 轴，则组成 $\sin^2\psi - 2\theta$ 图。将若干个点按最小二乘法拟合成一条直线，直线斜率 M，带入式（7-10），即可计算出应力值 σ

$$\sigma = -\frac{E}{2(1+\mu)} \cdot \cot\theta_0 \cdot \frac{\pi}{180} \cdot \left[\frac{\partial(2\theta)}{\partial(\sin^2\psi)}\right] = K \cdot M \tag{7-10}$$

其中

$$K = -\frac{E}{2(1+\mu)} \cdot \cot\theta_0 \cdot \frac{\pi}{180}$$

$$M = \frac{\partial(2\theta)}{\partial(\sin^2\psi)}$$

式中　E——材料的弹性模量；

μ——泊松比；

ψ——衍射晶面法线与试样表面法线夹角，（°）；

θ_0——无应力状态下材料的 X 射线衍射角，（°）；

θ——材料的 X 射线衍射角，（°）；

K——应力常数，[MPa/(°)]；

M——$\sin^2\psi - 2\theta$ 线的斜率。

（1）X 射线衍射法测定残余应力的优点

1）不损伤工件；

2）可定点测定；

3）能得到确定的数值。

（2）X 射线衍射法测定残余应力的缺点

1）有效透入深度小，只能测定材料表面残余应力；

2）影响残余应力测定结果的因素多。

7.8.5.2　产品测定应用

液体火箭发动机上分布着大量的焊缝，焊缝部位通常是强度比较薄弱的部位。焊接残余应力会对焊缝强度产生极大影响，对发动机的结构稳定性带来隐患。因此研究焊接残余应力测试方法及如何降低残余应力对发动机结构影响有重要意义。

以发动机上燃气发生器为例，其材料为 1Cr18Ni9Ti，在焊缝部位选择 6 个测定点，如

图 7-150 所示。利用 X 射线衍射法对各测定点进行残余应力测定，如图 7-151 所示。

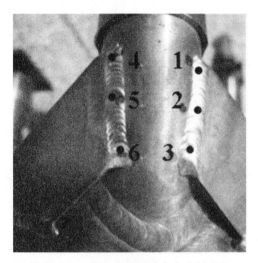
图 7-150　燃气发生器残余应力测定点

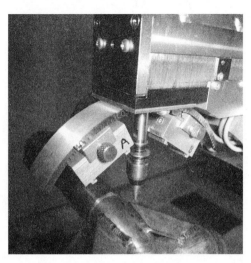
图 7-151　测定点残余应力测定

采用表 7-4 中参数对所选定的 6 个测定点分别在焊接、时效处理、热处理后进行应力测定，3 次测定的应力数值分布如图 7-152 所示。

表 7-4　X 射线衍射应力测定条件参数

管靶	衍射晶面	衍射角	焦点尺寸	测量方法	管电压	管电流	定峰方法
Cr 靶	(311)	149.6°	$\phi 2$ mm	侧倾法	30 kV	7 mA	交相关法

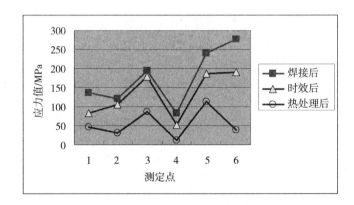
图 7-152　燃气发生器测定点残余应力数据

从燃气发生器测定点残余应力数据可知，焊接后 6 个测定点的残余应力值范围为 82.7～276.4 MPa。时效处理后残余应力整体有下降趋势，应力值范围变为 52.3～189.5 MPa，变化幅度最大为 86.9 MPa，平均变化幅度为 42.5 MPa。热处理后，残余应力值又有较大幅度的减少，应力值范围变为 30.5～112.7 MPa，变化幅度最大为 151.8 MPa，平均变化幅度为 78.3 MPa。所以采用时效处理及热处理对降低焊接残余应力效果明显。

7.9　无损检测管理

无损检测是实现质量控制、改进加工工艺、节约原材料、降低成本的重要手段，也是提高液体火箭发动机产品工作可靠性的重要手段。无损检测结果的可靠性又与检测过程中的管理密不可分，实现发动机无损检测管理的规范化，主要从以下方面进行。

7.9.1　检测机构的设置

根据无损检测任务量和检测规模，国内军工企业的无损检测机构设置主要有 4 种模式：独立的无损检测中心，归属于质量部门、理化检测部门及产品生产部门的无损检测业务组。发动机生产过程的无损检测机构设置采用第二种模式，如图 7 - 153 所示。

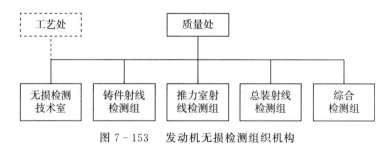

图 7 - 153　发动机无损检测组织机构

7.9.2　检测人员管理

无损检测专业是发动制造过程中的特种专业，无损检测的质量高低与从业人员的综合素质有着密切的联系。因此，无损检测人员的选拔、培训、资格认证与岗位管理是保证发动机检测质量的最为重要的基础。

7.9.2.1　检测人员的选择

由于无损检测技术是建立在应用物理学基础上的一门综合性应用学科，应用对象又涉及发动机产品的各个加工、试验工序，这就要求检测人员不仅要有相应的无损检测工艺基础和技能，还应具有一定的物理学基础、材料知识和发动机产品的相关制造工艺知识。因此，无损检测人员应具备一定的理论技术基础，具体为专业技能人员具有理工科大专以上知识水平，无损检测技术、管理人员至少应具有大学本科以上知识水平。

7.9.2.2　培训、资格认证

根据航天军工产品生产管理办法和 GJB 9712《无损检测人员的资格鉴定与认证》要求，所有从事发动机产品无损检测工作的人员都要进行资格鉴定、专业等级培训，并分别从检测理论、检测工艺、检测标准、检测操作、试件检测等方面进行考核。考核合格后，取得相应的检测方法的等级证书，方才具备从事相应等级无损检测工作的资格。

7.9.2.3　岗位管理

1）根据发动机无损检测质量管理文件和岗位工作要求，对无损检测人员进行岗位检测所需知识培训，使每位员工熟悉本岗位的工作内容、职责、权限和工作要求，并进行岗位考核，考核合格取得上岗证书，才可从事无损检测岗位工作。

2）根据发动机研制、生产中无损检测工作的开展情况和发展需求，以及无损检测新工艺、新技术、新设备、新材料、新要求等，对无损检测人员进行岗位技能知识的培训，不断提高检测人员的技能水平。

3）按岗位职责规定对无损检测人员的实际工作进行以下考核，并根据有关规定实行奖惩：

a）考核每个人的无损检测业务能力、技术水平。

b）考核、评价检测人员的工作业绩。

c）考核无损检测人员的工作质量及执行质量管理体系文件和无损检测工艺纪律的情况。

7.9.3　检测设备管理

（1）检测设备的使用

①人员培训

检测设备在使用前，由检测工艺人员对设备操作人员进行培训，使操作人员能熟悉设备的原理、使用方法、安全注意事项和维护、保养要求，对属于精、大、贵、稀的检测设备，在培训后对操作人员进行考核，考核合格后取得设备操作证，方可操作检测设备。

②检测设备的操作

无损检测工艺人员根据设备的使用说明书和检测要求，编制检测设备的操作规程和安全操作规程，检测人员严格按操作规程操作检测设备。

③检测设备的检查

属于精、大、贵、稀的检测设备，应编制设备使用点检表，由设备操作人员按点检表要求对设备的使用、维护、保养情况进行定期检查并填写检查记录。

④新型检测设备的应用

新型检测设备应用前应进行检测工艺试验和转化工作，根据产品的结构、工艺特点和检测要求进行工艺试验，在完成检测工艺试验、工艺规程和工艺总结报告，经工艺部门组织工艺评审，通过后方可用于发动机产品检测。

（2）检测设备的校准

应根据检测设备的校准要求，编制检测设备的校准规范，并按照校准规范对检测设备进行定期校准。

（3）检测设备的维护、保养

根据无损检测设备的使用说明书要求，制定检测设备的维护、保养计划，明确维护、保养周期，维护、保养部位和维护、保养内容等要求。

7.9.4　检测材料的管理

（1）检测材料的选用

发动机无损检测所用的主要检测材料见表 7-5。

表 7-5　发动机主要无损检测材料

无损检测方法	检测材料
射线照相	胶片、显影液、定影液
超声波	甘油、机油、纯净水、蒸馏水
磁粉	磁粉、煤油
渗透	渗透液、显像剂、酒精、丙酮
检漏	氦气
内窥镜	—
声发射	凡士林
CT	—
激光全息	干版、显影液、定影液
涡流	—
应力测定	—

检测材料应根据相关的国家军用标准、行业标准的推荐或要求，以及发动机产品的结构、特点、检测要求，结合工艺试验结果、材料的经济性、环保性等进行综合考虑选定。如接触法超声波检测应根据产品的材料种类和表面粗糙度，选择与产品材料声阻抗特性相近、黏度适中并对检测人员无毒、对产品无腐蚀的甘油或机油作耦合剂，水浸法超声波检测应选用纯净水或蒸馏水作耦合剂。

（2）检测材料的入厂复验

对检测结果有直接影响的重要检测材料如射线胶片、全息干版、磁粉、荧光渗透液等，应根据相关的国家军用标准、行业标准的要求进行性能复验，如射线胶片、全息干版灰雾度检测、磁粉磁性称量、渗透液的荧光亮度、含水量测试等，复验结果应满足国家军用标准及行业标准的要求。

（3）检测材料的贮存、发放及使用

检测材料的贮存、发放及使用应严格遵照使用说明书及相关标准要求进行。

（4）检测材料的替代

检测材料的替代要有充分的技术、管理依据，并有相应的不低于原产品性能指标的替代产品，经工艺试验验证和履行审批程序后进行替代，同时应对相关的工艺文件进行更改。

7.9.5　检测文件的管理

7.9.5.1　技术文件的审查

无损检测工艺人员应就发动机设计文件对产品的无损检测要求进行审查，确认检测部位、检测要求、验收标准是否可行，检测结构、检测工序是否合理等。

7.9.5.2　工艺文件的编制

无损检测工艺文件分通用工艺规程和专用工艺卡两类，是检测活动的技术作业指导文件。

（1）通用工艺规程

无损检测通用工艺规程适用于发动机某一类产品的无损检测，应针对每种无损检测方法分别编制。通用工艺规程应根据检测项目特点、设备能力和人员条件编制，应在适用范围、执行标准、仪器设备、检测人员、检测程序、质量控制要求、检测结果评定、安全防护、多余物控制、检测报告等方面作出较详细的规定，以文字叙述为主，适当辅以图表。规定应明确且具有可操作性及可选择性。主要内容包括：

1）检测对象、检测设备、器材；

2）检测标准、验收标准；

3）检测人员资格、技能要求；

4）检测方法、检测程序、技术参数、质量控制要求、多余物控制、安全防护；

5）检测结果评定及验收要求；

6）检测记录、报告管理要求。

（2）专用工艺卡

无损检测专用工艺卡是根据设计、工艺文件要求，针对具体产品编制的检测作业指导文件，是通用工艺规程的补充文件。检测专用工艺卡应包括产品信息、检测要求、工艺参数和验收要求等。其主要内容有：

1）产品名称、产品编号、产品型号、图号、材料牌号、主要尺寸；

2）检测标准、验收标准；

3）检测设备、器材；

4）检测方法及检测工艺参数；

5）检测示意图及缺陷记录要求等。

（3）工艺文件编制要求

①工艺文件编制依据

工艺文件的编制依据是设计技术文件，在工艺规程编制的同时，编制无损检测工艺状态表，并按程序文件要求，对工艺文件进行签署；对需要更改的工艺规程，按程序文件要求，履行工艺文件的更改程序；对关键件、重要件、关键工序产品的检测，还应编制确定产品无损检测人员、检测设备和检测工艺规程的"三定表"。

②标准化

无损检测工艺文件中所使用的术语、符号、单位、数字及检测示意图应符合标准规定，不应自行编造。其中术语、符号应采用相关无损检测标准中的专业术语；单位、数字等应采用国家法定计量单位；工件示意图应采用机械制图语言；编写格式应符合本单位的标准化要求。

③唯一性

同一图号的产品在进行具体项目的无损检测时，只能对应一份无损检测工艺规程，且工艺规程有唯一的编号。

7.9.5.3　检测记录及报告

（1）检测记录

检测记录至少应包含以下内容：

1）产品代号、图号、名称、材料牌号、跟踪卡号、序号、产品数量；

2）验收标准及等级；

3）检测仪器型号、编号，标准试块或试样型号及编号，检测工装名称、编号；

4）检测参数；

5）缺陷检测情况；

6）检测结论；

7）检验者、审核者签名、报告日期。

（2）检测报告

检测报告至少应包含以下内容：

1）产品代号、图号、名称、产品材料牌号；

2）跟踪卡号、序号、数量；

3）验收标准及等级；

4）缺陷检测情况；

5）检测结论；

6）检验者、审核者签名、报告日期。

7.9.6　检测环境的控制

7.9.6.1　检测环境的要求

1）检测场地应根据检测设备的使用要求和检测工作量的需求配备相应的水、电、气。

2）检测场地的温度、湿度、照度、通风、排水等条件应满足检测设备的使用要求和相关标准、质量控制规范、工艺文件的要求。

3）射线照相检测、CT 检测、应力测定必须具备固定的检测工房，且工房的辐射防护要求应满足 GBZ 117《工业 X 射线探伤放射防护要求》和 GB 18871《电离辐射防护与辐射源安全基本标准》。射线照相检测、CT 检测工房内应配备门机联锁装置、视频监控系统、通风设施、急停开关、射线警示灯、广播、电离辐射标志等安全防护装置，且在工房的设计、使用前应通过环保部门的辐射防护评价。

4）声发射检测过程中的产品加载必须在强度试验间内进行。

7.9.6.2　环境条件的检测和记录

1）检测场地的温、湿度，由检测人员按质量控制文件要求，定期检测并填写在温、湿度记录表中。

2）检测场地的照度，由检测人员按检测自校准规范要求，定期检测并填写在自校准记录中。

3）其他检测环境要求，由相关的设备、环保、基建等部门依照有关标准定期检测并提供检测记录。

7.10　无损检测的安全防护及管理

发动机产品无损检测过程中涉及的安全防护主要包括射线照相、CT 检测的辐射安全防护，以及磁粉检测、渗透检测的紫外线照射安全防护和粉尘防护。

7.10.1　电离辐射的安全防护

1）射线照相检测、CT 检测、应力测定必须在固定的检测工房内进行，确需在工房外进行检测时，由安全生产主管部门根据检测要求，组织相关部门进行检测安全评估，并制定详细的安全方案。

2）制定检测设备的安全操作规程，明确安全操作程序、多人操作时的联系方式和其他安全注意要点。

3）制定辐射事故应急预案，并定期进行应急预案的宣贯和演练。

4）辐射检测人员应经过省、市环保部门组织的辐射防护培训和考核，取得培训合格证方可从事辐射检测工作。

5）工作前，应检查射线透照间的监控系统、门机联锁、警示灯等是否工作正常。

6）工作时，检测人员必须佩带个人辐射剂量计，并对剂量计定期进行累计剂量的检测。

7）对从事辐射检测的人员定期进行职业病体检，出现辐射职业病的人员应及时调换工作岗位。

7.10.2　紫外线的安全防护

1）对检测人员进行安全培训，掌握紫外线安全防护常识。

2）对紫外线灯定期进行检查，及时更换破损的滤光片，避免短波紫外线泄漏造成伤害。

3）检测人员工作时，必须佩戴紫外线防护眼镜、手套等防护用品，避免紫外线直接照射眼睛和裸露的皮肤。

4）避免长时间在紫外线灯下工作。

7.10.3　粉尘的安全防护

1）对检测人员进行安全培训，掌握粉尘安全防护常识。

2）优化检测工艺，按照浸涂法、刷涂法、喷涂法的顺序优先选择浸涂渗透工艺，并尽量采用湿法检测代替干粉检测，减少粉尘的使用和产生。

　　3）检测人员工作时必须佩戴皮裙、口罩、防护面具、手套、防护靴等防护用品，避免皮肤和五官直接接触粉尘。

　　4）在检测过程中保持通风设备开启，并尽量在靠近抽风口的区域进行检测。在室外检测时，检测人员应站在上风口，减少粉尘的吸入。

参 考 文 献

[1] 李家伟. 无损检测手册. 北京：机械工业出版社，2012.

[2] 刘贵民. 无损检测技术. 北京：国防工业出版社，2006.

[3] 黄立德. 液体火箭发动机原理. 北京：宇航出版社，1991.

[4] 《美国无损检测手册：渗透卷》.《美国无损检测手册》译审委员会，译. 上海：上海世界图书出版公司，1999.10.

[5] 林猷文，任学东. 渗透检测. 北京：机械工业出版社，2004.

[6] 徐向群. 工业 CT 检测. 北京：机械工业出版社，2011.

[7] 叶云长. 计算机层析成像检测. 北京：机械工业出版社，2006.

[8] 国防科学技术工业委员会. GJB5312－2004 工业射线层析成像（CT）检测. 北京：国防科工委军标出版发行部，2004.

[9] 王任达. 全息和散斑检测. 北京：机械工业出版社，2005.

[10] 任吉林. 涡流检测. 北京：机械工业出版社，2013.

[11] 《美国无损检测手册：电磁卷》.《美国无损检测手册》译审委员会，译. 上海：上海世界图书出版公司，1999.10

[12] 张定铨，何家文. 材料中残余应力的 X 射线衍射分析和作用. 西安：西安交通大学出版社，1999.

图 2-6　红牌作战现场(P35)

图 2-7　对配电箱没有标识,发放"红牌"整改(P35)

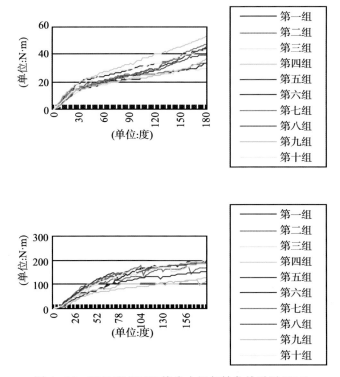

图 4-12　DN6 和 DN22 接头力矩与转角关系图(P82)

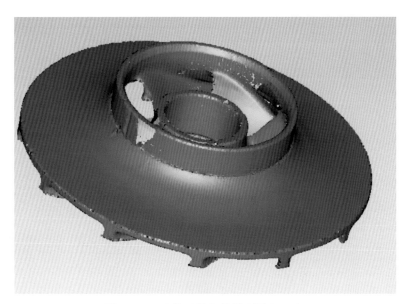

图 5-21　叶轮三维扫描模型图(P176)

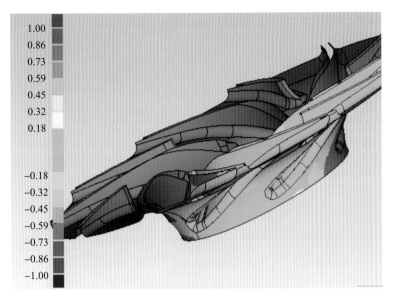

图 5 - 22　叶轮三维扫描模型对比图(P176)

图 6 - 36　失效导管(下)与正常导管(上)内壁宏观形貌(P239)

图 6-37　失效导管内壁宏观形貌(P239)